100세 시대로 가는 효봉 **삼무도**

100세 시대로 가는 효봉 삼무도

몸과 마음을 여는 길, 世界三武道聯盟

曉奉 이상근

몸과 마음을 여는

여정(勵精)

국학자료원

건강 100세 시대를 위한
필수 지침서를 내놓으면서

장수, 무조건 오래 산다고 좋은 것은 아니다. 100세 시대가 재앙이 아닌 축복이 되기 위해서는 단순히 수명연장이 아니라 건강하게 오래 사는 건강수명을 연장하는 것이 100세 장수시대의 행복 비결이 될 수 있다. 우리는 늙어가는 것이 아니라 조금씩 익어가는 것이라 생각하며 100~150세 시대를 준비하는 것이 어떨까. 노화는 누구에게나 찾아오는 자연적인 현상이며 나이가 들어가면서 정신적, 육체적 생체구조의 기능 저하와 변화는 바로 노화에서 온다.

각종 모임의 회식자리에서 '구구팔팔이삼사'라는 건배사가 귀에 익숙하다. '구십구(99)세까지 팔팔(88)하게 살다가 2, 3일 정도 앓고 4한다(생을 끝마치다)'는 의미로 오래오래 건강하게 살고 싶어 하는 염원이 담겨있다.

100세 장수시대가 현실화되고 있다. 90세를 넘어선 노인에게 "100세까지 건강하게 잘 사세요" 하는 말도 자칫하면 실언(失言)으로 들릴 정도이다. 남은 여생이 10년도 안 된다는 말이기 때문이다. 기대수명이 짧았던 옛날 같으면 100세 장수가 덕담이지만 이제는 그렇지 않다.

2015년 인구주택총조사에서 100세 이상 인구는 3159명으로 2010년(1835명)보다 72%나 늘었다. 늦었지만 이제라도 정부가 노후준비를 도와준다고 하니 잘된 일이다. 정부는 우선 베이비붐세대 801만 명을 대상으로 노후 진단과 상담, 교육 서비스 등을 해주기로 했다. 퇴직을 앞뒀다면 전국 107개 국민연금공단 지사가 운영하는 지역노후준비지원센터의 문을 두드릴 필요가 있다. 이곳에 가면 정부에서 표준화해 만든 진단지표로 노후준비 수준을 진단받을 수 있다.

하지만 이러한 시스템이 갖춰져도 노후가 저절로 보장되는 것은 아니다.

그러면 무엇을 어떻게 준비하면 될까? 뭐니 뭐니 해도 정기적인 건강검진이다. 건강검진이 가장 효과적인 영역은 고혈압, 당뇨병, 고지혈증 등의 성인병과 함께 암의 조기발견이다. 그중에서도 암의 조기발견과 치료에 따른 이득은 실로 막대하다. 건강검진이 없었다면 발견하지 못했을 암을 조기에 발견해 수술로 완치된 이들을 주변에서 흔히 만날수 있다. 실제로 우리나라 암의 5년 생존율은 거의 70% 수준이다. 이는 미국, 일본 등 웬만한 의료 선진국보다 높은 수치이다.

올바른 식생활 습관도 중요하다. 최근 연구 결과에 따르면 견과류를 먹는 습관이 심혈관계 질환을 20~30% 감소시키고, 당뇨병과 암 발생을 억제하며 인지기능을 좋게 한다고 한다.

다음으로는 운동이다. 운동은 건강에 빼놓을 수 없는 중요한 생활습관이다. 평소보다 숨이 조금 더 차는 정도의 운동을 1주일에 4~5일, 40분~1시간30분 정도 한다. 또한 근력운동은 1주일에 4~5일 정도 하는 것이 적당하다. (몸 상태에 따라 3일도 무방하다.) 하루 8시간 정도 충분한 수면도 취해야 한다. 이처럼 간단하고 쉬운 건강법이 건강을 지키는 중요한 열쇠이다. 그리고 이러한 방법의 실천이 100세 건강을 지키는 첫걸음이다.

하지만 현대인들의 운동 부족으로 오는 질병발병률은 지속적으로 증가하고 있는 것이 현실이며 자연적 특성인 신체 노화에 따른 근육감소가 노년층에게는 상대적으로 빨리 나타난다.

성인병 예방에는 꾸준한 운동과 체력 관리가 중요하며 특히, 노화에 대비하여 자신에게 맞는 운동을 선택해 꾸준히 땀 흘리며 운동하는 것이 건강관리에 도움이 된다. 이제 운동이 재미없다는 고정관념을 과감하게 버려야 한다. 이상하게도 노년층에는 도복을 입고 운동하는 사람을 보기가 드물다. 무술에는 더욱 더 관심이 없다.

남녀노소 구분 없이 운동에 관심을 갖고 보다 적극적으로 현대화된 무술과 근력향상, 심폐 기능의 강화 등으로 육체수련과 정신수양, 음악명상 등을 통해 기(氣)를 체감하고 혈(血)을 순환시키게 되면 만병의 근원인 스트레스 해소에도 큰 도움이 된다.

여기에 최초로 소개하는 효봉삼무도(曉峯 三武道)는 저자가 오랜 옛날부터 전해오던 보신술(保身術, 호신술)을 체계화하고 프로그램화한 것이다. 삼무도는 그냥 만들어진 것이 아니라 내 자신이 오랜 각고의 노력 끝에 탄생한 보신(保身)·호신(護身) 운동법이다.

그동안 적잖은 생사의 고비를 넘나드는 순간들과 중간 중간에 시련도 많았지만 동작 하나 하나에 매료되어 공식에 의해 체계화 했으며 기술적으로 모든 무술을 포용할 수 있고 누구나 함께 공유할 수 있는 특출한 기술이다.

아무리 좋은 기술이라 하더라도 체계적으로 정리되어 있지 않으면 그 기술의 가치를 입증하거나 나타낼 수 없다. 따라서 수련 과정에서 중복된 연습 또는 불필요한 연금(鍊金)으로 말미암아 시간과 노력을 낭비하게 된다. 그래서 나는 이 기술을 여러 형태로 분류했다. 하지만 이 기술 중에는 빠지거나 사라진 것도 있지만 기본 틀 위에 체계화 하여 정리했다. 효봉삼무도 기술은 활용 범위가 대단히 넓다. 어떠한 호신술과도 대응이 되고 정신집중, 동작의 민첩성 등 심신수련에 매우 좋은 건강운동기술이다.

무술(武術)의 참뜻은 일반적으로 알고 있는 것과는 많이 다르다. 무술 속에는 심오한 진리가 있으며 수련을 통해 몸과 마음이 하나 될 때 건강한 육체, 건강한 정신이 재탄생된다.

건강은 몸과 마음이 함께 건강해야 하고 장수할 수 있어야 참다운 건강이다. 예로부터 무술을 수련하면 20~30년은 더 장수한다는 말이 전해오고 있다. 그리고 호신 기술은 자신에게 꼭 맞는 것을 선택해야 한다. 남녀 간의 옷이 달리 있고 젊은이에 맞는 옷과 특수한 옷도 있으며 획일적인 제복도 있다. 무술도 마찬가지다.

무술을 수련하는 것은 건강한 내 몸에 맞는 옷을 짓는 것과 같다. 자신에게 꼭 맞는 기술을 선택하여 수련하고, 또 자신의 것으로 완성시켜야 자기만의 비술(秘術)을 만들 수 있다.

효봉삼무도는 발차기(다릿짓), 검(목검), 던지기(태질), 꺾기술(관절) 등 모든 기술을 10년, 20년 배워야 할 기술을 2~5년 안에 단기간에 배울 수 있게 만든 무술이며, 더 나아가 우리 고유의 무술이 아무리 훌륭하더라도 온갖 스포츠가 발달한 현대사회에서 불필요하거나 실질적으로 응용할 수 없다면 아무런 소용이 없다. 그래서 누구나 쉽게 배울 수 있는 것이 중요하고 배운 만큼 호신과 건강을 중심한 무술이 되어야 개인과 단체가 성장·발전할 수 있다. 그러려면 먼저 상호 간의 존경심과 인격을 존중하는 참무도인의 자세가 중요하다고 본다.

첫 밭갈이라 다소 미숙하고 부족한 점이 있다 하더라도 독자 제현의 아낌없는 사랑과 함께 질정(叱正)을 바란다. 또한, 사적(史的) 근거를 다 제시하지 못한 것은 다음 기회가 있으리라 믿으며 그동안 이 책이 발간되기까지 협조해 주신 (전)선정고등학교 박순철 교장선생님, 홍익 한의원, 이성규 박사님(사범), 최명환 회장님(사범), 김성렬 사범님(국회의원 보좌관), 세계활무도협회 문병태 회장님, 황태원 사장님(성균관 부관장)옆에서 함께 수고한 아내, 아들, 딸(사위), 며느리, 특별히 미술과 그림을 도맡아 헌신적으로 지도

봉사해주신 꿈틀도서관 이승아 선생님에게 진심으로 감사드리며 책이 출간되기까지 협조하여 주신 미래문화사 임종대 회장님, 무엇보다 책이 정리가 되도록 아낌없이 노력해준 우정민님께 감사를전하고 정찬용 원장님, 정구형 대표님, 국학자료원에게도 깊은 감사를 드린다.

2019년 9월

曉奉 이상근

목 차

제1편

___

전인 : 지(知) · 정(情) · 의(意)가 조화를 이룬, 옹근 사람

몸 마음 전인(全人)운동과 효봉삼무도

제1장

효봉삼무도

1. 효봉삼무도의 의미

새벽이 오면 어둠이 물러가고 소리없이 밝아오는 햇빛은 생명 에너지로 깨달음의 지혜를 주고받은 효봉삼무도(曉峰三武道)는 효(曉)의 뜻 속에서 여명(黎明)의 아침에 밝아오는 햇빛은 강하게 떠오른다. 우주의 신비로움 속에서 날마다 보는 태양은 늘 새롭고 신비하다.

수많은 인생(人生)은 왔다갔만 태양은 예나 지금이나 변함이 없다. 자연(自然) 속에 쏟아지는 햇빛은 생명의 근원이며 무한한 에너지로 대자연을 품고 있다. 그래서 태양은 신비함 자체이며 황혼에 물들어 감도 새날을 품은 변함없는 효봉(曉峰) 속에 우리는 날마다 태양을 바라본다. 효는 울말의 부모를 잘 받들어 못고 섬김을 다 한다는 효(孝)의 뜻도 내포하고 있다.

낮과 밤은 우주 법도에 따라 한 치의 오차도 없이 운행되고 모든 피조물은 음(陰)과 양(陽)의 이성성상으로 지어져 잘 주고 잘 받으며 일체를 이루어 존재하고 있다.

남자와 여자로 지음 받은 사람이 육(肉)과 영(靈)으로 구성되어 있는 것과 같이 효봉삼무도 역시 보이는 유형적인 육신(肉身)의 기법(기술)과 보이지 않는 무형적인 기(氣)에너지 기법인 힘, 즉 음과 양으로 짝지어져 있다. 4방8방12기본기법이며 예나 지금이나 도(道)와 기(氣)를 중요시하는 데는 나름대로 뜻이 있다.

천하에는 이기는 도가 있고 이기지 못하는 도가 있다. 그래서 옛말에 '강함은 자기만 못한 것에 앞서지만, 유함(부드러움)은 자기보다 뛰어난 것에 앞선다'고 하였다.

옛날이나 지금이나 무술(武術)을 단순히 싸움하는 기술로만 생각한다. 저명한 사학자에게 역사 속에서 무술이 그 시대에 끼친 영향에 대해 물어 보면 구체적으로 대답하지 못한다. 그들은 무술이 역사적인 연구의 대상인지조차 모르고 있다. 하지만 무술은 역사의 이면에서 시대마다 지대한 영향을 미쳐온 것이 사실이다.

고구려, 백제, 신라의 삼국시대에 특히, 신라에서는 화랑도를 중심으로 무술이 발달해 나라가 어려울 때 무사(武士)들이 앞장서 나라를 지켜낸 것은 무사도(武士道) 정신이다. 이상이 효(曉)에 대한 설명이라면, 다음은 봉(峰)에 대해 언급하겠다.

높고 변함없이 우뚝 서 있는 산봉우리가 우리에게는 위로 올라가는 목표를 제시한다. 그 산봉우리를 향해 오르는 사람에게는 항상 꿈과 희망을 갖게 된다. 오르는 목표가 있기 때문이다. 또 사시사철 아름다운 대자연과 우주 속에 천지인합일(天地人合一)의 관계로 지어진 만물의 영장(靈長)인 사람이 탄생하였으니, 천지기운 속에 있고 그 천지기운은 사람 속에 있으니 천지인(天地人) 기운은 본래 하나이다. 그 중에 창조주께서 우주만물을 지을 때에 사람을 가장 중요하게 만들었다. 무엇보다 내가 축생이 아닌 사람으로 태어났으니 이 얼마나 큰 축복인가. 나면서부터 내가 부모를, 그리고 세상을 선택하여 태어난 사람은 아무도 없다. 가장 중요한 사실은 이 세상이 어떠하든지 간에 내가 존재한다는 점이다.

이러한 원리를 자각하고 효봉삼무도 수련을 통해 깨달음의 길을 간다면 몸과 마음이 편안해지고 건강 유지에도 많은 도움이 될 것이다.

2. 무술을 배우게 된 동기

저자는 서울 서대문구 만리동에서 태어나 어린 시절 6·25 한국전쟁이 발발(勃發)하자 부모님을 따라 형과 함께 피난길을 떠나게 되었다. 경상북도 울진군 평해읍에 계신 조부모님 댁에서 어린 시절을 보내면서 꿈 많은 소년시절에 겪은 전쟁의 후유증은 길고도 깊었다.

동족상잔의 비극적인 전쟁의 참화(慘禍)속에서 국토는 분단되고 수많은 동족이 서로를 죽이고 헤어지는 이산의 고통을 겪어야 하는 가운데 앞날에 전혀 희망이 보이지 않는 절망적인 상황이었다. 이산의 아픔은 지금도 치유되지 않고 계속되고 있다.

비록 어릴 때였지만 지금도 기억에 남는 것은 해마다 봄이 되면 먹을 양식이 부족해 산과 들로 다니며 소나무 속껍질(송구)을 벗겨먹기도 하고 쑥을 뜯고 칡뿌리를 캐서 먹으며 다 같이 어려운 생활환경에서 자랐다. 해마다 찾아오는 춘궁기(春窮期)의 보릿고개라는 단어는 지금 젊은 세대는 경험하지 못한 환경이기에 이해하기 어려울 것이다.

할아버지는 농사를 지으셨고 아버지는 경찰 공무원으로 계셨기에 큰 어려움을 모르고 학교에 다니며 13세 때에 태권도(당수도)를 배우게 되었다. 태권도를 하면서 젊고 건강한 청년으로서 한때는 고향에서 후배들에게 태권도를 가르치며 체육관을 운영하기도 했다.

어린 시절 나의 꿈은 하늘을 나는 비행기 조종사가 되는 것이었다. 하지만 그토록 원하고 공군장교가 되는 모든 절차를 마치고 대기 중에 있던 1966년 1월 대구 공군 비행장 정문 앞에서 꿈꾸어왔던 공군장교의 길을 포기하는 매우 중대한 결심을 하게 된다.

그 이후 고향을 떠나, 대구와 서울에서 각각 직장생활을 하면서 명상과 육신을 단련하는 훈련, 몸 마음의 심신 단련에 온갖 힘을 쏟아 부으며 정진하였고 무술을 배우기 위해 한풀, 정도술(正道術), 합기도(合氣道), 원화도(員和道)를 배우기도 했다.

또한 대한민국무술연합회의 활동 등 국내외에서 세계적인 무술대회를 기획하며 참여해 왔다. 그 와중에 1988년 대한민국 최초로 미국 스콧티 방어드라이브(경호)학교에서 소정의 교육과정을 이수하고 귀국한 뒤에는 경호훈련 교육도 하게 됐다. 그 과정은 생각보다 어려움이 많았다. 장소, 장비 등이 필요한 만큼 이 모든 게 갖추어지지 않아 어려움도 있었고 지금도 많은 아쉬움으로 남는다. 다른 한편으로는 특정기업 현장에서 설계 및 영업을 하면서 사내무술 지도를 겸한 사회활동을 해왔다.

내가 지금까지 경험한 많은 내용들 중에 특히, 건강 운동법과 호신술(경호)에 관한 책을 집필한다는 것이 결코 쉬운 일은 아니었다.

하지만 일평생 배운 무도, 생활호신술, 요가, 정신교육에 필요한 음악명상, 마음수련, 건강체조, 기타 좋은 운동기법(기술)이 그냥 파묻혀 사라지는 것보다 다소 늦은 감이 있지만 모든 국민이 기예를 익히고 이를 활용해 건강하고 행복해질 수 있다면 얼마나 좋을까하는 마음으로 '효봉삼무도'라는 새로운 이름으로 대중화하기로 결심하고 이 책을 집필하게 됐다.

한 묶음의 효봉삼무도 기법(기술)을 배우면, 유도같은 던지기(낙법, 태질), 검도와 같은 목도, 대검, 검쓰기, 태권도와 같은 발차기(다릿수), 합기도와 같은 꺽기술, 모든 기술을 10년, 20년 배워야 할 기법(기술)을 1년~5년 단기간에 누구나 쉽게 배울 수 있도록 체계화한 무술이 효봉삼무도이다. 더 나아가 우리 고유의 무술이 아무리 훌륭하더라도 다양한 스포츠 종목이 발달한 현대사회에서 불필요하거나 실질적으로 응용할 수 없다면 아무런 소용이 없다.

그래서 누구나 쉽게 배울 수 있는 것이 중요하며. 배운 만큼 자신의 호신(護身)과 건강 증진을 위한 무술이 되어야 개인과 단체가 성장·발전할 수 있다. 이를 위해 서로 존경심과 상호간 인격을 존중하는 참된 무도인의 자세가 무엇보다 중요하다.

3. 효봉삼무도를 통해 본 무술의 변천사

무술은 인류역사와 함께 발달해 왔으며 동·서양을 막론하고 어느 민족, 어느 국가나 인류가 탄생하면서부터 자신을 보호하기 위해 나름대로 특유한 운동이나 무술이 발달되어 왔다.

무술 역시 인류문명의 발달과 함께 발달되어 왔기 때문에 세계의 문명이 동·서양문명으로 크게 나누어진 것과 같이 무술도 동양무술과 서양무술로 나누어져 있다.

1) 무(武)의 참뜻

인간의 지·정·의(知情意)에 의해 서로 어울려 뒹굴며 노는 재주로 창조된 무술(기예)은 인간 스스로 아름다움을 나타내고 기쁨을 느끼며 나누는 참사랑의 바탕 위에 위하여 살게 하려는 데 참된 뜻이 있다. 전통적으로 춤에서 느끼는 기쁨과 운동에서 얻는 건강미와 재미, 씩씩함과 쾌감은 모두 무술에서 나왔다고 할 수 있다.

예로부터 무(武)의 본질은 선(善)으로 나타났다. 한자 무(武)의 글자를 풀어보면 막을 지(止)와 창 과(戈)를 합친 글자로, 이는 적이 싸울 의욕을 버리도록 하는 것이다. 막을 지(止)와 창 과(戈)의 뜻은 전쟁을 멈춤, 싸움의 멈춤이다.

그래서 무(武)의 본뜻은 싸우지 않는 것이며 방어적이다. 결국 이것은 선이다. 선은 하늘편이며 진정한 무술은 하늘의 것이다.

2) 무술의 본성은 선(善)

무술은 선(善)이라는 특수성을 지니고 있다. 그것은 곧 '따름'이다. 학교에서는 학생이 선생을 따르고, 군대에서는 군인이 지휘관을 따르고, 무술을 배우는 것도 따름이다. 따름의 정신이 왜 필요한가를 살펴보면 다음과 같다.

⑴ 기술을 배울 때에는 지도자의 모든 자세와 동작을 똑같이 따름이 필수다.
⑵ 기술을 배울 때에는 아무리 힘들고 어려워도 지도하는 그대로 따름이 최선의 방법이다.
⑶ 기술을 배울 때에는 자신의 모든 것을 맡기고 따라야 한다.
⑷ 그렇게 하면 지도자의 자세, 몸짓, 걸음걸이, 말투, 음성, 생각, 사고방식도 닮아 간다.
⑸ 따라서 기술을 가르치는 지도자는 인격·도덕·물질적인 면에서 건전하고 말과 행동에 있어서도 모범이 되어야 한다.
⑹ 그렇게 하면 지도자를 진심으로 존중하고 두려워하고 배우면서 잘 따르게 된다.
⑺ 운동을 잘하면 건강하고 건강하면 몸도 마음도 편안하고 건강해 진다.

3) 무술의 시대적 역할

옛날이나 지금이나 대부분의 사람들은 무술을 단순히 싸움하는 기술로만 인식하고 있다. 저명한 사학자들에게 역사 속에서 무술이 그 시대에 미친 영향에 대해 물어 보면, 구체적으로 대답하지 못하다. 그들은 무술이 사학적(史學的)인 연구 대상인지조차도 모르고 있다. 하지만 무술은 역사의 이면(裏面)에서 시대마다 지대한 영향을 미쳐온 것이 사실이다.

어떤 종교나 이념이 개인이나 사회, 국가 또는 한 시대를 이끌어 갈 때 그것을 이면에서 보호해주고 유지시켜주는 힘은 무술인 것이다. 그러나 무술의 역할에 대하여 대다수 사람들이 관심을 가지지 못했고, 아예 무술 그 자체도 모르고 지내온 것은 역할 자체가 이면적이고 간접적이며, 분명히 지켜주는 힘은 있으되 표면적으로 드러나지 않았기 때문이다.

4) 동양무술

동양 무술은 정신세계에 바탕을 두어 왔기 때문에 육체의 힘과 능력보다는 (육체의 기술도 중요하지만) 정신력과 기술적 기예에 더 큰 관심을 가졌으며 승리와 패배의 기준도 도덕적 기준에 두었다.

무술은 본질적으로 지극히 정신적이고 선(善)을 바탕으로 만들어지고 발전되어야 하기 때문에 정신문명이 더욱 발달한 동양무술이 인류의 대표적인 무술이라 아니할 수 없으며, 또 그렇게 인식돼 왔다. 동양무술은 기술의 종류도 많거니와 기교의 섬세함은 예술이라 할 만큼 미(美)를 나타내며 무술의 깊은 수련은 인격을 완성시킨다고 해서 무술을 무예(武藝) 또는 무도(武道)라고 일컬어져 왔다.

동양 무술은 특히 불교의 영향을 많이 받아왔기 때문에 불교 역사와 불가분의 관계를 가지고 있다. 동양 무술이 무술사(武術史)로서 기록상의 유래는 1500년 전부터로 볼 수 있다.

불교가 중국에 전파된 후 무술이 불교적으로 정립되기 시작했다. 이때부터 무술이 역사적인 전통을 갖게 되었으며, 학문적으로 체계화되고 종교적인 수련으로도 승화(昇華)하게 되었다. 불교가 동양의 거의 전 지역으로 전파됨에 따라 불교 무술도 함께 전파되었고, 그 중에 한국과 일본이 가장 많은 영향을 받았다.

5) 서양무술

무술은 그 문명의 성질을 닮아 서양 무술(운동, 스포츠)은 물질문명의 성질을 닮아 있고, 동양 무술은 정신문명을 닮아 있다. 서양 무술은 육체(근육)의 힘을 전제로 한 기술과 기계적 기구의 힘을 이용한 기술로 발달되어 왔기 때문에 무술의 깊은 의미에서 보면 동양 무술에 비해 많이 뒤떨어진다. 예를 들어 서양의 대표적인 무술(운동)인 권투나 레슬링 등은 육체의 조건이나 힘을 전제로 한 기술이지 정교한 기교나 예술성 또는 정신력에 있어선 동양 무술에 크게 뒤떨어진다.

6) 동양무술의 발전사

동양 무술의 역사를 살펴보면, 하늘은 일찍이 선(善)의 입장에서 무술을 세워 1500년 동안 섭리적 노정을 밟아 오신 것이 틀림없다.

서기 500년경 인도에서 중국으로 건너 온 달마대사로 하여금 불교의 진리를 바탕으로 해서 불교 무술을 만들고, 숭산 소림사를 중심으로 승려들에게 그 전통을 잇게 한 것이 그 증거이다. 이 무술은 1400년 간 전수되어 오면서 불교뿐만 아니라 중국 역사의 배후에서 지대한 영향을 끼쳤다.

우리나라에서는 달마대사가 불교 무술을 만든 거의 같은 시기에 불교 포교승려들로 하여금 전수받게 하였으며, 신라 화랑도의 독특한 수양 생활을 통하여 기술을 최고도로 성장시키게 됐다. 우리나라는 중국이나 일본보다 오히려 국가체제가 더 발달하여 삼국 시대부터 중앙집권제가 이루어졌다. 하지만 우리 민족은 무엇 하나 대대로 이어가며 보존하는 민족성이 못되는 것 같다. 이 때문에 우리나라는 무술을 대대로 이어가며 발전할 수 있는시대적 여건과 환경이 조성되지 않았다.

일본 민족은 신라로부터 전수받은 무술(여기서부터 무술이라 함. 불교 무술의 의미가 쇠퇴했음.)을 3608수라는 방대한 기술로 정리하였으며 궁중무술로 1200년간의 긴 세월 동안 비전으로 근세에까지 전수하였다.

7) 전통무술의 쇠락(무술의 인격적 후퇴)

기쁘고 즐거워야할 무술이 인간의 잘못된 욕심으로 인해 서로 싸우고 심지어 죽이는 살상의 도구로 전락하고 있다. 선하고 아름답고 즐거움을 춤으로 표현할 수 있는 전통 무술은 서로 거리낌 없이 함께 뒹굴고 넘어뜨리고, 참사랑을 교감할 수 있는 전통 무예로 발전하고 보존하여야 한다.

무엇이 죄악을 주도하는가? 바로 그 죄악의 이면에는 인격적으로 후퇴한 무술이 있다. 이는 항상 이면에 숨어서 작동하기 때문에 우리가 잘 몰랐을 뿐이다. 어떠한 죄악상을 들추어 보아도 그 속에는 무술이 숨어 있다.

① 기술의 후퇴

기술에 있어서 선적인 방어기술이 발달하지 않고 악적인 공격기술이 발달했다. 일격 필살(一擊必殺) 공격, 필승 공격은 직선 공격이며, 악성적인 공격기술이다. 그런데 무술을 하는 사람들을 살펴보면 마음은 제쳐놓고 그 몸의 꼴부터 훑어보자. 하늘이 점지하고 지어주신 그 아름다운 몸의 모양과 자태를 이상하게 만들어 이상한 꼴과 거만한 자태를 하고 있지 않는가? 이것은 나를 중심으로 한 이기주의(利己主義) 행동이며 상대방에게 불쾌감을 주는 행위가 아닐 수 없다.

② 마음의 혼탁

마음이 깨끗하지 못하고 혼탁한 무술인의 모습은 어떠할까? 겉으로는 천하에 자기보다 강자는 없다는 듯이 안하무인(眼下無人)의 행동을 하는가 하면, 인격적으로 존중받을 수 없는 괴팍한 성격 특히, 시회 곳곳에 만연한 물질만능주의에 빠져 정당한 이익보다 기술을 돈에 결부시켜 참된 무도인의 정신을 잃어가는 현실이 안타깝다. 물론 참된 무도인도 많이 있지만 일부 무도인 가운데 나타날 수 있다 하겠다.

8) 정(正)무술과 사(邪)무술의 구별

세상이 정(正)과 사(邪)로 구분되는 것과 같이 무술 역시 정술(正術)과 사술(邪術)로 갈라져서 인류역사를 따라 각각의 전통을 이어내려 왔다. 이를 대조해 보면 다음과 같이 상반된 성격과 입장으로 구별됨을 알 수 있다.

〈① 외적 결과〉

	구 분	정 무 술	사 무 술
외 적 결 과	1.신체 발달	서서히 변화	급격한 변화가 특징
	2.기술의 성격	곡선을 쓰며 율동적	직선을 쓰며 지각 변화
	3.기술의 우선 조건	방어 기술을 앞세움 방어 기술이 발달되어 있음	공격 기술을 앞세움. 공격 기술이 발달되어 있음
	4.수련 방법	방어방법 위주로 수련	살상을 전제로 수련
	5.수련의 결과	도량이 넓어지고 남을 위하고 사랑으로 위하려고 함.	간교해지고 포악해지며 이기적으로 변하여 감.
	6.승리의 조건	정신적 승리를 얻으려 함.	파괴(살상)하여 얻으려 함.
	7.기술 사용의 경우	자신의 행위가 선행일 때 기술을 쓰려고 함. (순리를 따라) 남을 위하고 모두를 위해 쓰려고 함.	스스로 악조건을 만들어 교활하게 사용 함. (행동을 스스로 이끌어서) 자기 자신을 위해서만 쓰려고 함.

	구 분	정 무 술	사 무 술
내 적 결 과	1.인격수양	온순(온유)겸손해진다.	오만하고 거만해진다.
	2.인간관계	신의적이고 희생적이며 존경과 용서의 심정으로 관계를 맺는다.	군림하려고 지배욕이 가득하며 남을 멸시 또는 경시하며 배반을 불용한다.
	3.자신의 실력 표현	항상 내면화 한다.	항상 드러내고 과시한다.
	4.사회 속에서 역할	건설적이다.(몸,마음,건강)체육 경기로 발전시켜 인류사회에 기여함.	파괴적이다.(인류사회를 불안케 하는 것을 기뻐함.)
	5.역사적 발달 배경	평화 시에 발달했다.	불안과 공포로 가득한 무질서 시대에 두각을 나타내고 극성을 부린다.
	6.전통성	전통을 계승, 발전시킴.	반복적 전통 끊어짐.

제2장

한중일(韓中日) '무(武)의 세계'와
동 · 서양 무술의 차이

1. 한중일(韓中日) 3국의 무예 · 무술 · 무도의 개념 정의

무예, 무술, 무도라는 단어의 개념적 의미를 나름대로 정의해보고자 한다. 굳이 '무(武)'가 천시되던 나라에서 천박한 싸움질이라 생각할 수도 있지만, '무의 세계' 또한 인간의 문명 중에서 결코 무시 또는 천시할 수 없는 중요한 인류의 자산임에 틀림없다고 생각한다.

단어의 개념을 분리해서 정의하는 것이 무의미할 정도로 현재 혼재(混在)돼 사용되고 있으나 분명히 과거에는 이들을 표현하는 단어가 갖는 의미에서는 나라의 역사와 민중의 삶이 녹아있다.

일단 '무(武)'라는 개념은 군사적 의미의 '싸움'을 내포하고 있다. 영어 'martial art'라는 서양식 표현은 군사, 전쟁예술이라는 뜻으로 번역되고 있다. 서양에서는 '무'에 대한 인식을 사람 싸움의 몸짓이 나타내는 행위예술 분야로 평가하고 있는 것이다.

이 세 가지 '무'에 대한 개념 인식이 한국 · 중국 · 일본 동아시아 3국에서 사용되고 있는 의미가 각자 다르다.

한국에서는 이 세가지 의미가 모두 '싸운다'라고 하는 의미로 전부 통용되고 있다. 하지만 중국과 일본에서는 그렇게 받아들이지 않는다. 한국에서 알고 있는 '쿵푸'라고 하는 중국 무술은 사실 존재하지 않는다. '공부(功夫)'라는 한자의 중국식 발음을 쿵푸라고 읽고 일본에서는 '벤쿄'로 발음한다.

공부의 의미 해석은 인간의 신체 안에 외부의 어떤 사상, 기술, 학문 같은 것을 습득해서 내재화시키는 작업을 말한다. 중국에서는 그것이 서책을 암송하는 것이나 무술을 연마하는 모든 신체 활동의 습득 행위를 '쿵푸'라 일컫는다.

일본에서 공부의 의미는 '벤쿄(勉强)'라는 개념으로 인식되는데, 이는 책의 내용을 머릿속에 강제적으로 주입하는 반복행위를 말한다.

한국에서는 잘 알다시피 공부가 일본의 개념으로 사용되어지고 있다. 책상 앞에 앉아서 무조건 책을 들여다보고 읽고 외우는 것을 반복하는 행위의 일체를 '공부한다'라고 말한다.

중국에서는 공부의 개념을 신체활동을 포함하지만, 한국과 일본에서는 신체활동은 공부에 포함되지 않는다. 그래서 중국에서는 '무(武)'에 대한 개념을 기술적 측면의 '술(術)'과 접합하여 '무술(武術)'이라고 표현한다.

일본에서는 '무'의 개념을 만물에 정령(精靈)이 담긴 신도(神道)의 도가사상의 '도(道)'의 의미를 포함해 '무도(武道)'로 인식하고, 한국에서는 '무'의 개념을 공자(孔子) 유가사상의 '예(禮)'와 접목시켜 '무예(武藝)'라고 설명하고 있다.

이를 다시 정리하면, 중국은 무술, 일본은 무도, 한국은 무예라고 전통적으로 표현해왔다. 지금은 이러한 구분 없이 무술과 무도, 무예를 종합격투기를 뜻하는 싸움을 배우는 전문분야 정도로 인식되어지고 있다.

그러나 무술과 무도, 무예라는 것은 어느 한가지로 특정되어지는 것이 결코 아니다.

2. 동 · 서양 무(武)의 차이

동양의 무공(武功)은 '무술', '무예' 등 여러 용어로 불리며 정파(正派)의 무공과 사파(邪派)의 무공 크게 두 가지로 나눌 수 있다. 정파는 내공이 '정순하고 심오'하기 때문에 그 수련과정에 긴 시간이 걸리나 주화입마(走火入魔: 기혈이 뒤틀리는 무공수련의 부작용. 죽을 확률이 극히 높으며 살아남아도 무공이 사라지거나 병신이 됨)에 빠질 가능성이 적고 '초절정고수'의 경지에 들어갈 여지가 높다. 반면 사파의 무공은 내공이 '패도적이고 강맹(强猛)'하기 때문에 그 수련이 빠르고 낮은 단계라면 동일한 급(級)의 정파 무공보다 강하다. 그러나 그 내공의 수련방법이 세인의 지탄을 받거나(색마공이나 흡성대법 등) 이렇게 얻은 내공도 자칫 주화입마로 연결될 위험이 극히 높다. 또한 초절정고수의 경지에 이르기가 정파무공에 비해 극히 힘들다. **정파의 무공**은 그 원천이 기원전 중국에 불법(佛法)을 전하기 위해 건너왔다는 달마대사가 남긴 『달마역근경』(達磨易筋經: 달마조사가 남긴 것으로 알려져 있음. 본래는 승려들의 건강을 위해 창안된 것으로 『역근경』과 『세수경』으로 나뉘어져 있음. 그중 세수경은 사라지고 현세에는 역근경만 전해짐. 무협소설에서는 달마역근경이 신비의 무학비서로 다루어짐.)을 원류로 한다.

이 『달마역근경』에서부터 무협지를 조금 읽은 사람이면 한번쯤 들어봤을 '소림 108나한진', '금강불괴신공', '탄지신공' 등이 만들어진다. 당연히 여기서 만들어진 무림방파가 그 유명한 소림사(少林寺)이다. 무협지의 원류라고 일컬어지는 김용의 『영웅문』을 보면 2부 신조협려의 마지막에 소림에서 막일을 하던 장삼봉이 곽정의 아들 곽양과 함께 소림을 떠나는 장면이 나온다. 그로부터 약 100년 후의 이야기가 3부 '의천도룡기(倚天屠龍記)'인데 이 때 장삼봉이 유일하게 살아남았으며 '무당파'의 장문인이자 조사가 되어 있다. 즉, 무당파 역시 그 원류는 소림에 두고 있으나 불법을 숭상한 소림과는 달리 무당은 '도가(道家)'계열로 보다 친자연적인 성향을 띠는 방파라 할 수 있다.

한편으로 곽양 역시 한개의 방파를 남기고 세상을 뜨는데 그것이 바로 여인들의 문파(門派)라는 '아미파'이다. 아미파는 성격상 불법(佛法)과 도가(道家)의 사상을 혼합해 놓은 듯한데 위에서도 말했듯이 여인들만이 방도(房徒)가 될 수 있는 특이한 방파이다.

그밖에 거지들의 방파라는 '개방'과 무협지별로 조금씩 다른 6개 문파가 합해져서 '9파1방'을 정파(正派)무림세력이라고 한다. 이들은 각각 성격이 다르지만, 위에서 말했듯이 '정파내공의 성격'을 지니고 있는 것은 동일하다.

요사이 등장하는 원류로는 위에 언급한 9파1방 외에 각 계열별로 '특화'된 신종 방파들이 존재하는데 대표적인 것이 『삼국지(三國志)』의 조자룡 창법을 계승한(삼국지에서 조자룡은 창의 달인) '조씨세가'라던지 암기에 능한 '사천당가' 등 5대세가(또는 6대세가) 역시 요사이는 정파의 한 계열로 보고 있다.

사파는 그 원류가 불확실한데 가장 신빙성 있는 것이 지금의 티베트 지역에서 들어왔다는 '서천불교(西天佛敎)'가 원류라는 설이다. 이들은 불승(佛僧)이면서도 불심(佛心)보다는 세속적인 욕망이 강했다고 묘사되는데, 그런 탓인지 이들의 무공은 보다 강맹하면서 패도적이었다고 전해진다. 이것이 중원에 전해져서 변질되고 변형되면서 '힘'만을 숭상하는 마공(魔功)을 탄생시켰고 이것이 바로 사파의 원류가 되었다는 것이다.

정파가 9파1방이니, 5대세가니 하고 구분되는데 반해 사파는 '마교' 하나로 대변될 수 있다. 물론 사파에도 수많은 방파가 있긴 하지만 이는 나름대로 작가의 상상력에 의한 산물일 뿐 모든 원류는 마교라고 할 수 있다. '의천도룡기'(倚天屠龍記 · The Heaven Sword and Dragon Saber는 김용의 1961년 소설로 사조 삼부곡 중 사조영웅전과 신조협려를 잇는 마지막 작품. 국내에서는 1986년 고려원에서 『영웅문英雄門』 3부로 처음 소개됐음)에도 이후에 '홍건적의 난'을 일으키는 명교(明敎)가 등장한다.

명교는 마교의 무공을 계승했지만 미륵불을 숭상하는 종교이다. 중국에 전래된 마니교는 당나라 때 중앙아시아를 통해 중국에 전래됐는데, 주류 종교로 자리 잡은 적은 한 번도 없으며 오히려 당 무종의 회창훼불 때 불교와 함께 덤으로 탄압받은 이후 공개적으로는 금지됐다. 명교가 된 마니교는 중국의 문화적 맥락을 빠르게 흡수하며 중국화됐고, 당나라가 망할 때까지 살아남아 여러 중국 민간종교에 영향을 미쳤다. 명교 세력은 현대 중국에도 남아 있으며, 푸젠(福建)성의 초암이 중심지이고 초암은 오늘날까지 살아남은 유일한 명교 사원이다. '의천도룡기'의 주인공 장무기는 정파인 무당파의 자손이면서도 명교의 교주가 되는 인물로 나온다.

정파와 사파 이외에 동양의 무공을 따지자면 녹림(산적떼)들의 무공과 황궁의 무공(중국 드라마 '포청천' 같은 곳에 나옴)을 들 수 있다. 마교가 오랜 세월동안 수적인 열세에도 불구하고 살아남을 수 있었던 가장 큰 이유가 바로 '종교'였기에 신도들의 충성심이 정파보다 강했다는 점과 하급단계의 무공이 마교 쪽이 높았기 때문이라 할 수 있다. 하지만 초절정 경지에 이르면 얘기가 달라지는데 이 경지는 크게 3단계(三境)로 나눌 수 있다.

첫번째 경지인 조화경(造化境), 즉 '화경'(化境:천지인天地人의 삼화三化와 수목금화토水木金火土의 오기五氣를 고루 몸 안에 이루어낸 '삼화취정 오기조원'三化聚頂 五氣造元의 고수를 말함. 온 몸이 무예를 시전하기에 최적의 상태로 바뀌는 환골탈태換骨奪胎를 경험하며, 이러한 경지가 되면 능히 소리로 사람을 죽이고 손가락을 들어 작은 산을 무너뜨릴 수 있음)이라는 경지로 『삼국지』에도 여포가 이 경지였다는 묘사가 등장한다. **사람에게는 임맥(任脈)과 독맥(督脈)이라는 두 줄기의 큰 혈맥이 존재한다.** 이는 평상시에 닫혀 있는데 위급한 순간에 열려 초인적인 힘을 발휘하게 한다. 가끔 뉴스에서 나오는 차 밑에 깔린 아기를 구하기 위해 어머니가 맨손으로 차를 들어 올렸다든지 하는 예가 바로 이런 경우이다. 그런데 무공 수련을 극도로 하면서 어느 경지에 이르면 이 임맥과 독맥이 연결이 된다고 한다. 이를 '임·독양맥이 뚫렸다'고 하는데 이렇게 되면 '초인적인 힘'을 상시적으로 사용하게 된다.

두번째 경지는 '현경'(玄境: 신神으로의 입문이라 할 수 있는 현묘玄妙한 경지. 현경의 경지가 되면 몸에 만독萬毒이 침범하지 못하는 만독불침萬毒不侵이 되며 겉으로 전혀 정기가 드러나지 않는 반박귀진返縛歸眞의 상태가 됨. 또 나이가 연로한 사람이 이 경지를 이루면 머리가 다시 검어지고 치아가 새로 나오는 반로환동反老換童을 경험하며 몸에서 뿜어져 나오는 예기銳氣만으로 사람을 죽일 수 있음.)이라는 경지로 실존하는 인물 중에 이 경지에 올랐다는 기록은 없으며 무협지에도 가끔 한 두명 존재하는 경지이다. 임맥과 독맥이 혈맥이라면 기가 흐르는 '생관'과 '사관'이 별도로 존재하는데 생관은 사람의 육체와, 사관은 사람의 정신과 관련이 되는 관이다. 흔히 "생각은 있는데 육체가 따르지 못해서"라는 말을 하는데 이것은 생관과 사관이 따로 놀기 때문이며 이런 상태가 원래는 '정상'이다.

그런데 화경을 넘어 **극한의 수련과 정신수양을 하다보면**, 한순간 이 두개의 관이 연결되어 뚫려버리는데 이것을 '생사현관 타통'(生死玄關 打通)이라고 한다. 이렇게 되면 '생각이 구현'되는 경지가 된다. 즉, 무협지에 많이 등장하는 '심즉살(心卽殺: 생각과 동시에 적이 죽는 경지)'의 경지가 바로 이것이다. 극도로 빨리 움직여서 상대가 눈치 못채게 죽이는 것이 아니라 '죽어라'는 살심(殺心)만으로 상대가 진정으로 죽는 경지를 말한다.

마지막 세번째 경지는 불로불사(不老不死)의 진정한 신의 경지, '생사경'(生死境) 또는 '신화경'(神化境) 등 그 이름도 불확실한 경지이다. **인간의 생과 사를 초월하고 우주만물**의 법칙을 한 눈에 꿰뚫어 내는 무예의 최고 경지로, 단 한명도 그 근처까지 접근조차 하지 못했기 때문에 추측만 있을 뿐 생사경은 완전한 미지의 세계이다. 이 경지는 그야말로 '초월적인 존재'가 되는 것인데, **원래 동양의 무공은 '도를 닦는 한 방법'이었다는 것**을 생각한다면 **불교에서 말하면 '해탈'한 것이고 도교에서 말하면 '신선'이 된 것이라 할 수 있다.** 이 경지에 이른 사람은 당연히 세상만사와 모든 명리에 관심이 없기 때문에 '생사경 경지의 고수가 천하를 일통했다'는 식의 말은 모순이라고 할 수 있다. 이 경지는 오직 현경의 고수가 '깨달음'을 통해서만 오를 수 있다고 알려져 있다.

동양에서 이토록 무공이 발달한 것과는 반대로 서양은 전체적인 수준이 동양보다 낮다. 그 이유는 일찍부터 무기와 병기가 발달한 서양은 우수한 병기(兵器)와 전술(戰術)에 의존한 전쟁이 많았기에 개개인이 극강(極强)할 필요가 많지 않았기 때문이다. 물론 이들도 동양의 '검기(劍氣)'나 '검강(檢强)' 등 검이나 병장기에 기를 불어넣는 경지가 있으나 그 수가 극히 미미하다.

동양에서 '기(氣)'라고 일컫는 자연의 힘을 서양에서는 '마나'라고 하는데, 이는 서양 마법의 원천이 되는 힘이다. 드물게 극강한 검사(劍士)들 중에 이 마나를 검에 불어넣어 쓰는 사람들이 있는데 동양의 검기와 검강을 생각하면 된다. 서양에서는 이러한 검을 마나(검에 하나를 집중시켜서 검을 더 단단하고 강하게 만드는 마법)를 붙여 '마나소드'(Mana Sword)라고 부르는데 그 검사가 신성력을 가진 기사일 경우 '오라소드'라고 부르기도 한다.

마나소드를 쓸 수 있는 기사나 검사들을 '마스터(Master)'라고 부르며 그 무기가 검일 경우 '소드마스터', 맨손격투일 경우 '블루마스터', 메이스일 경우는 '메이스마스터' 등 그 무기의 이름을 앞에 붙인다.

전체적으로 수준이 낮은 서양의 무술이지만 이들 중에도 극강한 고수가 한둘씩 나타나며 이들을 특별히 '그랜드마스터(Grand Master)'라고 하여 숭상한다. 확실한 비교는 힘들지만 동양의 기준으로는 '화경'과 '현경' 사이의 경지가 아닐까 한다.

서양은 오직 '전투'를 위해 무술을 익혔다. 그러나 동양은 '무예'나 '무도'라는 이름에서도 알 수 있듯이 무공(武功)은 곧 '예(禮)의 한 방법'이며 '도(道)의 한 방법'이었다. 전투가 없더라도 심신의 수련을 위해 무공을 닦았고 그러하기에 더 높은 경지에 오를 수 있지 않았나 생각한다.

大 스승께서도 "동양무술은 정신세계에 가까이 있지만, 서양무술은 그것이 미흡하다"고 말씀하셨다.

3. '무(武)의 세계'는 시대에 따라 변한다

대학의 학과가 수백 개로 나눠진 것처럼 '무(武)의 세계'에는 수천년 동안 독자적인 수련방법과 다양한 무기의 형태에 따른 사용방법으로 수천가지의 각 분야가 존재한다.

시대적 상황에 따라 어떤 형태의 싸움이 가장 높은 승률(勝率)을 기록하는가에 따라 '무의 세계'의 변화와 발전이 이루어져 왔다.

유럽의 경우 휴대가 가능한 총포가 나오기 이전에는 펜싱 같은 가늘고 가느다란 찌르기 검(劍)을 사용한 검객(劍客)들이 많았다. 그 이유는 갑옷을 두른 중무장한 보병을 상대하기 위해서는 관절이 움직이는 이음새 부분을 노려서 살상을 하기 위해 발전된 것이 펜싱 형태의 검 모양이다.

그렇기 때문에 잘못 찌르면 휘어지게 되는 탄성(彈性)이 중요했고, 가늘고 긴 형태의 펜싱 검이 사용되었던 것이다. 하지만 총포의 등장으로 더 이상 펜싱 검은 효용가치가 사라지고 점차 스포츠 형태의 오락으로 발전되어 귀족들이 유희(遊戲)로 즐기는 여흥게임으로 변해갔다.

남아메리카 브라질의 전통무술 카포에라(capoeira)라고 하는 흑인 노예들의 무술은 쇠사슬에 묶인 상태에서 적을 살상하는 기술을 연마한 동작의 연습을 춤을 추는 행위처럼 보이게 하여 연마한 것이다.

또다른 브라질 무술 주짓수(Ju-Jitsu)는 일본 제국 시절 브라질의 사탕수수 농장으로 이민 간 일본인 이민 1세대 유도(柔道) 가문의 일본식 무도 '유술(柔術)'이 브라질 현지인들에게 전수되어지면서 브라질식 발음의 두음법칙에 의해 '주짓수'라고 발음되어 전승된 것이다.

주짓수는 유술 또는 주주쓰(じゅうじゅつ)로 불리며, 일본 유도의 원형인 고류(古流) 유술을 바탕으로 한다. 현재의 주짓수는 일본 메이지(明治)시대에 브라질을 거쳐 전세계로 퍼져 나가 스포츠 종목으로 발전한 브라질리언 주짓수 또는 그레이시(Gracie) 주짓수를 말한다. 일본인 마에다 미츠요에 의해 브라질의 그레이시 가문에 보급되어 서서하는 기술인 메치기, 던지기보다 누워서 하는 기술(Ne-Waza (groundtechnique)인 굳히기와 조르기가 강조돼 발전된 무술이 브라질리언 주짓수이다. 이 브라질리언 주짓수를 줄여서 보통 '주짓수'라고 부른다.

중국에는 수많은 무술이 전승되어졌으나, 그 명맥이 단절되어 사라진 무술 분야가 전설처럼 전해진다. 손에서 강한 기(氣)의 바람이 나간다는 장풍(掌風), 천릿길을 한걸음에 달린다는 축지법(縮地法) 같은 믿기 어려운 여러 무술이 존재했다고 문헌이나 구전(口傳)으로 전해진다.

현대 중국은 공산당 일당독재가 시작된 **문화대혁명 당시에 소림사(少林寺)**를 비롯해 모든 무술도장을 강제적으로 폐쇄시키고 그것들을 자본주의 유물로 취급했다. 현재 남아 있는 소림사는 덩샤오핑(鄧小平) 이후 발전된 영화산업의 일환으로 제작된 영화 '소림사'의 인기 덕분에 새롭게 부활된 공산당 소속으로 스님을 연기하는 당원들이 운영하는 쇼 비즈니스(show business)산업으로 재탄생하면서 철저히 자본산업화 됐다.

일본 역시 전국시대(戰國時代)에 수많은 검술(劍術)의 유파들이 각자의 기술을 자랑하면서 자신들의 검도스타일 명맥을 이어오게 된 검도 위주의 수많은 무술 도장들이 존재했었다.

시대가 바뀌어 들어선 신일본(新日本) 메이지 정부는 '폐도령'(廢刀令 · 하이토레이는 메이지 9년(1876년) 3월28일에 발표된 '大禮服竝ニ軍人警察官吏等制服著用ノ外帶刀禁止'라는 제목의 태정관포고령太政官布告令의 약칭. 말하자면 칼의 휴대의 금지령을 의미함)으로 모든 사무라이(侍: 일본 봉건시대의 무사武士)계급을 폐지하고 칼의 사적인 소지와 사적인 수련을 금지시켰다. 이로 인해 거의 모든 검도장들은 경영난으로 문을 닫았고 청(淸)나라의 문물 영향을 많이 받았던 오키나와(沖繩), 큐슈(九州) 서남해안 지역의 맨손 무도 도장들 위주의 일부 문파(門派)만이 겨우 명맥을 유지했다.

일본 제국군대에서 규격화된 검도와 유도, 공수도(쏜手道 · 가라데)를 본격적으로 가르쳤고, 2차 세계대전 패전 이후 군대식 검도 수련방법으로 통일된 일본식 검도 도장이 본격적으로 자리 잡게 됐다. 이러한 검도 도장은 과거 전국시대에 구전(口傳)으로 존재하던 검도 유파 등을 들먹이며 자신들의 도장이 몇백년에 걸쳐 전승되는 도장이라고 새빨간 거짓말로 날조해 마케팅하는 도장들이 넘쳐나고 있는 상황이다.

한국은 고려시대와 조선시대의 군사체제가 봉건 사병(私兵)제도에서 중앙 집권의 관병(官兵)제도로 바뀌면서 사사로운 무술훈련은 금지시켰다. 이로 인해 수많은 무술분야가 사라지면서 '무(武)'는 천시되고 '문(文)'의 세계가 숭상되고 '무'에도 '문'의 세계처럼

'예(禮)'를 배워야한다고 강요되어졌다.

　구한말의 무예는 일제(日帝) 식민시기를 거치면서 일본식 무도가 유행했고, 일제 강점기 전국 팔도의 7~8개가량의 무도 도장이 성행했다. 지도관, 청무관, 오도관, 역무관 등의 문파들이 8.15 해방 이후에도 자리 잡았고 5.16 군사정변 이후 오도관 위주의 세력들이 한국에서 무술 단체를 규합해 현재의 국기원 형태를 만들었다.

　오도관 출신의 군부 유신세력의 박해를 피해서 해외로 흩어지거나 북한으로 월북한 여러 문파들의 무도 사범들은 북한의 ITF(국제태권도연맹)를 만들고 전세계 공산국가에 태권도를 보급했다. 오도관 위주로 새롭게 탄생한 WTF(세계태권도연맹)는 베트남 파병 이후 알려지면서 미국에 태권도를 보급하고 기존의 일본 가라데와 북한 태권도가 새롭게 북아메리카에서 경쟁구도를 형성하였다.

　(故)김운용 전(前) IOC(국제올림픽위원회) 부위원장의 막강한 스포츠계의 영향력으로 태권도가 올림픽 종목으로 공식 채택되면서 한국의 태권도는 스타일이 비슷한 일본의 가라데, 북한의 태권도와는 다른 경기와 스타일로 큰 인기를 얻게 되었다. 태권도가 일본의 가라데를 모방한 '표절 무도'라고 흑색선전을 하면서 태권도를 비하하는 집단들의 선동에 넘어간 적도 있었다.

　일본의 가라데가 오키나와 농민들의 맨손 무예에서 시작됐다는 역사의 정설 같은 내용이 철저한 일본의 날조된 포장이라는 사실에 여러 반론들이 존재한다.

　오키나와는 류구국(琉球國)으로 오랜 기간 청나라의 제후국이었으면서도 자주적인 국가였다. 근대 일본에 강제 합병되기 전까지는 청의 영향을 많이 받았고 중국의 문화적 영향이 깊었던 지역이었다. 중국의 여러 무술 도장도 자리잡고 있었고 중국 무술 도장이 성행했던 곳이 오키나와였다는 것이다. 일본의 가라데 또한 중국 무술의 영향을 배제할 수 없는 것이다.

　특히 신라시대 우산국(지금의 울릉도) 주민 1000여명이 서기 513~514년께 일본 남단 오키나와 섬에 정착, 12세기 말까지 25대에 걸쳐 왕위를 유지했다는 주장이 제기됐다. 2006년 '독도 영토권원 연구' 논문으로 성균관대 박사 학위를 받은 선우영준 당시 수도권대기환경청장은 일본 고문헌 조사와 3차례에 걸친 오키나와 현지답사를 통해 오키나와의 전신인 류구국(琉球國)이 고대 울릉도 주민들의 이주로 세워진 나라라는 사실을 뒷받침하는 증거를 찾았다고 2007년 2월 21일 밝혔다.

그의 저서에 소개된 관련 문헌 등에 따르면 일본 고서인『류구국구기』(琉球國舊記 · 1731년),『고류구』(古琉球 · 1890년) 등 수십권의 문헌 분석 결과, 우산국은 512년 신라 이사부에 의해 복속된 직후 자원 부족 등의 이유로 오키나와(`우루마'국이 전신) 남부 쿠다카섬 등에 먼 항해 끝에 처음으로 진출했다.

한편, 동아시아 무술의 기원이 중국에서 시작됐다는 것도 어불성설이다. 무술 무예 무도는 한 · 중 · 일(韓中日) 삼국의 독자적인 기술이고 시대에 맞는 기술과 수련을 통해 독자적으로 발전시킨 것으로 보아야 한다.

어느 나라가 먼저 '무의 세계'를 주도했다고 하면서 획일적으로 단정할 수 없는 난형난제(難兄難弟)의 문제이다. 현재 중국에는 소림무술과 여러 가지 무술을 혼합해 스포츠화 시킨 '유술'(柔術: 주로 무기를 쓰지 않고 치고, 찌르고, 차고, 던지고, 내리누르고, 조이고, 관절을 꺾는 등의 방법에 의해 상대를 제어하는 무술. 일본은 그들의 전통무술이라고 하고 있음)로 발전시켰고, **한국은 수박(手搏)**에서 발견된 택견(여러 문헌에는 수박 · 수박희手搏戲 등의 한자로 표기되어 있고 국어사전에는 '태껸'으로 표기했음. 일반적으로 사전적 해석은 "발로 차서 쓰러뜨리는 경기로 각희脚戲"라고 함)을 일제강점기에 전해진 가라테와 교묘히 결합시킨 일본식 이름의 '태권도(跆拳道)'를 스포츠화 시켰다.

태권도를 전통 한국식 이름으로 짓는다면 '태권기예', '태권무예'로 하는 것이 올바른 한국식 이름이라 할 수 있을 것이다. 태권도라는 이름은 지나치게 일본 뉘앙스를 풍기기 때문에 이에 대한 역사를 이해하는 사람이라면 이러한 이름 짓기는 거부감을 줄 수도 있다.

4. 현대와 전통의 조화가 시대정신

아무런 준비가 안되어 있는 땅에 나무를 심고 나무가 자라기도 전에 열매를 맺으려 하면 그 열매가 과연 건강한 먹거리가 될 수 있을까?

스포츠 무도와 전통 무예는 각기 다른 체계와 다른 조직에 의해 각기 다른 방향으로 발전되어야 한다고 보고있다.

중국은 소림사, 일본은 닌자(忍者 · にんじゃ)는 가마쿠라 시대, 에도 시대의 다이묘나 영주를 섬기거나 섬기지 않았어도 첩보활동, 파괴활동, 침투전술, 암살 등을 도맡았으며, 개인이 아닌 집단의 명칭. 그 명성은 일본 내에 남아있으며 세계적으로도 잘 알려져 있었음)를 이용해 자본과 결합시켜 막대한 생산효과를 내고 있다.

전세계 태권도 유단자 숫자만 해도 2500만명이 넘고, 단일 스포츠로 보급된 종목 가운데 축구 다음으로 전세계 230여개국에 협회의 지부를 두고 있다.

국기(國技)로서 종주국을 자부한 태권도 산업을 소림사, 닌자산업 만큼 융성시키려 한다면 태권도 종목 하나만으로는 안 된다. 전통무예를 발굴하고 스포츠 무도 '태권도'와 '택견'의 문화일치가 이뤄지는 합일점을 찾지 못한다면 한국의 무예 산업은 중국과 일본에 크게 뒤지고 만다. 과거 태권도협회와 택견협회는 서로를 인정하지 않았다.

전통과 현대의 만남이 협치(協治)되는 모습이 결여된다면 한국의 무예산업은 새로운 시장을 개척할 수 없을 것이다.

5. 올바른 무술수련 방법

조선의 관병제도에서 무예의 수련 방법은 한 가지에 국한되지 않았다. 기본적으로『무예도보통지』(武藝圖譜通志: 조선 정조 때 이덕무李德懋 · 박제가朴齊家 · 백동수白東修 등이 왕명에 따라 편찬한 종합무예서)에 나오는 무예 수련은 다양한 동작들을 수련 방법으로 제시하고 있다.

각종 타격방법과 잡고 메치고 조르고 꺾는 맨손 무예와 조선 군대에서 사용되는 무기 편제에 맞는 활쏘기, 칼, 창 등을 다루는 방법을 가르치는 것을 볼 수 있다. 이렇듯 무예 수련은 한 가지 방법으로 통달되는 것이 아니라 여러 가지 행위들을 종합적으로 배워야만 실전(實戰)에서 치러지는 죽음과 같은 상황 하에서 수련한 기술을 발휘할 수 있는 것이다.

현대전에서는 일반적으로 총을 사용해 적을 제압한다. 하지만 각종 무기를 다루기 전

건강한 몸과 마음, 정신 통일을 위한 훈련이 필수적이기 때문에 반드시 여러 무술 수련을 통해 맨손과 주변 사물을 통해 적을 제압하는 각종 무술을 군사 교육에 포함시켜야 한다.

이러한 '무(武)의 세계'를 자본시장에 상품화시킨 것이 '종합격투기'(MMA: mixed martial arts)이다. 누가 어떤 무술을 베이스로 사용하고, 어떤 무술이 이 '종합격투기 시합'에서 통하고, 안통하고 하는 논쟁이 벌어지기도 한다.

이 MMA는 서양 권투방식의 룰을 기본적으로 채용하고 경기장 또한 권투링 또는 케이지 같은 제한된 공간에서 경기하는 방식을 선호한다. 보호장비 또한 권투의 글로브와 낭심 보호대, 마우스 피스를 사용하고 선수의 안전을 위해 눈찌르기, 팔꿈치 치기, 박치기 등을 금지시키고 권투와 킥복싱, 레슬링의 룰에 맞춰진 서양식 경기 규칙을 채용하고 있다.

MMA는 장소와 격투 방식에 제한을 두지 않는다면 과연 어떤 무술이 가장 강하다고 평가 받을 수 있을 것인가. 아마도 사용 무기에 제한을 두지 않는다면 당연히 총기 사용이 단연 최고일 것이다. 맨손이라는 전제 하에 장소에 대한 제한을 두지 않고 열린 공간에서 시간제한, 룰 제한 없이 싸우게 한다면 어떤 무술이 가장 강하다고 평가할 수 있을까?

규칙이 없는 격투기에서는 단련을 많이 하고 경험이 많은 선수가 이길 확률이 높은 것이지 특정 무술이 강해서 이기는 것이 아니다. 태권도를 배웠던, 킥복싱을 배웠던, 주짓수를 배운 것이 중요한 게 아니라 어떻게 수련하고 몸을 단련하고 경험을 쌓았는가 하는 개인적인 노하우와 운까지 작용한다.

이렇게 되기 위해서는 한가지 분야만 연마해서는 안된다. 자신이 종합무술이라는 분야에서 강자(强者)가 되기 위해서는 그 룰이 가진 성향과 규칙이 갖는 범위를 고려해서 맞춤형 무술을 수련해야 한다. 그래서 MMA 선수들이 권투기술을 배우고, 유도 기술을 배우고, 주짓수의 꺾기 기술과 레슬링, 킥복싱, 무예타이(태국의 전통 격투 스포츠로 1000년 가량 이어진 전통 있는 무술. 따라서 태국 복싱으로 불리기도 하면서 태국의 고대무술 무어이보란이 현대화된 것으로 알려져 있음)까지 종합무술을 연마하는 것이다.

하나의 무술이 모든 무술을 제압하는 것은 영화와 같은 상상에서나 가능한 일이다.

그렇다고 특정 무술을 지나치게 평가절하 하는 것은 무술을 이해하는 기본지식이 부족하다고 할 수 있다.

강한 무술이 이기는 것이 아니라, 이긴 사람이 강한 것이고 살아남는 사람이 강한 것이다. 사람들은 대나무가 탄성(彈性)이 좋고 강한 나무로 알고 있다. 대나무가 강한 것이 아니고, 대나무를 잡고 있는 땅이 단단하고 뿌리를 강하게 잡고 있어야 한다. 그래야만 대나무는 곧고 강하게 자랄 수 있다. 그 어떤 나무도 잡고 있는 땅이 부실하면 제대로 자랄 수도 없고 강함을 유지할 수도 없다.

무술은 종목이 중요하고 배우는 것이 중요한 게 아니고, 기본이 되는 자신의 몸 자체를 그 무술에 맞게 단련하는 것이 가장 중요한 기본이다. **천일(千日)을 수련하는 것을 '단(鍛)'이라 하고 만일(萬日)을 수련하는 것을 '련(鍊)'이라 한다. 적어도 고수의 경지에 오르려고 한다면 쉬지 않고 '련'의 단계에 오를 정도의 수련을 해야 한다.**

제3장

효봉삼무도 보신술
(曉峯三武道 保身術)

1. 효봉삼무도(曉峰三武道)란 무엇인가

효봉삼무도(曉峰三武道)란 무엇인가? 처음 공개되는 생소한 개념이어서 이에 대해 자세히 설명하겠다.

효봉삼무도는 저자가 무예 수련을 하면서 우리 선조님들께서 갈고 닦은 무도기술기법(무사도 정신)과 훌륭한 스승을 만나 무술을 배우게 되었으며 한가지 기술 속에 호신도 하면서 건강에도 도움을 주는 좋은 무예가 살아지는 것보다 현대인에 맞게 체계화 하여 효봉삼무도라는 새로운 이름으로 집필하게 되었다.

효봉삼무도는 전신(全身)에 힘(力)과 기(氣)와 혈(血)을 순환시키고 운동 방법으로는 밀고, 당기고, 지르고, 구르고, 던지고, 꺾고, 방어 기법 기술, 공격 기법 기술, 호신술, 타법, 비틀기, 음악 명상(마음수련)을 통하여 스트레스를 풀어 심신에 안정을 주고 체력에 맞추어 습득(習得)할 수 있는 장점이 있다.

효봉삼무도의 장점은 한 기술 속에 춤과 같은 율동, 체조, 방어와 공격기법으로 여러 가지 무술을 동시에 습득(習得)할 수 있는 특징이 있다.

- 태권도와 같은 발차기→ 효봉삼무도에서는 다릿짓 기법(기술)이 있으며
- 유도와 같은 던지기 → 효봉삼무도에서는 낙법과 태질(매치기)
- 합기도와 같은 꺽기 → 효봉삼무도에서는 관절비틀기, 호신술
- 검도와 같은 검술→ 효봉삼무도에서는 봉, 막대(목검), 팔매, 끈 기법(기술)이 있다.

이 책에서는 효봉삼무도가 아닌 일반화 된 요가·체조·기구 운동(근육) 등을 부분적으로 응용하여 혼자서 할 수 있도록 그림으로 표현하였으며 자연스럽게 몸의 균형을 잡기 위해서 우리 고유의 양생도, 도인법(요가·체조·명상·율동)으로 몸풀기를 한다. 옛날 사명대사나 서산대사도 이러한 몸풀기를 하면서 무예를 하였다는 설도 있다.

효봉삼무도에서 말하는 삼무는 一 + 二 = '三' 수의 기호로서 천지인(天地人)의 도(道)라고 하며, 도는 일(一)을 낳고 일은 이(二)를 낳고 이는 삼(三)을 낳고 삼은 만물을 낳는다.

하늘과 땅을 통해 나타난 삼라만상 속에 창조된 인간은 진선미(眞善美)의 가치를 추구하며 천지인(天地人)이 하나 될 때 개성완성(個性完成)하게 되어 있다. 저자는 일찍이 이러한 천지이치를 고민해 왔고, 그러한 의미와 깨달음의 바탕 위에 인간성 회복과 도리를 세워 생활의 모든 면에서 인격을 도야하고 무도의 훈련으로 건강한 육체와 정신, 심신(心身)수양을 통해 효봉삼무도를 중심으로 삼고 인도하여야 할 사명이 크다 하겠다. 이러한 모든 것이 사람을 위한 정기(正氣)[1], 정도(正道)[2], 정각(正覺)[3]의 길을 가게하는 것이다.

도(道)와 기(氣)의 일맥(一脈)이 무술로 나타났으니, 이 또한 도라 할 수 있다. 어디까지나 자연을 그대로 따르는 것이 도인데 자연을 거스르는 도는 없다. 올바른 질서, 즉 정서(正序)는 근본이라 자연의 힘이 나이며, 내가 곧 자연의 힘이다. 자연의 힘은 내 것이고 내가 강한 정신, 강한 마음, 강한 체력을 가지면 그것이 곧 국력이다.

그러나 급속한 경제발전과 산업화에 밀려 도맥(道脈)이 끊어지고 묻힌 지 오래됐다. 이제 도맥과 기풍(氣風) 같은 것들은 모두 전설과 설화로만 전해질 뿐이고 무도(武道) 역시 보이는 몸놀림만 일부 남아 있을 뿐이다.

세상은 종국으로 치달아 파국에 직면하게 될 수 있으며 이제 다시 근본으로 돌아가는 이른바 원시반본(原始返本)하지 않을 수 없는 때를 맞이했다. 천계(天界)가 이를 직시하

---

1 정기(正氣) : 천지·지·인의 사이에 존재한다는 지극히 크고 바르며 공명된 천지의 원기바른 기풍과 의기
2 정도(正道) : 올바른 길, 또는 도리
3 정각(正覺) : 바른 깨달음

고 있으니 홍익인간(弘益人間)의 참뜻을 깨달아 위대한 민족적 자산인 도맥을 부활시켜 무예(武藝)로 승화시키는 사명을 다해야 한다. 그렇게 해서 이를 인류사회 속에 깊이 뿌리내리게 해야 한다.

무도는 인류역사와 함께 발달되어 왔으며 하이라이트인 올림픽은 스포츠를 통해 세계인이 하나로 화합하는 대축제이다. 하지만 무술은 어느 민족, 어느 국가나 할 것 없이 인류가 생겨나면서 자신을 보호하기 위해 경호(호신)라는 그 나름대로 특유한 운동이 발달해 왔다.

인도의 철학자 요쇼 라즈니쉬(1931~1990)는 깨달음이 특정인에게만 일어나는 현상이 아니라, 아주 평범한 사람에게도 일어날 수 있다는 것을 예시했고 종교는 그동안 인류의 유일한 도피처였다고 했다. 그러나 그것마저 이제 위기에 빠져있다.

관자(管子)는 공자(孔子)보다 약 1세기 앞선 위대한 정치가이자 사상가였다. 『관자』의 '천서(天瑞)'편에 보면, 오늘날 우리에게 전하는 교훈은 시사하는 바가 크다. 관자는 만물의 생성과 변화의 과정에서부터 시작해 하늘과 땅의 창성(創成)원리 및 천지와 성인(聖人)과 만물의 특성을 논하였다. 천지만물의 생성과 변화가 무궁한 것처럼 사람의 삶과 죽음도 무한한 순환원리에 입각해 있다는 데서부터 인생을 전개하였다. 따라서 사람들이 중히 여기는 생사(生死)는 물론 빈부(貧富)나 명리(名利)같은 것이 자연 속에서는 무의미하다고 하였다. 결국 삶이란 길을 떠나는 것이라면 죽음은 집으로 돌아오는 것이나 마찬가지라 하였다.

궁극적으로 모든 것이 '무(無)'로 회귀하게 마련이라는 것이다. 노자(老子), 장자(莊子)와 함께 도가사상을 형성한 열자(列子)는 그의 스승 호자(豪子)의 말을 빌려 우주의 본체(本體)가 되는 도의 오묘한 원리를 설명하고 있다.

우주 본체의 도(道)는 절대적이고 영원불멸하다. 만물을 생성하고 변화시키는 근원이 되지만 그 자체는 성장하지도, 변화하지도 않고 저절로 그러하고 그렇게 되고 있는 것이다.

효봉삼무도 또한 체력은 국력으로, 건강한 몸과 마음을 항상 갈고 닦아 바른 무도의 정신으로 인도할 사명이 크다고 하겠다. 이러한 모든 것이 사람을 위한 옳은 길(義道), 바른 길(正道), 바른 깨달음(正覺)의 길을 가게 하는 것이다.

열자는 기약 없는 이별을 앞두고 이처럼 오묘한 도의 깨달음을 통해 제자들을 가르쳤다고 한다. 여기에서 우리는 세속에서도 초연히 우주의 원리대로 살고자 치열하게 대결하는 열자의 인간성과 학문의 성격을 느끼게 된다. 옛 성현들은 음양(陰陽)의 원리를 근거로 하여 세상을 이끌었다.

우주만상 속에 모든 형체를 지닌 것은 형체가 없는 것으로부터 생겨났는데, 그렇다면 땅은 어디로부터 생겨난 것일까? 태역(太易)이 있고 태초(太初)가 있다고 했다. 태역은 기(氣)도 나타나지 않은 상태이고, 태초란 기운이 나타나기 시작한 상태이고, 태시(太始)는 형체가 이루어지기 시작한 상태이다. 태소(太素)라는 것은 성질이 갖추어지기 시작한 상태이다.

이는 기운과 형체와 성질이 갖추어져 있으면서도 서로 분리되어 있지 않으므로 혼돈상태라고 한다. 그것은 눈으로 보려고 해도 보이지 않고 귀로 들으려고 해도 들리지 않으며 손으로 잡으려고 해도 잡히지 않는다. 그래서 그것을 역(易)이라고 한다.

하늘과 땅의 도는 양이 아니면 음이다. 성인의 가르침은 어짐(仁)이 아니면 의로움(義)이다. 만물의 적성은 부드러움(柔)이 아니면 억셈(剛)이다. 이는 모두 그의 적성에 따라 그 위치로부터 이탈할 수 없는 것들이라 하였다.

하늘과 땅과 성인과 만물은 당초부터 모두 완전한 것은 아니며 모두 제각기의 특성과 효능을 지니고서 도에 의해 생성·변화하며 조화를 이루고 있다. 도는 허무(虛無)하여 아무런 형체나 소리도 없고 시작도, 끝도 없다.

또한, **정신은 하늘 몫이요, 육체는 땅의 몫이다.** 하늘에 속하는 것은 맑고도 흩어지며 땅에 속하는 것은 탁하고도 모이게 마련이다. 정신은 형체를 따라 각각 그의 문으로 들어가고 육체는 그의 근본으로 되돌아가는 것이다. 천지와 만물은 잠시도 쉬지 않고 움직이면서 변화하고 있다. 잠시도 쉬지 않고 움직이는 변화를 사람들은 깨닫지 못하고 있을 따름이다. 천체는 쉴 새 없이 돌고 있고 지구도 돌고 있으며 만물도 변하고 있다.

사람은 하늘과 땅 사이에 살면서 하늘과 땅의 힘을 빌려 살아간다. 말을 바꿔 심하게 표현하면 하늘과 땅의 것을 도적질하며 살아간다고도 볼 수 있다. 하지만 하늘과 땅의 것을 훔치는 것은 공적(公的)인 도이기에 아무런 처벌도 받지 않는다. 그러나 남이 모아 놓은 재물을 훔치는 것은 사사로운 욕심의 발로에서 행하는 행동이므로 죄가 된다.

천하에는 이기는 도가 있고 이기지 못하는 도가 있다. 그래서 옛말에 '강함은 자기만 못한 것에 앞서지만, 유함(부드러움)은 자기보다 뛰어난 것에 앞선다'고 하였다.

옛날이나 지금이나 무술(武術)을 단순히 싸움하는 기술로만 생각한다. 저명한 사학자에게 역사 속에서 무술이 그 시대에 끼친 영향에 대해 물어 보면 구체적으로 대답하지 못한다. 그들은 무술이 역사적인 연구의 대상인지조차 잘 모르고 있다. 하지만 무술은 역사의 이면에서 시대마다 지대한 영향을 미쳐온 것이 사실이다.

어떤 종교나 이념이 개인·사회·국가 또는 한 시대를 이끌어 갈 때 그것을 이면에서 보호해주고 유지시켜주는 힘이 무술이다. 그러나 무술의 역할에 대하여 사람들은 관심을 가지지 않았고, 또 그렇게 지내온 것은 역할 자체가 이면적이고 간접적이며 분명히 지켜주는 힘은 있으되 표면적으로 나타나지 않았기 때문이다.

물은 부드럽기 짝이 없지만 바위를 깎아 내리며 반대로 강하기만 것은 깨어지거나 부쉬지기 마련이다. 몸은 마음에 합치(合致)되고 마음은 기운(氣運)에 합치되며 기운은 정신에 합치되고 정신은 무(無)에 합치된다.

사람들은 세상 만물을 위하여 존재하는 것으로 착각하고 있다. 그러나 사실상 만물은 사람과 동등한 입장에서 공존하고 있다. 사람이나 새, 짐승 및 초목 등은 모두 하늘과 땅의 정기, 추위나 더위, 즉 기온의 조화와 물과 흙의 성질 등을 근원으로 하여 생성·소멸한다. 만물은 무한정 많지는 않으나 서로 균형과 조화롭게 존재하고 있으며, 그 균형과 조화는 태초부터 변함이 없다. 이것이 바로 만물이 존재하는 법칙, 즉 칙(則)이라 한다.

또한 이는 어디까지나 영원하고 유일무이(唯一無二)한 절대자(絶對者)의 천리법도(天理法道)를 따라야 한다. 사람이 천도(天道)를 잃으면 일시적으로 성공한다 할지라도 반드시 망하고 만다. 반면 천도를 따르면 스스로 돕는 자를 하늘이 반드시 도와준다. 그래서 **공자(孔子)**는 '順天者(순천자)는 存(존)하고 逆天者(역천자)는 亡(망)한다' (하늘을 따르는 자는 존재하고 하늘을 거스르는 자는 망한다)고 했다. 『명심보감(明心寶鑑)』천명편(天命篇)에 있는 말이다.

『**명심보감**』**개권(開卷) 서두에는 이런 말도 있다.** '**爲善者**(위선자)**는 天報之以福**(천보지이복)**하고 爲不善者**(위불선자)**는 天報之以禍**(천보지이화)**니라**'(**착한 일을 하는 사람에게는 하늘이 복으로써 보답해주고 나쁜 일을 하는 사람에게는 화로써 갚아준다.**)

인간 노력의 성과가 천도에 맞으면 하늘도 그를 도와 더욱 빛나게 해주지만 반대로 아무리 인간이 애를 쓰고 일을 이룩해도 그것이 천도에 어긋난 것이라면 하늘이 이를 버리고 망하게 한다.

중국 고전을 읽다보면 우리의 귀에 잘 익는 잠언들이다. 여기서 우리는 동양의 전통적 천명사상(天命思想)과 더불어 혁명사상(革命思想)을 엿볼 수 있다. 하늘은 자기가 창조한 만물 중에서도 고귀하게 생성(生成)케 한 만물의 영장인 인간을 목양(牧養)하는 데 덕 있는 사람(有德者)을 뽑아 이른바 하늘의 아들(天子)이라 하여 천하를 다스리게 한 것이다. 말하자면 천리(天理)라고 할 수 있는 도(道)는 하늘에서는 태양이요, 사람에게 있어서는 마음(心)이라 할 수 있다.

만물은 기(氣)가 있음으로써 살고, 기가 없으면 죽기 마련이다. 살았다고 하는 것은 바로 기가 있다는 뜻이다. 그것도 명분을 잃으면 흐트러지게 마련이다.

전술론(戰術論)을 논한 관자(管子)의 『위병지수(爲兵之數)』(第六卷 七法篇)에 '大者時也(대자시야) 小者計也(소자계야)(시운이 큰 것이고, 인간의 계략은 작은 것이다' 라고 했다.

인간적인 모든 노력이나 계획도 하늘의 혜택을 못 받으면 아무런 열매도 맺지 못하게 마련이다. 고전에서 의(義)의 의미를 보다 광범위하게 즉, 정신적인 덕목인 동시에 경제적 가치에서 파악하고, 이에 대한 실천을 강조하고 있다. **특히 의(義)의 본질을 일곱 가지로 간추려 정리했다. 즉, ①효제(孝悌) ②충신(忠信) ③예절(禮節) ④준법(遵法) ⑤절용(節用) ⑥돈후(敦厚) ⑦화목(和睦)이다.**

그리고 이 의(義)의 종국적인 효능은 국민을 예절 있고 중용을 지키고, 공명정대하게 하며 아울러 전체 국민이 화합해 국력의 강화, 일치단결하여 국위를 선양하는데 있다. 고도의 문명국가는 개개인이 의를 지킴으로써 이루어진다.

그럼에도 의에 대한 해석이나 정의는 여러 가지로 할 수 있다. **공자는 의의 최고 덕목**인 인(仁)의 보조적인 덕목으로 이른바 정의(正義)에 가까운 뜻으로 풀었고, **맹자(孟子)는 인(仁)을 인애(仁愛)라 보는데 의를 정도(正道)** 또는 사회질서의 바탕으로 풀었다. 그러나 이들은 의를 어디까지나 정신적 덕목으로 보고 있는 것이다.

오늘날 세계가 직면한 위기, 인류의 고민을 극복하는 지혜를 이러한 동양의 의(義)와 예(禮)의 정신에서 찾자고 주장하면 지나친 것일까? 우리는 이 기회에 신중히 생각해 봐야 하겠다. 동시에 동양의 문화전통, 동양 정신문명의 우월성을 너무 오랫동안 망각하고 있었던 과거의 우(愚)에서 벗어나야 하겠다. 서양의 첨단과학, 기술문명도 옳고 그것도 바르게 수용해야 한다. 하지만 동시에 우리의 고유한 전통, 정신적 자산은 더욱 개발·발전시켜야 한다. **옛 문헌을 보면 도(道)의 일맥(一脈)이 무(武)로 나타났으며**, 도의 근원은 신라시대 '선(仙)의 역사서'『선사(仙史)』화랑의 역사에 기록돼 있다. 대종교의 성전(聖典)인『삼일신고(三一神誥)』에서 말하는 일신강충(一神降衷), 성통광명(性通光明), 재세이화(在世理化), 홍익인간(弘益人間)의 이상을 실현하고자 했다. 여기에서『삼일신고』의 '三一'은 삼신일체(三神一體)·삼진귀일(三眞歸一)이라는 이치를 뜻하고, '신고(神誥)'는 '신(神)의 신명(神明)한 글로 하신 말씀'을 뜻한다. 따라서 삼일신고는 삼신일체, 즉 신도(神道)의 차원에서 홍익인간의 이념을 구현하고, 삼진귀일 즉, 인도(人道)의 차원에서 성통공완(性通功完)의 공덕을 쌓아 지상천궁(地上天宮)을 세우는 가르침을 한배검이 분명하게 글로 남겨 전한 말이라는 뜻이 된다.

무식한 사람은 못 배운 게 아니라, 자기 자신을 알지 못하는 사람이다. 가장 어리석은 사람은 책이나 지식, 권위 등을 이용해 사람을 이해시키고자 하는 사람이다. 무술을 배우는 것은 내 몸을 스스로 지키고 방어하기 위함이며, 상대를 제압하여 서로의 몸을 지켜주는 것이 무사도 정신이며 외부로부터 오는 것 뿐 아니라 내적인 품성도 중요하다. 따라서 그릇된 명분을 내세워 남을 이용하거나 출세 지향적인 사람에게는 대임(大任)을 맡겨선 안 된다. 대의명분을 갖되 큰 그릇이 된 사람이라야 원대한 일을 수행할 수 있다. 늘 신중하며 하늘을 두려워하는 사람이라야 '올바른 치세도(正治道)'를 구현할 수 있다. 이를 구현하려면 혁명적 변화가 필요하다. 먼저 혁명가적인 활동을 하려면 자기 보신술(保身術)을 갖춰야 한다. 사회적 지탄의 대상이 되는 불량배들이 있으면 그들을 제압해야 하기 때문이다. 건강하지 않으면 천명(天命)도 수행할 수 없다. 결국 대임(大任)을 수행하려면 자기 자신의 신변보호도 스스로 할 수 있어야 한다. 내 몸의 어디가 아프면 치료할 수 있는 방법도 알아내 건강을 유지할 수 있다면 금상첨화가 아니겠는가.

내가 효봉삼무도를 여기에 소개하는 것은 우리 모두 몸과 마음이 조화를 이루어 건강한 개인, 가정, 사회, 국가를 이루어 나갔으면 하면 간절한 소망이 있기 때문이다. 몸과 마음이 하나되면, 즉 건강한 사람이라면 반드시 발전한다. 건강한 사람이라면, 반드시 재창조를 하려고 한다. 그것은 생각하는 대로 실천하려고 하기 때문이다. 생각하는 대로 실천하기 때문에 창조의 결과세계가 전개되어 나간다고 보는 것이다.

2. 효봉삼무도 기술(曉峯三武道 技術)

효봉삼무도 보신술은 무(武)와 도(道)를 겸비한 기술로 옛날부터 전해 내려오던 무도 기법 기술과(여러가지 무술) 한풀을 참고로 프로그램화 했다. 효봉삼무도는 그냥 만들어진 운동이 아니며 이는 저자가 오랜 기간 배우고 익혀서 만든 보신술(호신술)운동이며 수많은 생사의 고비를 넘나드는 순간들과 중간 중간에 시련과 난관도 많았지만 동작 하나하나에 매료되어 몰두해 오늘에 이르게 됐다. 효봉삼무도는 공식(公式)에 의해 체계화했고 기술적으로는 모든 무술을 포용할 수 있으며 함께 공유할 수 있다.

아무리 훌륭한 기술이라 하더라도 체계적으로 정리되어 있지 않으면 그 기술의 가치를 증명하거나 나타낼 수가 없다. 또한 수련과정에서 중복된 연습이나 불필요한 연금(鍊金)으로 말미암아 시간과 노력을 낭비하게 된다. 그리하여 기술을 여러 형태로 분류했다. 이 과정에서 일부 빠지거나 없어진 기술도 있지만 기본 틀은 변함이 없고 그 틀 위에 체계화하여 정리했다.

무도(武道)란 무예, 무술 등의 총칭이며 무인(武人), 무사(武士), 무사도(武士道)로서 마땅히 지켜야 할 도이다.

아무리 훌륭한 사람이나 무도인도 마음을 속이면 몸도 속는다. 마음(心)은 타고난 성품(性稟)에 따라 적용하므로 선과 악이 일어나니, 초심(初心)으로 돌아가 끝없는 정각(正覺)의 자세가 필요하며 몸과 마음을 훈련하는 깨달음의 수련이 필요하다.

효봉삼무도 기술은 활용범위가 광범위하며 어떠한 무술의 기술과도 대응이 되는 기술이며 정신력, 집중력, 동작의 민첩성 등 심신수련(心身修鍊)에 아주 좋은 건강운동기술이다.

무술(武術)의 참뜻은 일반적으로 알고 있는 것과는 다르다. 무술 속에는 심오한 진리가 들어 있으며 수련을 통하여 몸과 마음이 하나 될 때 건강한 육체, 건강한 마음이 재탄생된다.

무술은 내가 남을 해치는 것이 아니라 내가 스스로 인내하고 단련하여 나를 이기게 하는 것이다. 결국 호신(護身)은 남이 나를 지키는 것이 아니라 내가 나를 지키는 것이다. 내가 나를 지키는 것보다 안전하고 편리한 호신은 없기 때문이다.

건강은 몸과 마음이 함께 건강해야 하고 장수도 할 수 있어야 참다운 건강이다. 예로부터 무술을 수련하면 20~30년은 더 오래 산다는 말이 전해오고 있다. 기술도 자신에게 알맞은 것을 선택해야 한다. 옷도 남녀 간의 옷이 다르고 젊은이와 노인이 입는 옷이 다르다. 또한 특수한 용도의 옷도 있는가 하면, 군인이나 경찰이 입는 획일적인 제복도 있다.

무도도 마찬가지이다. 무술을 수련하는 것은 건강한 내 몸에 맞는 옷을 짓는 것과 같다. 알맞은 기술을 선택해 수련하고 또 자신의 것으로 완성시켜야 자기만의 비술(秘術)을 만들 수 있다. 기술도 이와 마찬가지로 자신의 신체조건에 맞는 것으로 선택해서 습득해야 한다.

1) 효봉삼무도에서 본 천지만물(天地萬物)과 수수작용(授受作用) 원리

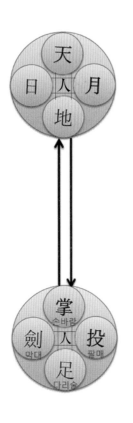

광대무변한 우주 공간에는 천체(天體)의 기(氣) 에너지로 가득 차있다. 이것을 천기(天氣)라고 하며 지구(地球)는 기의 힘 즉, 지기(地氣)라고 한다. 빛과 공기는 천기요, 양(陽)이며 흙(地)과 물(水)은 지기요, 음(陰)이다.

천지간에 존재하는 삼라만상은 양과 음의 수수작용(授受作用) 원리에 의해 잠시도 쉬지 않고 일정한 법도에 따라 운행되고 있다.

광대무변한 대우주는 시작과 끝이 없이 본래 무한이기에 없어지지 않고 그대로 영원불변하다.

우주적 존재의 가치와 그 내용을 인정하고, 그를 사랑하고 그를 위할 수 있는 주체가 되지 않고는 우주적 존재가 나를 좋아하지 않는다.

효봉삼무도의 모든 기법(기술)은 주고받는 수수작용원리에 의해 이뤄졌다. 무술 역시 동작에는 손 기법(기술), 발 기법(기술)의 흐름에 따라 이루어지고 있다.

① 손(掌)바람(파람)
모든 손기술에 모체가 되는 기법(기술)
② 막대, 검(劍)
모든 무기기술에 모체가 되는 기법(기술)
③ 팔매(投) 투법(投法)
모든 던지기에 모체가 되는 기법(기술)
④ 발(足)
모든 발차기(다릿－짓)의 모체가 되는 기법(기술)

　위의 4기법(기술)은 일체를 이루고 있으며 무술의 근본이 되고 모체가 되는 기법(기술)이다. 이 4기법(기술) 가운데 한 기법(기술)이라도 빠지면 완전성을 이루지 못한다. 결론적으로 위 4기법(기술)은 하늘 천지기운과 하나되는 기운이요, 하늘 천지기운과 하나되는 원력이며 하늘 천지기운과 하나되는 무술이다.

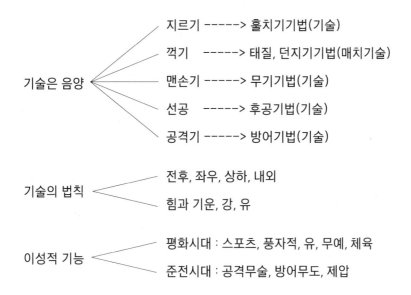

기술은 음양
지르기 -----> 훌치기기법(기술)
꺽기 -----> 태질, 던지기기법(매치기술)
맨손기 -----> 무기기법(기술)
선공 -----> 후공기법(기술)
공격기 -----> 방어기법(기술)

기술의 법칙
전후, 좌우, 상하, 내외
힘과 기운, 강, 유

이성적 기능
평화시대 : 스포츠, 풍자적, 유, 무예, 체육
준전시대 : 공격무술, 방어무도, 제압

　효봉삼무도는 예전부터 있었던 기법(기술)으로서 시대에 따라 부분적으로 기법(기술)도 달리하여 전통을 이어오거나 실용적으로 개발하고 스포츠화 했다. 그중에 기존에 배운 기법(기술)을 보다 더 쉽게 배울 수 있는 4기법(기술)의 원리에서 12기본기법은 전체 기술의 근본이요, 기본이 되는 기법(기술)이다.

우리 자신에 대한 체력을 보존하기 위해 수수법적(授受法的) 원화(圓和)운동 즉, 잘 주고받으며 심신을 원활하게 하는 운동을 해야 한다. 이 운동을 계속하면 건강하고 활력이 넘치게 생활할 수 있다.

완전한 마이너스는 완전한 플러스를 유발한다. 완전한 플러스는 완전한 마이너스를 창조한다. 이것은 천지원리이기 때문에 외적인 무술을 중심삼고 심신(心身)일치될 수 있는 이론적 체계를 갖추고 체육 형태로 전개시키게 되면 체육을 배우는 과정에서 자동적으로 원리를 습득하게 된다. 그러면 3~10년 지나게 되면 심신일체의 경지에 이르게 된다. 신라 시대에 화랑도는 삼국통일의 정신적 기반이 됐다. 화랑도와 마찬가지로 무술 자체를 배우는 것도 영적 교리를 열어주는 길이 되기도 한다.

효봉삼무도는 이러한 원리와 철학을 바탕으로 만들어졌음을 밝힌다.

2) 효봉삼무도 4방위 12기본기법(기술) 보신술(호신술)

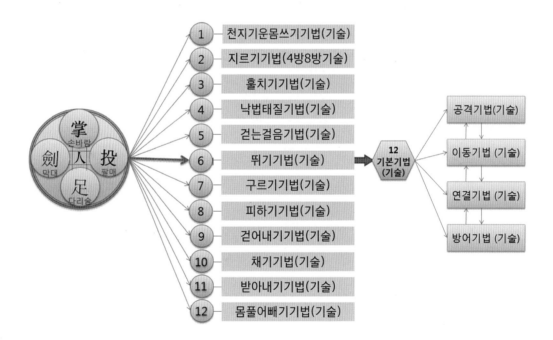

4방위(四方位) 12기본기법(기술)은 수수작용의 힘에 의하여 기법(기술)이 생겨나게 하고, 기구를 무기로 한 기법(기술), 능력이다. 이 기법(기술)은 힘을 발생시키며 효봉삼

무도의 완성을 이룬다 하겠다.

공격기법(기술) ──→ 천지기운몸쓰기(몸겨룸세, 정심몸본세, 날수몸세), 지르
　　　　　　　　　기술, 훌치기술, 낙법, 태질.
방어기법(기술) ──→ 걷어내기술, 채기술, 몸풀어빼기술
　　　　　　　　──→ 걷는걸음세, 뛰기, 피하기술(비켜나기술).
맨손기법(기술) ──→ 손, 주먹, 팔, 다리, 몸체.
기구기법(기술) ──→ 막대, 검, 봉, 팔매던지기, 장, 창, 구슬, 로프.

　효봉삼무도 12기본기법(기술)은 각각의 다른 기능을 가진 12가지의 기술이다. 12기본
기법은 어떠한 기술도 음과 양의 원리대로 완성시킬 수 있는 응용 기술이다.
　공격기법(기술)을 먼저 익히지 않으면 방어기술 연습이 안되기 때문에 편의상 상단에
나열했다.

3) 효봉삼무도

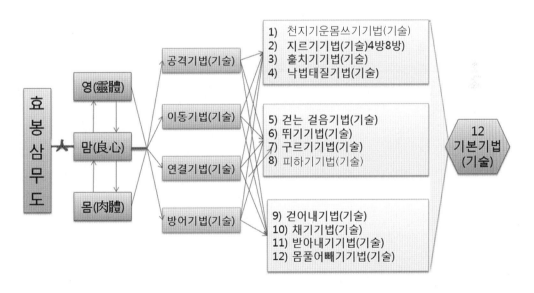

　※공격기법(기술)을 먼저 익히지 않으면 방어기술 연습이 안 되기 때문에 편의상 상단
에 나열했다.

4) 12 기본기법(기술)

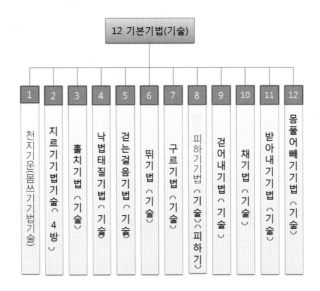

5) 기본응용기범(기술)

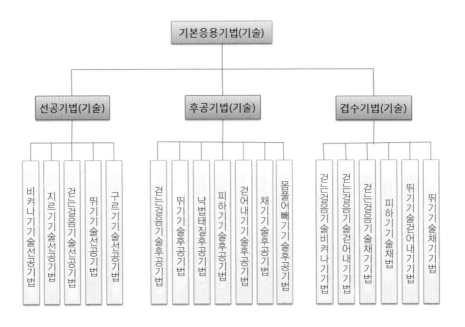

6) 겨루기연습기법(기술)

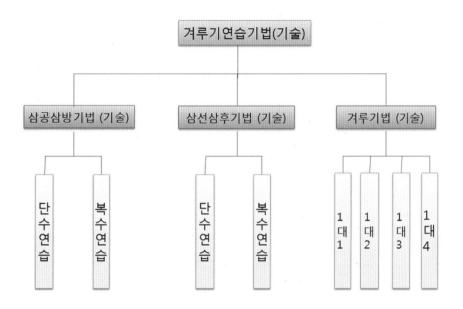

7) 응용호신술

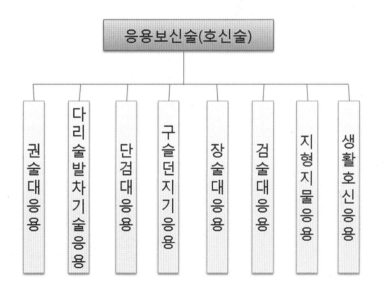

8) 효봉삼무도의 회전술운동(천지기운술 응용)

　피조세계와 효봉삼무도의 회전운동은 일체를 이루고 있다. 방향의 지향성은 내외로 되어 있으며 회전은 동일한 방향과 좌, 우, 뒤로 회전하기도 한다. 효봉삼무도의 모든 기술은 4방8방12기본법(기술)보신술은 이치대로 향하고 움직이고 변화한다.

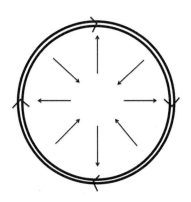

* 인기(氤氣) 진동법(명상음악)　p.명상편참조
* 인기전신타법 전신(효봉삼무도 무맥인) p.참조
* 인기털기법(자율진동 몸풀어주기)

* 위의 사진은 1982년 저자가 한풀 무예를 운동하면서 별도로 찍은 사진이다.

호신술(보신술)

1) 손날치기

2) 팔꿈치 치기

3) 손목꺽기

4) 손목풀기

5) 팔꺾기

6) 잡아치기

7) 넘기기

8) 넘기기2

9) 잡아무릎치기

10) 발차기

3. 마음과 몸 수련의 각 3단계

(1) 무형수련 3단계	1) 음악명상수련(자연)
	2) 음악깨달음명상수련
	3) 음악회계명상수련

(2) 유형수련 3단계	1) 정확수련
	2) 속도수련
	3) 세기수련(단련)

(3) 효봉삼무도의 기술을 3단계로 수련	1) 천지기운몸쓰기기법(기술)
	2) 막대검기법(기술)
	3) 팔매던지기기법(기술)

(4) 기술습득수련 3단계	1) 기본기운술기법(기술)
	2) 공격기법(기술)
	3) 방어기법(기술)

(5) 기술활동수련 3단계	1) 선공기법(기술)
	2) 후공기법(기술)
	3) 겹수기법(기술)

(6) 시험연수수련 3단계	1) 3공3방기법(기술)
	2) 3선3후기법(기법)
	3) 겨루기기법(기술)

(7) 수련의 3대원칙	1) 원(圓) 출발과 같이 하나로 만나며 원활하고 온전하다.
	2) 화(和) 화합과 평화, 온화하며 음양, 상화가 순조롭다.
	3) 류(流) 세상에 널리퍼지다. 흐르다.

(8) 수련을 통한 성장의 3단계	1) 술(術)을 승화시켜 예(藝)에 이르게 하고
	2) 예(藝)를 승화시켜 도(道)에 이르게 하고
	3) 도(道)를 승화시켜 사랑(愛)에 이르게 함

※ 효봉삼무도의 참사랑 수련 12대 수훈(垂訓)

1. 참사랑의 수련자는 오래 참습니다.
2. 참사랑의 수련자는 친절합니다.

3. 참사랑의 수련자는 시기하지 않습니다.

4. 참사랑의 수련자는 자랑하지 않습니다.

5. 참사랑의 수련자는 교만하지 않습니다.

6. 참사랑의 수련자는 무례히 행치 않습니다.

7. 참사랑의 수련자는 사욕을 품지 않습니다.

8. 참사랑의 수련자는 불의를 기뻐하지 않습니다.

9. 참사랑의 수련자는 진리와 함께 즐거워합니다.

10. 참사랑의 수련자는 모든 것을 믿습니다.

11. 참사랑의 수련자는 모든 것을 견딥니다.

12. 참사랑의 수련자는 영원한 사랑을 얻게 합니다.

위의 효봉삼무도의 참사랑 수련 12대 수훈(垂訓)은 성경 '사랑의 장'인 고린도전서 13장을 바탕으로 제정했다. '믿음 소망 사랑, 이 세 가지는 항상 있을 것인데 그 중에 제일은 사랑이라'(고전 13:4~7)를 근거로 했다.

효봉삼무도 수련은 곧 참사랑의 수련이다. 참사랑이란 영원히 같이 있어도 좋기만 한 사랑이다. 영원히 같이 있더라도, 같이 살더라도, 같이 보더라도, 같이 말하더라도, 같이 느끼더라도, 같이 듣더라도 좋기만 한 사랑이다.

사랑은 만민이 좋아하는 사랑이요, 만민이 환영하는 사랑이기 때문에 인간은 사랑 가운데서 태어나고 싶고, 살고 싶고, 죽고 싶어 한다. 그런 사람이 행복한 사람이다. 효봉삼무도 수련을 통해서 모두 행복해지길 기원한다.

※ 황제 내경 수오. 강유편 릅

人 -) 사람은 땅에 법칙에 따르고
地 -) 땅은 하늘에 법칙에 따르고
天 -) 하늘은 道에 법칙에 따르고

道는 자연에 법칙에 따른다.

道가 地想에서 움직임이 自然이다.

天이 人間에게 내린 것이 德이요 地이 人間에게 준 것이 氣이다.

天의 陽과 地의 陰이 서로 합하여 萬物이 생하고 天의 德과 地의 氣가 교류하여 人間이 살아가는 것을 生이라 한다. 그리고 生이란 현상이 발현되는 데 있어서 그 근본이 되는 生命의 바탕 위에 精이다.

精이 작용하게 되면 정신 활동인 神을 가진 개체가 생기는데 이 정신의 작용을 魂이라 한다. 또 精에서 생긴 육체 활동을 魄이라 한다. 人體에서 이들을 주관, 주체하는 것이 心이라 한다.

마음에서 사물을 분별하는 작용을 意라고 한다. 意가 있으면 여러 가지 생각을 갖게 된다. 이것을 思라 하며 생각 끝에 이상을 그리워하는 데 이를 慮라 한다. 그리고 이상을 달성하기 위해 방법을 생각한다. 이것이 智이다. 그래야 장수할 수 있다.

> 體 몸에는 生氣가 넘쳐야 한다.
> 目 눈에는 精氣가 빛나야 한다.
> 顔 얼굴에는 和氣가 넘쳐야 한다.
> 頭 머리에는 聰氣가 넘쳐야 한다.
> 心 마음은 德氣가 넘쳐야 한다.

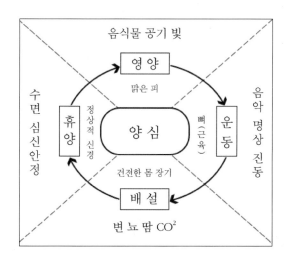

양심적 삶을 기초로 하여 영양섭취, 운동, 배설, 휴식을 밸런스를 좋게 맞춤으로 인해 맑은피, 비뚤어지지 않은 골격, 등뼈, 건전한 몸, 장기, 정상으로 움직이는 신경 세포를 만들 수 있고 건강 100세의 삶을 유지, 증진할 수 있다. 그 중에서도 배설이 중요하다.

4. 정신과 수양, 효봉삼무도 무맥인(武脈氤)

1) 정신이란 무엇인가

정신(精神)이란 창조성과 기동성을 가진 하나의 힘이다. 이 힘은 우주 생명의 근본원리 속에 자연법칙에 따라 의식작용과 활동작용을 통하여 존재하므로 존재가치를 지닌 신비한 기(氣)의 집합체로서 유무상통의 구심적인 귀일작용과 더불어 무한대를 향한다. 이 힘은 한 생명체로서 우리 인간에 있어서는 신체 각 기관의 각 부분을 움직이며, 이 움직이는 작용에 의하여 무형상한 힘을 이루는 것이다. 힘 즉, 정신이 있으므로 신체의 각 장부와 모세혈관까지의 각 세포가 기능을 발휘하게 되고 이러한 생동작용을 통하여 육체 내에 정신이 존재하는 것이다.

이와 같이 육체와 정신은 불가분의 관계를 맺고 있으므로 정신작용도 발전하게 되는 것이다. 사람의 정신력이 얼마나 위대한가 하는 것을 알아야 된다.

육체와 정신은 서로가 하나되어 완전한 생명체로서의 역할을 하게 될 때 인간의 인격을 높이게 되므로 심신단련(心身鍛鍊)이 필요하다.

효봉삼무도의 관점에서 본다면 정의(正義)와 인도(引導)의 길잡이가 되기 위한 호연지기(浩然之氣)를 수양하는 과정이다. 사람이 결심을 해야 강한 행동이 나온다.

인간에 있어 힘이란 하나의 생명체로서, 이는 자심자오(自心自悟)하여 스스로 깨닫는 직감(영감), 혜안의 경지에 도달하지 않고는 그 자세하고 풍부한 이론적 열거는 말로 표현하기 어렵다.

정신 즉, 힘에 대하여 더 넓게 말하자면 우주 속에도 정신적 무한의 절대적인 힘이 존재하고 있다. 왜냐하면, 우리 인체 내에서도 각 기관의 작용으로 무형적인 기(힘)를 이루듯이 우주도 북극성을 중심으로 모든 천체가 회전하여 하나의 생명체를 이루고 있다고 보면, 이 한 생명체 가운데 반드시 무형적인 기의 상태인 정신이 존재한다고 보는 것이다.

그러므로 우주의 정신작용은 일사분란(一絲不亂)한 법칙 속에서 이루어지듯이 인간의 정신작용도 무질서한 것 같으면서도 엄연한 하나의 법칙 속에서 이루어지는 것만은 사실이다.

2) 수양이란 무엇인가

수양(修養)이란 닦는 것인데 무조건 닦는 것만이 수양이 아니다. 광채를 내야 하는 유리나 다이아몬드와 같은 각종 물체는 닦아야 그 본연의 상태보다 더 투명해지고 또한 광채를 낼 수 있다. **사람도 자애심이 깊은 인(仁), 올바른 길인 의(義), 성심성의한 충(忠), 착한 일인 선(善), 말과 행동이 일치되는 신(信), 옳고 그름을 가리는 지혜(智)를 알기 위한 학문을 닦아야만 인격을 도야할 수 있다. 그러므로 모든 닦음이란 노력과 인내와 지성과 계속되는 힘에 의해 단계적으로 이루어지는 것이다.**

자기 몸을 닦는 일이 곧 자기수양이니 이것을 수기(修己)라 하고 남을 가르쳐서 편안하게 하는 일을 안인(安人)이라 한다. 아무리 학문을 닦고 깊이 수양한 사람이라도 자기완벽주의에 빠지면 다른 사람을 평가절하하고 질투하며 자신의 이기적 목적을 위해 다른 사람을 이용한다. 자기가 우수하다고 생각한다면 그것은 정신의 문제일 것이다.

'벼는 익을수록 고개를 숙인다'는 말과 같이 사람은 수양이 되고 성숙할수록 고개를 숙이며 겸손할 줄 아는 지혜가 필요하다. 우리가 깨닫고 거듭난다는 것은 그 존재가 실제로 크게 변화함을 의미한다. 자기에게 실제로 크게 변화하고 거듭남이 없다면, 그것은 진짜 깨달은 것이 아니고 스스로 착각하고 있거나 또는 집단 최면 속에 빠진 것이다. 왜냐하면 자기가 하는 수련단체나 종교단체의 바깥사람들과 통하지 않는 진리라는 게 따로 있을 수 없기 때문이다. 진리란 언제 어디서 누구와도 통하고 보편타당한 것이어야 한다.

사람들이 진리라고 정의하고 그를 달성하기 위해 열심히 추구하는 수행들이 다 사실은 본질상 우리의 마음이 창조한 세계와 체험들이다. 마음자리를 넘어선 끊어진 자리라해도 그것을 느끼는 것은 역시 마음이므로 결국은 마음이 창조했거나 또는 마음이 발견한 것임에는 다 마찬가지이다.

3) 효봉삼무도 무맥인(武脈貮)

우리는 지금 우리 인간의 일반의식 차원에 갇혀 있다. 그 누구도 우리를 여기에서 꺼내주지 않는다. 하지만 우리가 진정으로 변하려면 우리 스스로가 자각(自覺)하고 눈을 떠서 여기에서 더 깨어나고 더 훌쩍 벗어나야 한다. 마치 번데기가 허물을 벗고 완전히 다른 형상인 나비로 다시 태어나듯이 말이다. 그것이 바로 진정한 깨달음이며 '의식의 확장'이다.

그렇게 하려면 우리는 우선 우리가 당연하다고 받아들이고 보고 있는 것부터 근본적으로 다시 바라보며, 우리가 듣기는 하되 그 본질을 제대로 알고나서 듣지 못하던 것들에 대해서도 깨어나야 한다. 우리는 목소리만 들어도 그 목소리가 누구 목소리인지 알지만 사실은 그 누구란 것이 하나의 허구적인 개념인 이름이 아닌가. 그렇다면 실상은 누구인가.

우리의 실상은 바로 우주대생명이 아닌가. 우주대생명이 갈댓잎으로 나타나면 갈댓잎 풀피리소리가 나고, 대나무로 나타나면 대금(大笒)소리를 내며 나타난다. 본질은 이렇게 다 하나님, 부처님이 사람과 만물만상의 형상을 빌려 일체를 살고 활동하며 계신다.

우리는 자기가 이 몸 안에 갇혀 있다는 감각에 빠져 있지만, 과연 그게 진실일까. 그렇다면 잠자면서 꿈을 꿀 때 그 꿈속에서 새로 나타난 그 몸은 과연 누구인가. 우리가 잠에 빠져들면 이 세상은 우리 앞에서 사라지며 우리가 눈을 뜨면 이 세상은 우리 몸과 더불어 한쌍으로 우리 앞에 나타난다. 그래서 이 세상은 나의 의식이 들어가 노는 다른 차원의 한몸(One Body)이라는 것이다. '어떻게 그럴 수가?'하고 좀 실감이 나지 않을 것이다.

이런 관점에서 다시 한번 생각해보자. 컴퓨터 게임을 할 때 우리는 그 안에서 주인공 캐릭터(아바타)를 자기로 삼는다. 그리고 게임을 완주하기 위해 그의 부상을 피하고 그를 보호하기 위해 온갖 애를 다 쓴다. 게임 도중엔 늘 그렇다. 그 화면 안의 다른 아바타들은 나의 적이거나 경쟁자 또는 같을 목적을 가진 동지일 뿐이다.

하지만 그 게임이 끝났을 땐 어떻게 되는가. 모든 아바타들은 내 것이나 적이나 상관없이 그 때는 다 컴퓨터 화면 속의 일부로서 사라져 버리고 만다.

인생을 사는 동안 우리가 내 몸과 이 세상을 분리해서 보면 이 물질세상도 그와 마찬가지이다. 우리가 깨어나서 진정 자기의 몸을 벗으면 똑같은 상황이 된다. 하지만 우리는 이 개체물질인 몸의 삶에 빠져 개체마음 속에서 이 몸만이 '나'라고 분별하며 살아왔던 것뿐이다.

하지만 우리가 명상이나 수련을 통해 이 개체 몸을 벗어나면 우리의 의식도 이같이 개체적인 나를 벗어난다. 마치 컴퓨터 게임처럼 말이다. 이 사실이 과연 무엇을 뜻하는 것일까. 그것은 이 세상 전체가 곧 '더 큰 존재로서의 나'(大我)라는 것을 말해준다. 이처럼 내가 내면적으로 과거의 작은 개체성의 나를 벗어던지고 더 큰 나, 전체성의 나로서 거듭나야 한다.

4) 정심(正心)

효봉삼무도 무맥인(武脈氤)은 정심(正心), 즉 바른 마음을 가슴 속 깊이 새기며 홍익일념(弘益一念)의 성취로 명상과 더불어 영감을 얻는 정신수양이라 할 수 있다.

여기서 무맥인(武脈氤)의 인(氤)은 천지기운을 향한다는 의미이다. 하늘의 기운과 땅의 기운은 인간을 위해 존재하며 모든 것은 나를 통한다. 그것이 바로 무맥인(武脈氤)이다.

천지기운은 항상 들어온다. 그런데 하늘기운과 땅기운은 그대로 있는데 인간들이 장난친다. 그래서 우리는 몸과 마음의 수련을 통해 인간의 못된 마음을 개선시켜야 한다. 그래서 몸과 마음의 수행은 일평생을 해도 부족하다.

이 세상의 중심은 바로 자기 자신이다. 내가 행복하지 않으면 남을 행복하게 해 줄 수 없다. 삶은 경이로움 그 자체이다.

무엇보다 몸은 나이를 먹으면 기계처럼 노후화된다. 그래서 하루에 자기 자신을 위해 소비하는 시간 중 30분 아니면 1시간이라도 운동에 투자해 보자.

① 음악명상(기도)하고 ② 운동 잘 하고 ③ 잘 먹고 ④잘 자고 ⑤ 목욕하고 ⑥ 뜻있는 곳에 사람을 잘 만나고 ⑦ 노력하며 책을 보고 하면 육신의 건강뿐만 아니라 마음도 편안하고 즐거워져 삶이 풍요로워진다.

시간은 누구에게나 똑같이 부여돼 있다. 즐거운 시간들은 천년도 짧은 것이고 괴로운 시간들은 하루도 천년 같은 것이다. 그래서 성경에도 '하루를 천년 같이, 천년을 하루 같이 살라'는 말씀과 같이 각자 마음가짐과 처한 상황에 따라 시간의 장단(長短) 차이는 엄청난 결과를 낳는다.

5. 효봉삼무도에서 본 화랑도(花郞道)와 삼국시대의 무사도

화랑도에서 무도(武士道)는 역사적으로 함께 해온 운동기법이며 예나 지금이나 자기 자신의 몸을 보호하기 위해 호신술이 필요하다.

화랑도하면 특수한 기풍(氣風)은 물론이고 우리 민족의 독립 애국정신에 앞장 서 왔기에 화랑도에 관해 효봉삼무도의 입장에서 역사적 의미를 고찰(考察)해 봤다.

1) 화랑도(花郞徒)

신라시대 청소년들의 무사도(武士道), 흔히 화랑도(花郞徒)라고 한다. 조직의 지도자는 국선(國仙)·화랑(花郞)·원화(源花:原花)·화주(花主)·풍월주(風月主) 등으로 불리어졌으나 화랑이 보편적인 칭호이다.

고구려 백제 신라의 삼국 전체에 행해 오던 고대사회의 독특한 기풍, 또는 종교가 특히 신라에 와서 화랑도를 통한 삼교합일(三敎合一)은 삼국통일의 사상적 기반이 되었을 뿐만 아니라 씨족(氏族)들 사이에 일족(一族)의 명예를 중하게 여겨 일신(一身)의 희생을 아끼지 않는 기풍이 성하였다. 이제 우리는 우수한 전통사상과 문화의 바탕 위에 외래사조를 통합·흡수하여 우리의 것으로 소화하고 민족국가 발전의 도구로 활용할 수 있는 대표적 사례를 제시했다는 점에서 높이 평가할 만하다.

2) 조직과 훈련

개인의 인격완성과 국가발전을 도모하는 신라의 청년단체를 화랑도(花郞徒)라 하고 그들의 지도적 사상을 화랑도(花郞道)라고 한다.

화랑도에 관해 기록한 문헌으로는 『선사(仙史)』·『화랑세기(花郞世紀)』 등이 있다. 화랑도 조직의 지도자 국선은 1대(代) 1명이 원칙이었으나 경우에 따라서는 3~4명이 되었고, 화랑도 조직원도 3~4명에서 7~8명 사이였다.

조직원의 수는 화랑에 따라 수백, 또는 수천을 기록하였고, 국선·화랑·낭도의 자격에는 특별히 제한을 두지 않고 남녀·계급·승속(僧俗)을 구분하지 않았다. 때로는 거리를 방황하던 천애고아 미시랑(未尸郎)이 국선에 오르기도 하여 인격과 덕망과 용의(容儀)만을 중시했던 것이다.

화랑도의 이념은 오로지 개인의 수양과 심신단련을 통한 국가의 봉사였으므로 서로 도의를 닦았고 가악(歌樂)을 즐겼으며 명산대천(名山大川)을 찾아다녔다.

원광법사(圓光法師)는 26대 진평왕(眞平王) 11년(589년) 진(陳)에 가서 불법(佛法)을 구하였다. 귀산(貴山) 등 화랑(花郞)들에게 계명(誡命)을 준 것이 세속오계(世俗五戒)이다. 원광법사의 세속오계는 **첫째**, 충성으로 임금을 모시고(事君以忠) **둘째**, 효도로써 부모를 섬기고(事親以孝) **셋째**, 신의로써 친구를 사귀고(交友以信) **넷째**, 전장에서는 물러나지 않으며(臨戰無退) 다섯째, 함부로 죽이지 않는다(殺生有擇)로 돼 있다. 이것이 신라 화랑도의 근본 사상이다.

또한, 화랑들은 경문왕(景文王)의 고사와도 관련되었듯이 겸손하고, 검소하며 방자하지 않는 '삼이(三異)'를 생활신조로 삼았다.

3) 화랑도의 기풍과 변천

태종무열왕(太宗武烈王·金春秋)과 경문왕(景文王·金膺廉)을 비롯해 김유신(金庾信) 등 역대 제왕과 현사(賢士)·충신(忠臣)·용장(勇將)·양졸(良卒)로서 화랑도 출신이 아닌 자가 드물 정도로 화랑도는 신라국력의 저장고 역할을 했다.

그럴 수밖에 없는 것이 화랑도들은 한 시대의 중추적 위치에서 그 소임을 다했을 뿐만 아니라 역대에 걸쳐 화랑도의 특수한 기풍(氣風)과 기질(氣質)을 형성하는데 이바지했기 때문이다. 즉, 국가와 동지를 위해 의(義)에 살고 죽는 것을 즐겼고, 병석에서 약그릇을 안고 죽는 것을 수치로 여겼다. 오로지 적진을 향해 전진하다가 전사(戰死)하는 것을 영예로 생각했고, 적군에 패하면 자결할지언정 포로가 되는 것을 수치로 알았다.

화랑도와 음악, 서로 가악(歌樂)을 즐기는 것이 화랑도 수련에 있어 중요한 방식 중 하나인 것은 이미 언급한 바와 같거니와 보다 구체적으로 이야기한다면 향가와 향가작가의 대부분이 화랑도와 결부되어 있다.

김대문(金大問)의 『화랑세기(花郞世紀)』에 따르면, 화랑의 총인원은 3백여 명이었다고 한다. 진흥왕 이후 무열왕 · 문무왕에 이르는 동안 가장 홍왕하였다가 그 이후로는 침체 · 쇠퇴의 길을 걸어 신라 말기에까지 이르렀으나, 그 정신만은 고려 · 조선시대에까지도 계속되어 국난이 있을 때마다 다시 부활되어 우리 민족 고유의 독립 · 애국정신이 되었다.

화(花) : 지육(智育) － 현대의 전인교육(全人敎育) 학문적 이론 지능의 개발과 지식의 함양을 목적으로 하는 교육▶덕육, 체육

랑(朗) : 체육(體育) － 무예적 단련, 건강한 몸과 건전한 생활운동 경기의 이론과 실기를 가르치며 체력 향상을 위한 운동▶덕육, 지육

도(徒,道): 덕육(德育) － 윤리 · 도덕의식을 높이며 교육의 삼대요소 중 하나인 덕성(德性)을 기르고 인격을 높이는 교육▶ 지육, 체육

도(道)에서 '기운(氣運)'은 전우주적 천지인의 의미로서 생기(生氣) · 정기(精氣) · 생명(生命)의 보전력의 뜻과 넋정신(精神), 마음(心)의 뜻과 힘(力)의 본원을 삶에서 실현하는 뜻을 지나고 있다. 결국 모든 무술은 참무술로 하나 되는 하나의 무술이란 뜻이다.

4) 삼국시대의 무사도

고구려 백제 신라의 삼국시대에는 침략자로부터 나라를 지키기 위해 학문을 익히고 전투기술로 무술을 연마하여 유사시에 군사적 기능을 담당하는 무사도(武士道)가 있었다.

고구려에는 연개소문(淵蓋蘇文) 장군이 고구려의 영토를 확장하고 연전연승(連戰連勝)한 배경에는 고유의 무예인 비도술(飛刀術)이 있었다.

백제말기의 계백(階伯) 장군은 출전하기 전에 처자(妻子)를 적군의 노비로 만들지 않으려고 자기 손으로 죽여서 비장한 결의를 보였다. 계백장군이 보여준 무사도가 있어서 나당(羅唐)연합군이 백제를 공격하자 군사 5000명을 이끌고 출전하여 황산벌에서 신라 김유신(金庾信)의 군대와 맞서 네 차례나 격파하였다.

신라에는 김유신 장군이 멸사봉공(滅私奉公)의 정신으로 철저히 훈련된 화랑도가 있어 삼국을 통일하는데 큰 역할을 했다.

역대 왕조를 창건한 건국자들은 한결같이 탁월한 무사를 앞세워 왕족의 권위와 존엄성을 나타냈으며 외부로부터 오는 도전을 막아낼 수 있었다.

◎무무(武舞)에서 문무(文舞)로

무무(武舞)는 종묘(宗廟)와 문묘(文廟)의 제향(祭享)에서 추는 일무(佾舞:사람을 여러 줄로 벌려 세워서 추게 하는 춤)의 하나이다.

무무는 무덕(武德)을 상징하는 춤으로, 문덕(文德)을 상징하는 문무(文舞)와 쌍을 이룬다. 종묘와 문묘제향의 아헌(亞獻)과 종헌(終獻)의 순서에서 춘다. 일무는 제례의 대형에 따라 8일무, 6일무, 4일무 등으로 구분된다. 문묘의 일무는 중국에서는 소멸된 지 오래이다.

현재 종묘에서는 8일무(八佾舞)로 앞의 4줄은 칼, 뒤의 4줄은 창을 들고 추지만,『악학궤범』에는 6일무로 앞의 2줄은 칼, 중간 2줄은 창, 마지막 2줄은 활과 화살을 들고 춘 것으로 되어 있다. 문묘에서는 예전이나 지금이나 왼손에는 방패모양의 간(干), 오른손에는 도끼모양의 척(戚)을 들고 춘다.

종묘에서 춤추는 법은 정대업지악(定大業之樂)의 11곡에 따라 춤동작이 모두 다르나, 문묘에서는 문묘제례악의 4음4박으로 된 한 소절 단위의 음악이 끝날 때까지 같은 동작을 반복한다. 아헌의 경우, 첫째박에서는 북쪽을 향해 서서 간과 척을 든 양손을 왼쪽 목옆으로 돌려든다. 둘째박에서는 오른쪽 목옆으로 동작을 바꾼다. 셋째박에서는 왼손은 왼쪽 허리 옆으로 낮게 벌리고, 오른손은 오른쪽 어깨 위로 약간 높이 들어 내려칠 준비를 한다. 넷째박은 오른손의 척으로 왼손의 간을 힘차게 내려치며 허리를 약간 구부린 다음 원래의 준비자세를 취한다.

그러나 종헌의 경우 셋째박의 동작이 아헌과 조금 다르다. 즉, 왼쪽으로부터 한 바퀴 완전히 돈 뒤 척으로 간을 내려칠 준비를 한다. 종묘제향의 무무는 연대 미상의『시용무보(時用舞譜)』에 음악과 함께 그림이 전해오고 있다.

문무(文舞)는 문묘제례(文廟祭禮)나 종묘제례(宗廟祭禮)때 추는 춤이다. 일무의 한 종류로, 고인의 문덕(文德)을 송축하는 뜻으로 춘다. 우리나라에서는 고려 예종 때 전래된 이래 현재까지 전해지고 있으며 종묘의 일무는 조선 세조 때 창제되어 전승돼 왔다.

문무는 무공(武功)을 찬미하는 뜻에서 추는 무무(武舞)에 대응하며 문묘·종묘제순(祭順)의 영신(迎神), 전폐(奠幣)·초헌(初獻)때 춘다.

춤사위는 음악이 시작되면서 다양한 돌과 같은 동작을 반복한다. 이것은 문묘·종묘의 제순 복장은 문무 때와 같으나 관(冠)을 다르게 한다.

◎일맥무(一脈武)

옛 문헌을 보면 도(道)의 일맥(一脈)이 무(武)로 나타났으며, 도의 근원은 신라시대 '선(仙)의 역사서'『선사(仙史)』화랑의 역사에 기록돼 있다. 대종교의 성전(聖典)인『삼일신고(三一神誥)』에서 말하는 일신강충(一神降衷), 성통광명(性通光明), 재세이화(在世理化), 홍익인간(弘益人間)의 이상을 실현하고자 했다. 여기에서『삼일신고』의 '三一'은 삼신일체(三神一體)·삼진귀일(三眞歸一)이라는 이치를 뜻하고, '신고(神誥)'는 '신(神)의 신명(神明)한 글로 하신 말씀'을 뜻한다. 따라서 삼일신고는 삼신일체, 즉 신도(神道)의 차원에서 홍익인간의 이념을 구현하고, 삼진귀일 즉 인도(人道)의 차원에서 성통공완(性通功完)의 공덕을 쌓아 지상천궁(地上天宮)을 세우는 가르침을 한배검이 분명하게 글로 남겨 전한 말이라는 뜻이 된다.

특히, 우리 민족은 동방예의지국으로 영적 깨달음의 정신문화와 전통이 있으며 3대경전인『천부경(天符經)』,『참전계경(參佺戒經)』,『삼일신고』는 수행체계와 깨달음으로 나가는 길을 제시하고 있다.

6. 효봉삼무도에서 본 한민족의 정신문화

효봉삼무도는 무도(武道)의 역사도 중요하지만, 무도의 수련과정에서 역사속의 한민족의 정신문화를 아는 것이 중요하다고 판단해 정리해 보았다.

우리나라 역사는 5000년이 아니라 1만여년이 넘는 역사를 지니고 있다. 서양문명의 기원이자 현 인류문명의 출발로 보고 있는 메스포타미아문명과 수메르문명, 이집트문명, 인더스문명에 뿌리를 두고 있다. (중국의 황하黃河문명은 신교문화에 뿌리를 두고 있다.)

간지(干支)로 풀어본 한민족의 역사년도에는 상원갑자(上元甲子), 중원갑자(中元甲子), 하원갑자(下元甲子)가 있는데 상원, 중원, 하원의 연대를 계산해 보면 1만년이 넘고 기록으로는 『신단실기(神壇實記)』에 남아있다.

삼원갑자(三元甲子)는 상원(上元)·중원(中元)·하원(下元)의 각 갑자년을 말하는데, 그 주기는 180년이다. 옛사람은 일백(一白)·이흑(二黑)·삼벽(三碧)·사록(四綠)·오황(五黃)·육백(六白)·칠적(七赤)·팔백(八白)·구자(九紫)의 구성(九星)을 매년에 1성씩 배당하여 점술에 이용하였다.

실제로 1984 갑자년은 칠적, 1924 갑자년은 사록, 1864 갑자년은 일백, 1804 갑자년은 다시 칠적이 된다. 물론 이에 배당되어 9성(星)은 9성도(九星圖)에서 중앙성을 대표성으로 쓴 것이다.

중앙성은 9성 모두가 번갈아 들어갈 수 있다. 서기 연수를 180으로 나눈 나머지가 64일 때, 이 해를 중국에서는 상원갑자년이라 하였다. 그리고 나머지가 124년일 때 중원갑자년, 4년일 때는 하원갑자년이다.

삼원갑자(三元甲子)의 주기가 180년인 이유는 9성의 9와 60간지의 60의 최소공배수가 180이기 때문이다. 그런데 조선시대에 와서 우리나라의 독특한 방법이 사용되었다. 그것은 1444년(세종 26, 갑자년)을 상원갑자로 정했다는 점이다. 이 해는 『칠정산내편』이 간행된 해이고, 역(曆)계산방법이 뚜렷해졌던 해이다.

1) B.C 7199년 환국 ----〉환인시대 -〉환인
2) B.C 3898년 배달국 ----〉환웅시대 -〉환웅
3) B.C 2333년 조선국 ----〉삼한의 단군시대
고조선-부여-신라-고구려-백제-발해-고려-조선-대한제국-대한민국
　　　　　　 * 2권 종교편에 우리나라 역사연대 참조

우리 한민족은 인류역사상 최초로 문자를 만들었고 경전인 『천부경(天符經)』, 『참전

계경』, 『삼일신고』도 만들었다. 한민족은 고대부터 깨달음의 문화를 꿈꾸며 지구상에서 가장 오래된 역사를 명문의 기록으로 남긴 유일한 하늘의 백성, 천손(天孫)민족이 아니던가.

『부도지(符都志)』, 『환단고기(桓檀古記)』, 『규원사화(揆園史話)』, 『단기고사(檀奇古史)』 등 옛 문헌들에 등장하는 한민족의 시원 '마고(麻姑) 삼신의 복(復)'이 나온다. 마고는 선녀이다. '마고파양(麻姑爬痒)'이라는 말도 마고라는 손톱 긴 선녀가 가려운 데를 긁어 준다는 말로, 일이 뜻대로 됨을 비유한다.

어느 날 궁중에서 연회가 열렸는데 왕이 마고에게 "너는 어찌하여 경망되게 마고의 손톱으로 등을 긁을 수 있을 것이라는 생각을 했느냐? 대담하구나."

이윽고 연회가 끝나자 신선 왕원과 마고 선녀는 하늘로 승천하였다. 하범시 선약을 전해주었다고 알려진다.

이 이야기는 『고금도서집방(古今圖書集成)』의 '신이전(神異典)'에 전해 내려오는 이야기이다. 권 232인 갈홍(葛洪)이 지은 『신선전(神仙傳)』 가운데 신선 왕원과 마고선녀에 관련된 이야기이다. 고대 마고선녀에 얽힌 이야기는 다수가 있는데 이 이야기는 그 중 하나이다.

『열선전전(列仙全傳)』에서는 마고가 북조 16국의 유명한 아주 흉악한 장군인 마추(麻秋)의 여식이라는 설도 있다. 이에 따르면 마추는 성격이 포학하여 백성들에게 성을 쌓는 일에 동원케 했는데 주야로 조금의 쉴 틈도 주지 않았다고 한다. 다만 닭이 울어야만 겨우 쉴 수 있을 뿐이었다.

백성들이 매우 고달픈 것을 안 마고는 스스로 익힌 구기(口技: 성대모사의 한 형태)로 닭이 우는 소리를 항상 내었다. 그녀가 울기시작하면 얼마나 진짜 같은지 닭도 따라서 울었다고 한다. 이로써 백성들은 종종 쉴 틈을 얻었다고 한다. 그러나 후에 부친에게 발각되어 부친은 그녀를 때렸다. 마고는 이로 인해 부친 곁을 떠나 도주하여 선고동에서 수도하였다. 후에 다리위에서 승천하여 신선이 되었다고 한다.

이 이야기는 중국민간설화 가운데 마고헌수(麻姑獻壽)로써 영원히 역사가 계속되는 한 끊이지 않고 이어질 주제이기도 하다.

수증자강 불식복본(修證自强 不息復本). '나를 성찰(省察)하고 닦기를 게을리 하지 말고 열심히 노력하여 증빙을 받아 스스로를 강하게 만들고, 마고의 역사 복원에 쉬지 않고 노력하면 반드시 복본(復本)할 것이다.' 라는 뜻이다.

마고선녀는 중국 고대 신화 속의 신선이다. 나이는 18. 19세쯤 되어 보이고 정수리 부근의 앞머리에 쪽을 짓고 나머지 머리는 허리에까지 드리웠으며, 옷은 비단이 아니면서도 무늬가 화려하고 광채가 눈부셔 무어라고 이름 할 수 없다고 『신선전』에 그 모습이 전해진다.

우리나라에도 마고선녀의 전설이 깃든 장소가 많다. 낙동강에서 마고가 머리를 감았다고 하며, 설악산 비선대와 안동 마모골에는 마고가 목욕을 하고 갔다는 이야기가 전해진다.

민간에서 마고선녀는 아름다움과 장수의 상징으로 여겨져 여자의 생일을 축하할 때 '**마고헌수도(麻姑獻壽圖)**'를 걸었다. 그림에 나타나는 마고선녀는 보통 복숭아와 함께 그려지며 축수(祝壽)를 의미한다.

『삼일신고』에서 말하는 성명쌍수(性命雙修: 천성(天性)과 천명(天命)을 아울러 닦아나가는 도교 양생법養生法. 몸과 마음을 모두 수양함)가 있다. 첫째, 마음(心)공부 수행이다. 모든 것은 내 안에서 변하고 내 안에서 먼저 일어나는 것임을 깨닫는다. 둘째, 명상을 하면서 영력(靈力)을 키우고 무술을 연마하여 육체를 단련하고 과학적인 운동으로 성명쌍수의 깨달음의 길을 가야 한다.

◎지덕체(智德體)의 수련

『삼일신고』의 가르침에는 신선술(神仙術)의 근본이념이 있으며 삼법(三法)이라는 수행법에는 지감(止感), 조식(調息), 금촉(禁觸)이 있다.

① 지감(止感) : 지(智) – 고요한 마음을 갖는다

지감(止感)의 의미는 욕심, 탐냄, 성냄, 두려움, 여러 가지 잡념과 산란한 생각들을 버리고, 감성의 움직임에 동요됨이 없이 아름답고 맑은 마음을 고요히 가지는 것이다. 지감은 감각을 그려서 명상을 통해 마음을 조절하며 치유하고 불교의 수련과도 닮았다고 볼 수 있다.

기운의 흐름을 감지하고 정신을 집중하여 감각과 기를 활용한 수행자세가 필요하다.

② 조식(調息) : 체(體) － 숨을 쉬다.

호흡을 고르는 것이다. 마음을 편안하게 하나로 모아지게 하며 생명의 에너지가 호흡을 통해 인체에 들어오기 때문에 내쉬고 들이쉬고 할 때 기운의 흐름을 잘 조절하여 영육감각이 깨어나면서 몸의 건강과 마음이 맑아지며 심신이 편안해진다. 조식(調息)은 호흡을 고르고 기운을 조화롭게 하는 의미가 있다.

③ 금촉(禁觸) : 덕(德) － 감각을 통한 부딪힘을 금한다.

육체적 만족과 욕망을 끊어 쾌락을 초월하여 도(道)와 일체가 되어 사념이나 아무런 감정도 일어나지 않는 초의식 일념의 상태로 촉(觸)을 금한다.

금촉은 부딪힘을 금한다는 뜻으로 갈등이나 알력, 분쟁과 같은 일상적인 외부의 의미가 아니라 감각을 금하는 것이다. 눈, 코, 입, 혀, 귀 등으로 들어오는 감각을 말하며 말소리, 빛깔, 냄새, 맛, 음탕한 유혹을 뿌리치며 중심을 지켜 몸과 마음을 건강하고 튼튼하게 유지하는 것이다.

결국 금촉, 지감, 조식은 유 · 불 · 도(儒佛道)를 포함한 것이다. 현재 참고할 수 있는 문헌으로는 『삼일신고(三一神誥)』가 있으며, 삼일신고에서는 지감, 조식, 금촉의 실천으로 하나님에 이른다고 말한다.

제4장

효봉삼무도와 음악 · 명상

1. 명상과 호흡

1) 명상(瞑想, Meditation)이란 무엇인가

명상이란 마음의 고통에서 벗어나 아무런 왜곡이 없는 순순한 마음 상태로 돌아가는 것을 초월(transcendence)이라 하며 이를 실천하려는 것이 명상(meditation)이다. 초월 (超越) 또는 명상(瞑想)을 심리학적으로 연구하려는 시도가 무아심리학(無我心理學 · transpersonalpsychology)이라는 제4세력의 심리학을 탄생시켰다.

초월에는 절대적 · 형이상학적 의미와 상대적 · 경험적 의미가 내포돼 있다. 절대적 의미의 초월은 모든 인간적 제한조건에서 완전히 해방을 이룬 해탈의 경지, 즉 구경열반 (究竟涅槃)에 이르는 것을 의미한다. 열반에 이르면 어떠한 얽매임도 갈등도 없는 참다운 나를 얻는다. 이러한 성취를 이룬 자를 아라한(Arahnat) 또는 보살(Bodhisattva)이라 하며, 나아가 가장 이상적인 경지로서 부처(Buddha)라 한다.

이 경지에 이르면 인지적으로는 주관과 객관의 이분법적 대립이 없어지고, 정서적으로는 기쁨, 자비, 평온으로 가득 차며, 생리적으로는 각성, 안정 상태에 이른다.

상대적 · 경험적 의미의 초월은 개인의 지식, 사고, 가치, 감정 등 그의 존재를 제한하는 주관적 편견과 선입관에서 벗어나 밝고 자유로운 모습으로 바뀌어가는 것을 말한다. 즉, 현실적 삶의 고통으로부터 건강한 사고와 삶을 향해 나가는 것을 의미한다. 경험과학으로서 심리학의 연구 대상은 주로 상대적 · 경험적 의미의 초월에 관심을 둔다.

2) 명상은 어떻게 해야 하나

고요히 눈을 감고 깊이 생각하면서 편안한 마음으로 생각에 잠겨 본다. 많은 사람들이 명상과 수행의 방법을 달리하고 있다. 하지만 종교적인 의미애서 기도, 묵상, 참선(參禪), 좌선(坐禪)도 명상의 한 부분이다.

세계 최대의 IT(정보기술)기업 구글의 엔지니어이자 명상가로 유명한 차드 맹 탄은 "명상이란 마음을 위한 운동"이라며 쉽고 간편한 일상 속의 명상법을 소개해 눈길을 끌었다.

그는 명상을 보다 많은 사람들에게 전하려면 좀 더 가벼운 마음을 가지고 접근해야 한다고 말했다. 그는 "사람들이 건강해지기 위해 운동을 하듯, 명상도 마음을 위한 운동이란 관점에서 다가가고 보급해야 한다"고 강조했다. 명상은 마술이나 신비가 아니라 운동이고 훈련이라는 말이 자못 크게 울렸다. "단 1분만이라도 호흡에 집중하는 게 명상의 시작"이라고 강조하는 이유다. 차드 맹 탄의 독자적인 명상기법은 사마타와 위빠사나, 자비관 등 남방불교의 전통수행법에 기반해서 만들어졌다. 그가 제안한 수행법은 독특하고 간단했다. "하루에 한 호흡만이라도 집중하라"며 숨을 길게 들이마시고 내쉴 것을 권했다. "호흡에 집중하면 자동적으로 숨이 느려지는 것을 느낄 수 있다"며 "긴 숨이 척추신경을 자극해 혈압과 심박 수가 낮아진 결과"이다. 무엇보다 "호흡에 집중하면 과거에 대한 후회와 미래에 대한 두려움으로부터 자유로워질 수 있다"며 "하루에 한 번씩만이라도 온마음을 담아 숨을 쉰다면 현재에 충실한 삶을 살 수 있다"고 역설했다.

이와 함께 10초 동안 배가 닻을 내리듯이 마음을 내려놓는다거나 산들바람에 흔들리는 들꽃에 나비가 날아와 살짝 내려앉는 상상, "나는 아무 일도 할 필요가 없다"고 외는 진언 등을 소개하며 정신적 휴식을 도우는 동시에 명상은 어렵다는 고정관념을 깰 것을 주문했다.

궁극적으로 "명상을 하고 있다는 생각조차 버리고 그냥 쉬는 게 중요하다"며 "이는 가장 간단하지만 가장 심오한 기술"이라고 말했다. "명상을 통해 마음을 현재로 되돌려놓는 효과를 얻을 수 있다"며 "숙달이 되면 이같은 방법만으로도 선정(禪定)에 들 수 있다"는 설명이다.

자애명상에 대해서도 방점을 찍었다. "내 주변의 모든 사람들이 행복하기를 기원하면 자신도 모르게 마음속에서 자비심과 기쁨이 충만하게 된다"며 "이러한 기운이 쌓이면 모든 사람들이 나를 좋아하게 되고 함께 일하고 싶어하며 결국 나를 세속적 성공으로 이끌게 된다"고 힘주어 말했다.

3) 명상과 스트레스 관리

명상은 스트레스 관리, 학습 향상, 건강 증진, 경기력 향상, 약물중독 치료, 심리 치료, 습관 교정, 종교적 영성 개발, 자기 수양과 같은 다양한 효과를 가져온다. 명상은 본래 스트레스 관리를 목적으로 개발된 것은 아니나 명상을 통해 스트레스 관리의 효과도 나타나며, 이러한 효과는 스트레스가 많은 현대 사회에서 매우 중요한 의미를 지닌다. 그렇다면 명상이 스트레스 관리에 어떤 도움이 되는가?

첫째, 명상은 휴식과 마찬가지로 마음을 쉬고 몸을 편히 함으로써 긴장이완의 효과를 가져 온다. 이것은 스트레스의 주요 증상인 마음과 몸의 긴장을 이완시키는 효과를 낳는다. 특히 명상의 비분석적인 자세는 마음의 긴장을 푸는 데 도움이 된다. 명상 과정을 보면 먼저 체계적 둔감화를 통해 스트레스의 원인이 되는 여러 가지 사고와 행동에서 부적응적인 조건화를 해제한다. 그리고 주의 훈련, 적정 수준의 각성 유지, 탈(脫)자동화 등의 과정을 통해 부적응적인 행동을 습관적으로 행하는 데서 오는 스트레스를 막아 준다.

둘째, 명상을 하면 자기와 세계에 대한 통찰을 얻게 되므로 스트레스가 감소한다.

명상은 유쾌하고 이완된 기분과 극단적인 각성과 결합한 세타파를 경험하게 하며, 안정된 뇌 활동 양상을 보여준다. 명상의 기제 내지 과정은 주의 훈련, 적정 수준의 각성 유지, 탈자동화, 체계적 둔감화 등인데 이를 통해 스트레스를 방지하거나 줄이는 효과가 있다.

4) 명상의 자세와 호흡법

명상이 몸과 마음에 좋은 것은 생각의 '파동'이 우리의 영혼과 육체를 변화시키기 때문이다. '파동'을 이용한 다른 수행법으로 '주문수행'이 좋다. 기독교의 '주기도문'과 '아멘', '할렐루야', 불교의 '진언밀교', 도교의 '복식호흡법'도 일종의 주문이요 수행법이다.

말에 따라 물의 결정이 달라진다는 사실은 잘 알려져 있다. 소리나 글을 써서 물에게 들려주거나 보여주면 물결정이 바뀐다. 우리 몸의 70%이상이 물인데, 육각수라는 말도 있듯이 생명활동이 가장 이로운 물결정은 '육각형'이라고 한다.

(1) 바닥에 앉는 자세

명상에 잠기기 전에 방석을 한겹 더 깔고 엉덩이를 편안한 자세로 앉는다. 가부좌를 하고 눈을 감고 코로 천천히 숨을 깊게 들이마시면서 배를 부풀어 오르게 한다. (허리를 일직선으로 고정하고 움직이지 않도록 한다.)

숨을 잠시 멈춘 후 코로 아주 천천히 배가 쑥 들어가도록 숨을 내쉰다. 코나 입을 통해 숨을 쉬고 내뱉지만 입을 벌려 '후~'하고 2번~3번 정도 숨을 뱉어도 좋다.

① 가장 편안한 자세를 취하는 것도 중요하지만 될 수 있다면 양반 앉은 자세가 가장 바람직한 자세이지만 따라서 몸이 긴장하게 되므로 가장 편안한 자세를 취하는 것이 좋다.

② 눈을 감고 허리를 곧게 세운 뒤 턱을 약간 아래로 당기는 기분으로 앉는다.

③ 코로 천천히 숨을 깊게 들이마시면서 배를 부풀어 오르게 한다. 어깨와 가슴이 움직이지 않도록 한다.

④ 숨을 잠시 멈춘 후 코로 천천히 배가 쑥 들어가도록 숨을 내쉰다.

⑤ 양손은 자연스럽게 무릎 위에 놓고 손바닥이 하늘을 향하거나 또는 집게손가락과 엄지손가락을 마주 되기도 하며 아랫배에 발바닥이 닿도록 하여 자연스럽게 해준다.

⑥ 명상 시간은 언제든지 할 수 있지만 가장 좋은 시간은 아침 일찍 준비체조를 한 뒤에 좋으며 일정한 시간에 음악을 듣는 것이 좋으며 언제든지 들어도 무방하다.

(2) 명상 호흡은 자연스럽게

명상 호흡법에는 단전호흡, 하단전호흡, 폐첨호흡, 복식호흡 등 여러 가지가 있으나 처음에는 자연스럽게 들숨과 날숨으로 하면 된다.

코를 통해 숨을 들이쉬고 아랫배가 부풀려지게 하고 가슴을 옆으로 팽창시키며 어깨를 살짝 들면서 가슴 위까지 숨을 채우고 천천히 입으로 토해내고 (3번 정도) 다음에는 코로 들이쉬고 코로 아주 천천히 내쉬면서 하다보면 자연히 음악 선율에 맞추어 흘러가게 된다.

여러 번 깊게 들어가다 보면 진동이 강하게 반응할 수도 있다. 이때 놀라지 말고 천천히 눈을 뜨면 된다. 평소에 '명상음악'을 수시로 들으며 명상을 하다보면 몸과 마음이 편안해지고 생활에 활력소를 주며 생명력이 발현될 때 질병도 서서히 사라진다.

여기서는 바쁜 현대인을 위해선 춤이나 율동처럼 쉽게 행할 수 있는 효봉삼무도와 함께 하는 음악명상은 고요함 속에 생명이 살아있다는 것을 느끼며 우리 안에 있는 내면의 세계의 문을 열고 초자연의 이법(理法)을 넘어서 존재하는 신비의 세계를 느끼며 깨닫게 된다.

이와 함께 인스턴트음식, 육류 위주의 식습관에서 야채, 생선, 과일을 재료로 정성을 들인 음식을 섭취하는 습관을 들인다면 더할 나위 없이 몸에 좋다.

◎ 영혼을 깨우는 소리 음악 명상

• 명상은 고요한 곳에서 마음을 다스리는 무념무상의 좋은 수련이지만 앉아 있는다 해서 다 명상하는 것은 아니며 수련 방법에 따라 잘못하면 잡념이 생기기 쉽기 때문에 쉬운 것은 아니다. 하지만 발전해가는 현대사회는 명상도 달라지고 있다. 주변에 다른 어떤 일들이 벌어지고 있건 말건 관계없이 사무실이나, 타임 스퀘어, 지하철에서도 명상하는 모습을 본다면 인식 변화에 따라 명상을 쉽게 할 수 있다는 것이다. 앞장에서도 서술하였지만 서양무술은 물질문명의 성질을 닮아 육체(근육)의 힘을 전제로한 기술과 기계적 기구의 힘을 이용한 기술로 발달되어 왔다(권투, 레슬링). 정신력에 있어서는 동양무술에 비해 많이 뒤떨어진다.

• 동양무술은 정신세계에 바탕을 두어왔기 때문에 육체도 기술도 중요하지만 본질적으로 지극히 정신적이고 선을 바탕으로 마음챙김, 자비수행 등에 대한 전통이 1500년 이상 이어져 왔으며 무술의 깊은 수련도 무념무상 경지에 도달하면 인격을 완성시킨다고 해서 무술을 무도 또는 무예라고 일컫는다.

• 명상, 요가, 운동을 해도 가부좌 같은 자세에서 오래 앉아있으면 관절에 무리가 올 수 있다. 인도에서 유래된 아사나(Asana)는 고난도의 자세에서 몸을 단련시켜 주는 수십가지의 동작이다. 아사나는 요가의 체위를 말하고 "앉는다"는 뜻이며 좌법, 목, 어깨, 허리, 척추, 다리 등 신체의 균형감을 발달시켜 고르게 강화시켜준다.

• 명상, 묵상과 같은 기도는 우리가 믿는 종교가 불교든 기독교든 힌두교든 기타종교든 무신론이든 관계없이 동등한 위치에서 우리에게 올바른 가르침을 주고 있다면 이것이 관계 속에 맺어 나가는데 보다 현대적이고 지혜로운 접근법이라고 생각한다.

• 음악명상은 특히 예술의 세계는 다양한 색깔과 독특한 자기만의 느낌과 정신세계의 마음에 길이 있다. 음악 선율 소리의 흐름을 타고 움직일 때마다 아주 깊은 내면 속에서 일어나는 생명의 빛과 기운이 세포 속에 충만하여 건강한 삶에서 마음이 열리고 편암함을 느낄 수 있을 때 생각은 머리에 있고 마음은 가슴에 있으니 몸은 땅에 놓고 마음은 하늘에 놓는다.

• 지인 중에 깊은 산(일월산) 속에서 명상을 하는 분이 있는데 그분은 무예 수련을 많이 했지만 지금도 산야에서 명상, 요가, 스트레칭 등 운동을 할 때 클래식 음악을 들으면서 하신다. 움직일 때 마음이 편암함을 느끼며 자기 몸을 다스리는 건강한 삶과 정신적 면에서 효과를 많이 보고 있다고 전해 들었다.

• 지나간 얘기지만 저자도 글로 다 표현하기 힘든 괴로운 고통과 어려움이 있을 때 음악 명상을 통하여 고요를 찾아 스트레스를 풀고 정신 건강, 몸 건강, 영혼을 일깨워주는 경험을 하면서 건강을 찾는데 도움이 되었다,

건강은 공짜로 얻어지는 것이 아니다.

몸이 움직일 때 마음도 움직이고 타고난 성격은 변하기 어려우며 완전한 사람은 이 세상에 없는 것이다. 人生에 있어서 중요한 것 중 하나가 자기 자신을 알 때 영혼이 낫는다는 것이다.

(3) 건강(복식) 호흡법

현대인들의 바쁜 일상과 스트레스 축적으로 인해 건강했던 호흡이 약해지면서 생기는 미용, 건강적인 문제들은 쉬면서 해독과 정화를 통해 다시 재충전이 돼야하는데 그러지 못하는 것이 안타까운 현실이다.

호흡(呼吸)이란 들숨과 날숨을 말한다. 숨을 들이 쉴 때는 코로, 내 쉴 때는 입으로 하는 것이 좋다. 호흡이 들어오면 폐가 커져 부풀어 오르면서 횡경막을 밀어내 배가 빵빵해지게 되는데 이것을 '들숨'이라고 한다. 날숨은 반대로 호흡을 내 뱉으면 배가 쏙 들어가면서 횡경막이 올라가게 되는 것을 말한다.

깊은 호흡을 통해 횡경막은 수축과 이완을 하게 되는데 이때 근육으로 이루어진 장기들도 같이 이동을 하면서 활동을 하게 돼 신진대사가 원활해지는 것은 물론 근육이 유연해지고 건강해지게 된다. 따라서 가슴으로 숨을 쉬는 흉식호흡보다 배로 숨을 쉬는 복식호흡은 목, 가슴, 어깨근육의 긴장을 풀어줄 수 있고 체내에 공급되는 산소 또한 훨씬 많아지게 한다고 할 수 있다.

* 호흡을 잘하면 건강이 좋아지고 잘 못하면 나빠질 수도 있다. 어느 누구도 의식하지 않고 자연스러운 호흡은 건강에 도움을 주며 몸속에 좋은 산소를 충분히

공급할 때 자율신경을 안정시켜주어 편안해 진다. 세계에서 가장 긴 수명을 가진 동물은 190년 이상 산다는 '거북이'다. 거북이는 심장이 1분에 2번 밖에 뛰지 않는다. 고래는 숨을 한 번 들이쉰 상태로 물속에서 30분 동안 있을 만큼 긴 호흡을 하며 활동한다. 반면 가장 수명이 짧은 동물은 쥐다. 1~2년 밖에 못사는 쥐는 1분에 400~500번 뛴다. 당연히 맥박은 느린 게 건강에 좋다.

    * 호흡할 때의 기본자세는 처음은 숨을 한입 들어 마신 뒤 숨을 멈추고 단전까지 난다음 입으로 숨을 1~3번 정도 내 뿜도록 하는 것이다. 숙달이 된 후에는 들어 쉴 때나 내 보낼 때는 실이 입과 코에 붙어있다고 생각하고 아주 미세하게 그 실이 움직이는 느낌이 없도록 내보낸다. 이러한 동작을 매일 꾸준히 반복하도록 하자.

복식호흡이라고 해서 배로 숨 쉬는 것은 아니며, 뇌 호흡이 뇌로 숨 쉬는 것도 아니다 누구나 다 알고 있겠지만 숨은 폐로 쉬는 것이며 숨을 들이쉬면 폐는 커지고 뱉으면 작아진다. 인간이 생명을 유지하는데 가장 기본적인 요소는 산소이다. 몸속에 각 장기마다 산소가 부족하면 아무리 영양섭취를 잘 해도 연소가 안 돼 에너지로 전환하기가 힘들면 만병의 원인이 된다고 일본의 세균학자 노구치 히데오(野口英世·1876~1928) 박사가 말했다.

(4) 유구한 수행 전통 되살려야

일반적으로 요가(Yoga), 명상, 단식하면 인도문화를 생각하게 된다. 하지만 우리나라에서는 수천년 전부터 행하였던 수행의 전통이 있다.

화랑도의 창설 연대를 고조선(古朝鮮)이라고 주장하는 학자도 있지만, 기록상으로 나타난 시기는 신라 진흥왕(眞興王) 37년(536)으로 『삼국유사』, 『미륵선화(彌勒仙花)』에 의하면 설원랑(薛原郎)을 국선(國仙)으로 임명한 때부터 시작됐다.

신라 화랑의 호국(護國)을 위한 무사도(武士道)·풍월도(風月道)·풍류도(風流道) 국선, 선랑 등으로 개인의 인격완성과 국가발전으로 이어졌으며 『삼일신고(三一神誥)』에서 알려진 수행법으로 지감(止感), 조식(調息), 금촉(禁觸)이 있었다.

念

· 지감은 감각을 고쳐서 명상을 통해 마음을 조절하고 치유하며
· 조식은 호흡을 고르고 기운을 조화롭게 하는 의미가 있으며
· 금촉은 육체적 만족과 욕망을 끊어 쾌락을 초월해 도(道)와 일체가 되어 어
  떤 사념(思念)이나 감정도 일어나지 않는 초의식 일념을 말한다.

화랑도의 무사도 정신을 이어받지 못하고 현재 특수훈련 외에도 몸을 혹사시키고 불
필요한 단련을 하는 수행이 많다. 뿐만 아니라 이는 현대인에게는 시간적, 공간적으로
불가능한 부분이 많다. 화랑도 정신이야 말로 누란의 위기에 처한 국가를 구한 국난 극
복의 표상이 됐다. 이제 유구한 역사와 수행 전통을 지닌 명상, 요가 등을 오늘에 되살려
다시 꽃피워야 한다. 중국의 유명한 법치주의자 한비자(韓非子, BC 280 ~ 233)는 인간
의 본성을 단순히 선하다 또는 악하다로 일단양단(一刀兩斷)해 규정지을 수 없다고 말
했다.

심보를 고쳐서 마음을 다스리고 몸을 움직이면 건강해진다.
마음을 다스리면 머리가 맑아지고, 머리가 맑아지면

오장육부가 천지기운을 받아 건강해진다.

감사하는 마음, 즐거운 마음으로 웃는 것은 보약이다.

무맥인(武脈氤)

2. 임맥(任脈)과 독맥(督脈)

옛날에 우리 선(仙)님들께서 얘기했는데 무술 고수들은 한의학에서 말하는 임맥, 독맥, 경혈(經穴)에에 따라 소주천(음), 대주천(양)의 기운을 유통하는 수련을 하였다는 설도 있으나 이렇게까지 난해(難解)하고 심오해서 우리가 쉽게 이해하기는 어려울 것 같아 임맥과 독맥을 경혈도 일부분을 인용하였으니 참고하시기 바란다.

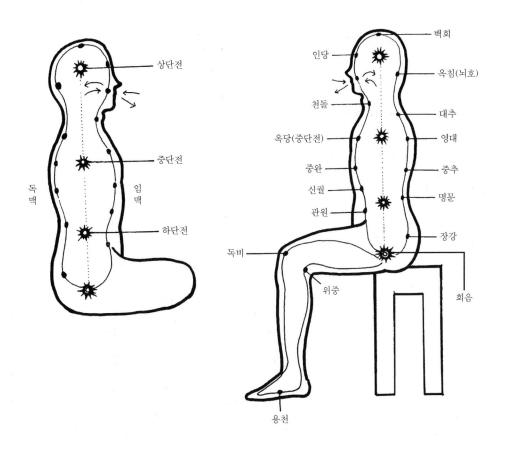

※ 단전

단전
(丹田)

1) 상단전— 머리의 뇌 수해(髓海)를 말하며 기(氣)를 조절하는 창고로 천궁(天宮)이라 부른다.

2) 중단전— 가슴 부위로 신(神)을 조절하는 창고로 강궁(絳宮)이라 부른다.

3) 하단전— 배꼽만 부위로 정(精)을 조절, 저장하는 정궁(精宮)이라 부른다.

단심(丹心) — 단(丹). 정성어린 마음으로 호흡의 기운으로 단전에 기(氣)가 모이는 곳을 말하며 효봉단심-단은(수련) 음악, 명상, 몸풀기 호흡을 통해서 하단전에 모든 의식을 집중시키고 축기, 운기, 천지 기운인(氣)을 모아 경락(經絡: 전신에 기가 흐르는 통로)을 통해 양대산맥인 임맥(任脈)과 독맥(督脈)의 수승화강하여 기혈회로와 모세 혈관이 뚫어지고 활짝 열리어 기운이 온몸 세포 속에 충만하여 질병이 자연 퇴치되고 몸과 마음이 편안하여 건강한 상태로 돌아온다.

우리 몸의 상체에는 두개의 고속도로라고 불리는 임맥(任脈)과 독맥(督脈이 있다. 가슴부위를 따라 흐르는 경락이 임맥이다. 이를 경부고속도로라고 생각하면 될 듯싶다. 등줄기를 따라 흐르는 경락은 동맥인데 중부고속도로라고 생각하면 좋을 것 같다. 경부고속도로로 진입하기 전인 '만남의 광장'에서부터 교통이 정체되면 짜증이 말이 아니다.

만남의 광장은 우리 몸의 가슴부위이다. 일이 안 풀리고 짜증이 날 때에는 가슴이 답답해진다. 그래서 답답한 일이 있으면 먼저 가슴을 치게 된다. 이렇게 함으로써 뭉쳐있던 기의 흐름을 터 주게 된다. 잼잼 동작을 하면서 손가락을 쥐었을 때에는 임맥 부분이 풀리게 되고, 손가락을 폈을 때에는 동맥의 흐름을 원활하게 해 준다.

기공(氣功)을 수련하는 방법의 하나로서 기가 몸에서 크게 한바퀴 도는 것을 대주천(大周天)이라 하고 역시 기공 수련의 한 방법으로서 소주천(小周天)은 진중삼(秦仲三)의 음양순환일소주천(陰陽循環一小周天)의 준말이다.

기를 몸 안에서 임맥과 동맥을 통해 돌리는 하나의 순환을 소주천이라고 하고 대주천은 우주의 기와 소주천과 교류하여 기를 손끝 발끝에 이르기까지 온 몸에 순환시키는 것이다. 첫째, 기를 느끼고 둘째, 몸 안에 기를 모으고(蓄氣) 셋째, 기를 몸 안에 돌린다(運氣).

특히 국선도 수련의 요체는 축기(蓄氣)와 운기(運氣)라 할 수 있다. 천기(天氣)와 지기(地氣)를 모아 가는 일이 축기라 한다면, 이 기운들이 제대로 갈 길을 만들고 이 기운을 우리 몸과 마음에 유익하게 보내고 거두어들이는 일이 운기라 할 수 있다. 축기와 운기는 수레의 두 바퀴라 할 수 있다.

숨을 쉬면서 받아들인 공기 속에 산소가 들어가 산화될 때 몸 밖으로 탄산가스를 배출하고, 먹는 음식물을 통해 영양소를 온몸에 알맞게 전달하는 것이 혈액순환 기능이다. 동양의 전통 학문과 기(氣)사상에서 자연과 사람은 그 운행원리를 바탕으로 표현하기 때문에 호흡을 통해 천기(天氣), 지기(地氣), 인(氤)으로 생명이 시작되고 기의 작용원리는 인간과 자연이 공존하는 것이다.

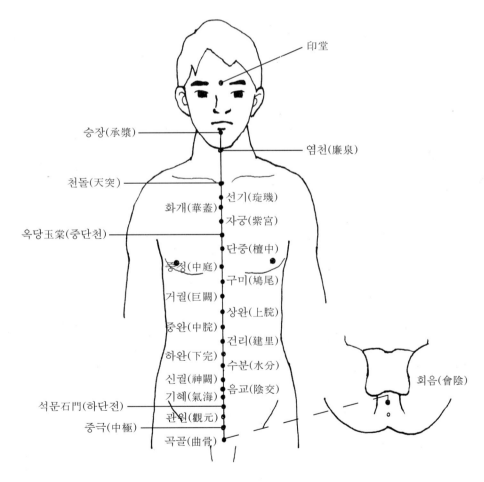

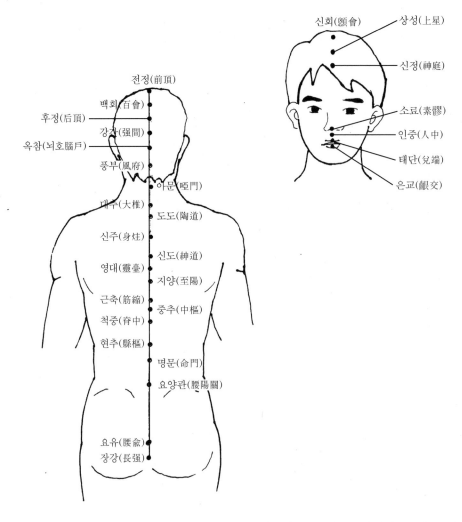

몸 전체를 쉴 새 없이 순환하는 기혈의 통로를 경락이라고 한다. 임맥과 동맥은 기경팔맥(奇經八脈) 중 하나의 경맥(經脈)이다. 기경팔맥은 십이경맥(十二經脈)과는 달리 오장 육부와의 연계가 없고 일부 기항지부(奇恒之府)와 연계되어 있는 8가지 경맥이다.

기경팔맥에는 독맥·임맥·충맥(衝脈)·대맥(帶脈)·음유맥(陰維脈)·양유맥(陽維脈)·음교맥(陰蹻脈)·양교맥(陽蹻脈)이 속한다. 독맥과 임맥·충맥은 포궁(胞宮)과 연계돼 있고 독맥은 뇌와도 연계되었다. 독맥과 임맥은 십이경맥과 마찬가지로 경혈(經穴)을 가지고 있으므로 이 두 경맥을 합하여 십사경맥(十四經脈)이라 한다. 기경팔맥은 십이경맥의 작용을 보충해 주고 몸의 영위기혈(營衛氣血)을 조절하는 작용을 한다.

임맥은 인체의 음부(陰部) 즉, 전정중선(前正中線)을 통과하는 경락으로, 인체상의 모든 음핵을 총괄하고 조정하는 역할을 담당한다. 임맥은 인체의 전정중선을 주행하는 경맥으로 음맥지해(陰脈之海)라고도 한다. 음맥지해라 함은 임맥이 제음경맥을 관할하고 통솔하고 있다는 뜻이다. 음맥지해는 족삼음맥(足三陰脈)과 음유맥·충맥에서 갈라진 가지는 모두 임맥과 직접 회합해서 온몸의 음기를 조절하는 작용을 한다는 의미에서 붙여진 이름이다.

임맥은 그 유주(流注)가 생식기를 순환하고 있기 때문에 비뇨, 생식기질환, 부인과 질환에 중요한 경맥이다. 임맥의 소속경혈수는 24혈(穴)이다. 24혈은 ①회음혈을 기점으로 ②곡골, ③중극(방광경지모혈), ④관원(소장경지모혈), ⑤석문(삼초경지모혈), ⑥기해, ⑦음교, ⑧신궐(일명 제중), ⑨수분, ⑩화완, ⑪건리, ⑫중완(中脘), ⑬상완, ⑭거궐(심경지모혈), ⑮구미(낙혈), ⑯중정, ⑰단중(심포경지모혈), ⑱옥당, ⑲자궁(紫宮), ⑳화개, ㉑선기, ㉒천돌, ㉓염천, ㉔승장을 말한다.

독맥은 인체의 후정중선(後正中線)을 주행하는 경맥으로 항문질환 및 척추와 방측질환 등의 주치이며 독맥이 양맥지해(陽脈之海)라 한다. 독맥이 제양경(諸陽經)을 통솔하고 관할한다는 뜻이다.

독맥의 소속경혈 수는 28혈(穴)이다. 28혈은 ①장강(낙혈), ②요유, ③요양관, ④명문, ⑤현추, ⑥척중, ⑦중추, ⑧근축, ⑨지양, ⑩영대, ⑪신도, ⑫신주, ⑬도도, ⑭대추, ⑮아문, ⑯풍부, ⑰옥침(뇌호), ⑱강간, ⑲후정, ⑳백회, ㉑전정, ㉒신회, ㉓상성, ㉔신정, ㉕소료, ㉖인중(일명 수구), ㉗태단, ㉘은교이다.

아래쪽 회음 미골(尾骨·꼬리뼈) 끝에서 시작해 척추(등골)를 순행하고 위로 올라가 풍부혈에 이르러 뇌로 진입하고 옥침(뇌호)혈을 거쳐 백회혈에 이르고 거기서 밑으로 내려와 치은부에 있는 은교혈에 이른다. 여기에서 다시 임맥과 연결된다.

회음(會陰)은 나무에 비유하면 뿌리와 같은 중요한 혈 자리이다. 싸늘하게 차가운 방의 아궁이에 불을 때면 방이 따스해지고 마른 땅에 물을 주면 푸른 새싹이 돋아나는 생명이 소생하는 것과 같이 몸의 아궁이와 같은 회음에 온열이나 혈 자리마다 지압이나 마사지를 하면 기가 통하고 혈액 순환이 잘 되어 성(性)기능을 증강시켜 전신에 활력과 건강증진에 탁월한 효과가 있다.

1) 선악을 넘어서는 명상과 기도

명상은 선(善)의 길이 아니다. 그 선조차 버린다. 명상은 악(惡)을 피하지 않는다. 그 악조차도 질퍽거리며 뚫고 나간다. 그 길은 넘어서는 찰나, 그 순간 뭔가 번쩍 다가오는 섬광 같은 것이 있다.

깨달음의 깊은 경지에 이르렀을 때 새로운 삶이 시작된다. 지금까지 꿈속에서 살고 있었다. 어둠 속에서 빛나는 섬광처럼 명상은 빛 속에 있는 것이다.

먼저 명상을 통해 자기 자신을 준비하는 것이 급선무이다. 명상은 갈고 닦는 것이 아니다. 단지 사념 없음, 마음의 침묵, 의식의 깨어있음이다. 바로 이때 평화가 충만하다. 평화로울 때 기도가 절로 나온다. 너무도 감격해서 신(神)을 부르게 된다. 이것이 진정한 기도이다.

명상 없이 행해지는 기도는 형식적이며 어리석다. 시간과 에너지의 낭비이다. 무의미하다. 명상은 누구에게나 가르칠 수 있다. 그러나 기도는 결코 가르칠 수 없다. 그것은 오직 당신의 몫이다.

명상은 노력할 수 있지만 기도는 결코 노력이 아니다.

명상은 보답이 기도이다. 하지만 보답에 관한 것은 아예 잊어버려라. 오직 명상에 몰두하자.

기도는 우주적 마음과의 대화이다. 그러려면 참을성 있게 기다려야 한다. 먼저 대화할 능력을 갖추어라. 진정한 대화의 자세는 침묵에서 출발한다. 당신은 오직 절대적 수용상태에 있어야만 한다.

"너는 어디에 있느냐? 너는 어디에 숨어 있느냐?"하고 신(하나님)은 당신을 부를 것이다.

그때엔 어떤 기도도 필요치 않다. 단지 신의 부르심을 들을 수 있는 침묵의 마음만 필요하다. 당신이 신을 부를 필요가 없다. 절대적인 받아들임 상태에 민감하다. 그것이 명상의 전부이다.

신의 목소리는 풀벌레소리처럼 가장 나직하다. 당신 마음의 잡생각 때문에 절대 들리지 않는다.

기도하라. 참된 기도를 하라.

그것은 신에게 이것저것 주문하는 것이 아니라 신이 당신에게 말할 수 있도록 온 몸을 곧 추세워 의식적으로 민감해져 있는 것이다.

2) 명상 인기(氤氣) 진동(음악명상)

사랑은 명상의 가장 깊은 곳에 머물러 있다. 명상에 잠기게 될 때 사랑이 일어난다. 사랑은 실천하는 데 뜻이 있다. 방안에 홀로 앉아 음악명상의 세계로 사랑의 에너지를 가득 채운 다음 진동과 떨림을 체험 해보기 바란다. 마치 당신은 사랑의 대양에 떠 있는 것과 같은 아주 벅찬 흔들림을 맛보게 될 것이다.

· 당신 자신도 알 수 없는 것이 내부로부터 끊임없이 일어나고 있음을 느낄 수 있다.
· 당신의 기(氣)속에 있는 무엇인가가 변화하고 있음을 느낄 수 있다.
· 당신의 온 몸을 둘러싸고 있는 것들이 조금씩 떨어져 나가는 듯한 전율을 느낄 수 있다.

· 깊은 오르가즘 같은 따뜻함이 당신의 주위에서 생기고 있음을 아주 확실하게 느낄 수 있다.

· 충격적인 느낌 속에서 의식의 몽롱함이 걷히면서 차츰 세계가 선명하게 드러난다.

· 이 넓은 세상의 바다 위에서 환희의 춤과 사랑의 노래를 부를 때 당신은 이미 명상의 세계에 도달해 있는 것이다.

· 처음으로 완전한 명상에 놓이게 될 때 당신은 감당할 수 없을 만큼의 전율을 느끼게 될 것이다. 떨림과 진동의 충만함을 느끼게 될 것이다. 이윽고 다 익은 과일의 꼭지가 떨어지듯이 독립된 자기 자신을 발견하게 될 것이다.

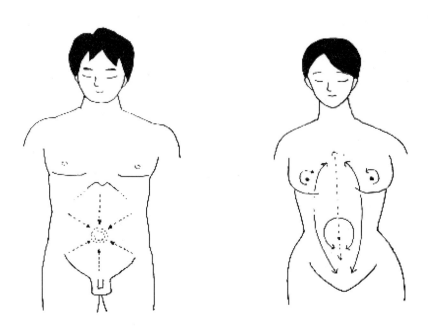

3. 잠들기 전 누워서 하는 수면 운동

● 발 운동

① 발목 돌리기
② 발을 앞뒤로 밀고 당겨주기
③ 발끝 부딪치기
④ 누워서 코로 숨을 들이마신 후 온몸에 힘을 주고 참았다가 입으로 후하고 뱉는다. 3~5번씩 한다.
⑤ 숨을 천천히 코로 들이마시며 입으로 내쉬며 온몸의 긴장을 푼다.
⑥ 온몸이 무거워지면서 가라앉는 상상을 하며 심장의 소리를 의식하면서 잠이 든다.

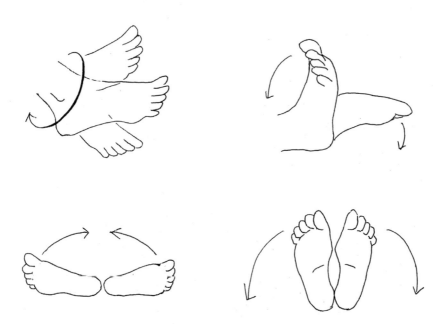

4. 잠에서 깨어 난 후 기(氣) 펴기 운동

●기 펴기 운동자세

① 누워서 가슴을 열고 온 몸을 여는 스트레칭

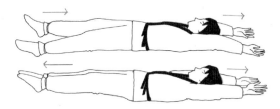

② 기지게를 편 후 목운동, 좌, 우, 위로 무릎 다리 스트레칭

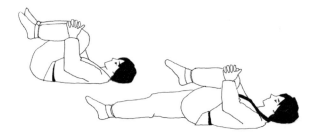

③누워서 어석어석(M)어깨 높이까지 올리고 내린다.

5. 인체와 산소

우리 몸은 맑고 깨끗한 공기와 산소를 원하고 있다. 숲속에서 삼림욕을 즐기면 머리가

맑아지고 심리적 안정과 피로 회복에도 많은 도움이 된다. 말초혈관을 단련시키고 기관지, 심장, 심폐 기능을 강화시켜 온몸에 세포 활동을 활발히 하게 된다.

숲의 향기 속에는 피톤치드(Phytoncide)가 있기 때문이다. 피톤치드라는 말은 식물을 의미하는 피톤(Phyton)과 살균력을 의미하는 치드(Cide)가 합성된 말이다. 숲 속의 식물들이 만들어 내는 살균성을 가진 모든 물질을 통틀어 지칭하는 말이다. 사람들이 삼림욕을 즐기는 것은 피톤치드 때문이다.

수목(樹木)에는 공기 속에 있는 나쁜 질소, 이산화탄소를 흡수하고 인체에 좋은 산소를 공급해준다.

1) 산소(O2)의 중요성

모든 질병은 산소의 결핍에서 발생할 수 있는 요인(要因)이 크다 하겠다. 산소는 대기의 21%를 차지할 만큼 흔하지만 조금만 부족해도 생명에 막대한 영향을 미친다. 그러나 날로 심해지는 환경오염과 생활환경의 변화로 실내의 산소가 부족해지고 있다. 실내의 저농도 산소 공간에서 장시간 생활을 하면 체내의 혈액 속에 헤모글로빈의 양이 적어지므로 두통, 식욕부진, 호흡곤란, 구토, 어지럼증 등의 증세를 일으킨다. 냉·난방으로 밀폐된 사무실이나, 자동차 안에 오래 머물러 있을 때 머리가 무거워지는 것도 산소부족 탓이다.

노벨상을 수상한 암 연구가 봐르부르크(Otto H. Warburg) 박사는 산소 부족이 암세포 발생의 주 원인이라는 사실을 규명했다. 일본의 세균학자 노구치 히데오(野□英世) 박사도 "체내의 산소가 부족하면 만병의 원인이 된다"며 "산소가 부족해 신체가 병적인 상태로 되었을 때 산소를 보충하면 된다" 고 말했다

2) 모든 질병은 산소 부족에서

모든 질병은 산소 부족에서 생긴다면? 산소는 대기의 21%를 차지 할 만큼 흔하지만 조

금만 부족해도 자신도 모르게 건강에 막대한 영향을 준다.

최근 급속한 산업화로 인한 후유증이 환경오염으로 나타나면서 우리의 생활환경이 크게 변했다. 생활환경의 변화로 실내 산소가 부족해지고 자신도 모르게 건강에 막대한 악영향을 받고 있다. 사람은 단 1분만 산소공급이 중단 돼도 생명에 위험을 초래한다.

냉난방으로 밀폐된 PC방, 대중극장, 사무실 자동차안 실내의 저농도 공간에서 장시간 생활을 하면 체내의 혈액 속에 헤모글로빈(hemoglobin: 혈색소(血色素) 또는 혈구소(血球素)라고도 불리며, 생체 내에서 산소를 운반하는 일을 함)양이 적어지므로 두통, 호흡곤란, 구토, 식욕부진, 어지럼증 등의 증세를 일으킨다. 특히 산소가 많이 부족하면 머리가 아프고 경련이 오고 심한 통증을 느끼고 공급이 중단되면 단 4분 만에 뇌세포가 죽어 사망에 이를 수도 있다.

우리가 항상 호흡하는 공기(대기)의 구성은 질소(N2) 78%, 산소(O2) 21%, 아르곤(Ar)0 · 99%, 이산화탄소(CO2):0 · 03%, 기타0 · 08%로 돼 있고 기체로 존재한다.

3) 산소 부족으로 나타나는 현상

구분	깨임장 사우나 승용차 내부	극장 지하 공간	대중집회 실내 공간	도심	도심 인근 숲속	설악산 동해안
	답답함 —————————————————————〉 상쾌함					
산소농도	18~18.4%	18.5~19%	19~20%	20.6%	21.3%	21.6~22%
느낌	매우 답답	답답	무기력	보통	상쾌	매우 상쾌
비고	질식 위험	두통	환기 필요	유해 가스	실내 공간 쾌적 산소농도	

가슴이 답답하고 숨이 가빠지고 두통을 유발하며 집중력 약화, 기억력 감퇴, 사고력 저하로 인해 업무 능력 및 업무 능률이 떨어진다. 졸음과 피로감이 심해 무기력증에 빠지기도 한다.

우울증과 스트레스 강도가 높아지는 초기 현상이 나타나고 면역력 감소로 인해 감기, 박테리아 등에 의한 질병을 유발한다. 기관지 관련 질병이 생기고 간 기능 저하, 심폐기능 도 약화된다. 순환기 장애, 관상동맥과 혈관 장애 등이 생긴다. 내호흡(세포호흡) 장애, 미세순환 장애, 편두통 등을 초래한다.

산소가 부족하면 면역체계가 허약해지고 폐 및 호흡기관지 질환, 빈혈증, 과호흡증후군 심지어 정신 성장장애 등을 낳는다. 뿐만 아니라 세포에너지 전달 장애, 위장장애, 피로감, 탈진, 수행능력도 떨어진다.

4) 산소의 효능

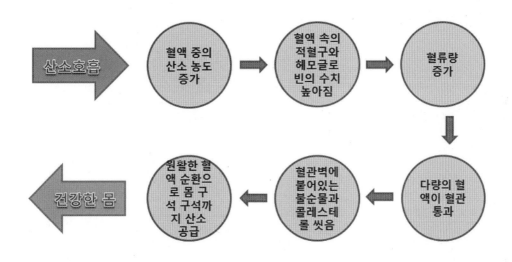

5) 산소의 효과

◎우울한 현대인, 스트레스 관리 절실… 현명한 대처법

만성 스트레스에 시달리는 현대인에게 우울증이나 공황장애 등의 질환은 더 이상 남의 일이 아니다. 건강보험심사평가원에 따르면 2015년 우울증 환자 수가 60만 명을 넘어선 것으로 나타났다.

우울증은 방치할 경우 조현병이나 극단적인 선택 등으로 이어질 수 있는 만큼, 초기

대응이 상당히 중요하다. 정신건강의학과를 찾거나 전문가에게 심리 상담을 받는 등 적극적으로 대처해야 우울증에서 빨리 벗어날 수 있다.

무엇보다 가장 우선시해야 할 것은 우울증에 걸리지 않도록 평소 스트레스 관리에 힘쓰는 것이다. 충분한 휴식과 운동은 누구에게나 효과가 좋은 스트레스 해소 방법이다. 적당한 강도의 규칙적인 운동은 기분을 좋게 하는 엔도르핀 분비를 증가시키고 심박수, 혈압, 스트레스 호르몬인 아드레날린의 수치를 떨어뜨린다.

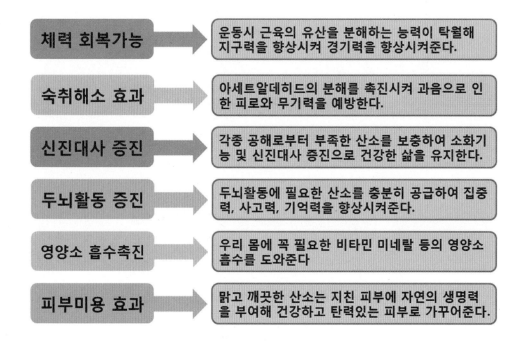

체력 회복가능	운동시 근육의 유산을 분해하는 능력이 탁월해 지구력을 향상시켜 경기력을 향상시켜준다.
숙취해소 효과	아세트알데히드의 분해를 촉진시켜 과음으로 인한 피로와 무기력을 예방한다.
신진대사 증진	각종 공해로부터 부족한 산소를 보충하여 소화기능 및 신진대사 증진으로 건강한 삶을 유지한다.
두뇌활동 증진	두뇌활동에 필요한 산소를 충분히 공급하여 집중력, 사고력, 기억력을 향상시켜준다.
영양소 흡수촉진	우리 몸에 꼭 필요한 비타민 미네랄 등의 영양소 흡수를 도와준다
피부미용 효과	맑고 깨끗한 산소는 지친 피부에 자연의 생명력을 부여해 건강하고 탄력있는 피부로 가꾸어준다.

산업화가 빠르게 진행되고 변화하면서 물질적으로 풍부하지만 정신적으로 오는 과도한 스트레스는 나도 모르게 신경성 질환으로 몸과 마음을 병들게 하고 있다.

취미생활을 통해 스트레스를 풀 수 있는 좋은 환경을 내가 스스로 찾아서 만들어 갈 때 젊음과 노화방지에 도움을 준다.

그러나 적당한 스트레스는 몸과 마음에 긴장을 불러오고 준비된 긴장은 오히려 몸을 탄력적으로 변화시키며 감정을 다스리는 데 도움을 줄 것이다.

사람이 살아가는 데 신경을 쓰지 않고 살 수는 없는 것이다. 스트레스를 어떻게 받아들이고 풀 수 있느냐에 따라서 몸과 마음이 변화하면서 건강할 수 있다.

6. 스트레스란 무엇인가

스트레스는 만병의 근원이라고 한다. 대부분의 질병이 스트레스와 같은 부정적 감정이 원인이 되어 발병하거나 간접적으로 관계가 있다. 20세기 캐나다의 내분비학자 한스 셀리에(Hans Selye)는 1936년 〈네이처〉지에 실린 첫 번째 논문에서 스트레스를 "정신적·육체적 균형과 안정을 깨뜨리는 자극에 대해 자신이 있던 안정 상태를 유지하기 위해 변화에 저항하는 반응"이라고 정의했다.

한스 셀리에는 캐나다의 많은 사람들을 대상으로 조사한 결과, 심장병과 모든 종류의 심장 관련 질환, 염증성 질환, 알레르기 반응들, 그리고 감기와 같은 전염병에서 스트레스 인자(因子)를 확인했다. 또한 소화불량에서 비만, 성 기능 장애에 이르기까지 다양한 종류의 심신장애들은 대부분 스트레스와 밀접한 관련이 있음을 밝혀냈다.

스트레스는 이렇게 육체적, 정신적 긴장으로 이어져 여러 가지 병적인 증상을 나타내고, 스트레스 자체는 주변인들과의 심리적 갈등, 정서불안, 과로, 생활환경의 변화 등에서 발생한다. 스트레스의 발현은 듣기만 하여도 골치 아픈 질병으로 이어지지만, 그 속을 들여다보면 개개인의 삶에서 생긴 아주 사소한 오해 등에서 비롯되고 개인 스스로 치유할 수 있는 자연 발생적인 현상이다. 그래서 누구나 쉽게 명상 등을 통해 마음의 깨달음을 찾게 되는 순간, 스트레스를 느끼고 있는 것 자체도 살아 숨 쉬면서 만물 속에 살아간다는 환경 자체가 기쁨이고 행복이라는 것을 알게 될 것이다.

7. 스트레스, 없애려 하기보다 잘 관리해야

1) 스트레스가 병이 되기까지의 과정

심한 스트레스를 받으면 우리 몸에선 변화가 일어나는데 셀리에는 스트레스를 반응 정도에 따라 다음과 같이 3단계로 접근했다.

1단계는 경보 반응(alarm) 단계로 스트레스 자극에 대해 저항을 나타내는 시기이다.

처음에는 체온 및 혈압 저하, 저혈당, 혈액농축 등의 쇼크가 나타나고 다음에는 이것들에 대한 저항이 나타난다.

2단계는 저항 반응(resistance) 단계로 스트레스에 계속 노출되면 모든 신체 기능들이 방어 상태로 이행된다. 스트레스 요인에 대한 저항이 가장 강한 시기이지만 다른 종류의 스트레스 요인에 대해서는 저항력이 약화된다.

3단계는 탈진 반응(exhaustion) 단계로 내분비방어 기능이 무너지면서 오랫동안 스트레스가 누적될 때에는 스트레스 요인에 대한 저항력이 떨어져 신체에 여러 증상과 질병으로 발전한다. 즉, 고혈압, 심장마비, 소화기계 질환 등의 질병이 나타난다.

이와 같은 스트레스반응 과정에서 나타나는 강도는 개인의 적응 능력 여하에 따라 다르게 나타난다. 스트레스를 받으면 초기에는 초조하거나 걱정, 근심 등 불안증상이 나타나고 점차 우울 증상이 나타났다가 스트레스가 지나가면 사라진다. 하지만 만성적인 스트레스는 불안장애나 적응장애 등 각종 정신질환으로 발전할 수 있고 코르티솔과 아드레날린을 지속적으로 분비시켜 체내 시스템을 망가뜨린다.

몸의 면역 기능이 떨어져 질병에 걸리기 쉬운 상태가 되어 고혈압이나 당뇨병, 위궤양, 심장병 등의 질환을 일으키기도 하며 비만, 인지 수행능력 퇴보와도 관련이 있다는 연구가 있다.

스트레스를 주는 현실로부터 벗어나기 위한 일시적인 수단으로 마시는 술이 중독이나 약물 과용의 요인이 되기도 한다. 물론 적당한 스트레스는 우리 몸에 약이 되는 경우가 더 많다. 생산성과 활력을 불어넣는다는 점에서 긍정적인 기능도 있다. 하지만 스트레스를 견디지 못하는 사람에게는 치명적인 독이 되기 쉽다. 스트레스가 너무 지나치거나 장기간 지속될 때, 그리고 그것을 잘 관리하지 못할 때 우리 몸을 해치게 된다.

〈스트레스로 인해 나타나는 증상들〉

신체 증상	피로, 두통, 이갈이, 어깨통, 요통, 관절염, 가슴 두근거림, 가슴 답답함, 위장장애, 복통, 장염, 울렁거림, 어지럼증, 땀, 입 마름, 손발 차가움, 발한, 가려움증, 얼굴 화끈거림, 피부 발진, 빠른 박동, 고르지 않은 맥박, 두근거림, 현기증, 흉통, 고혈압, 심근경색, 과호흡, 천식 등
심리 증상	불안, 걱정, 근심, 신경과민, 성급함, 짜증, 분노, 불만족, 집중력 감소, 건망증, 우유부단, 좌절, 탈진, 우울 등

행동 증상	안절부절못함, 다리떨기, 손톱 깨물기, 눈물, 과식, 과음, 흡연 증가, 과격한 행동, 폭력적 언행, 충동적인 행동 등
기타	떨림, 장시간 앉아 있지 못함, 백일몽, 수면장애(불면/과다수면, 악몽), 피로, 성 기능 장애, 면역력 감소(잦은 감기, 암의 악화), 뇌졸중 등

2) 스트레스에 대한 현명한 대처법

스트레스가 만성화되면 정서적으로 불안과 갈등을 일으켜 몸의 병을 키우는 만큼 마음을 잘 다스려야 한다. 똑같은 스트레스를 받아도 사람마다 대처법이 다르고 몸의 반응도 달라지기 때문에 각자 자신에게 맞는 방법을 찾는 것이 중요하다.

무엇보다 평소 규칙적인 생활습관을 갖는 것이 스트레스 관리의 시작이다. 현대인에게 부족한 비타민이나 무기질, 섬유소 등 영양소가 골고루 들어 있는 식사를 하고 음식은 천천히 먹는 습관을 갖도록 한다. 술이나 카페인, 짜거나 단 것, 인스턴트나 패스트푸드 등은 줄이거나 되도록 먹지 않도록 한다. 충분한 수면은 스트레스 해소에 매우 중요하다.

잠이 부족할 경우 극도의 피로와 함께 집중력과 기억력뿐만 아니라 자제력이 저하되고 스트레스 호르몬이 증가한다. 잠은 인간에게 충전과 휴식을 주는 만큼 6~8시간 정도는 자는 것이 좋다. 스트레스를 받을 때는 야외에서 햇볕을 쬐며 걷는 것도 좋다. 운동은 몸속의 과도한 에너지를 분산시켜 스트레스 수치를 감소시키는 데 도움이 된다.

스트레스로 마음이 혼란스러울 때 이를 통제할 수 있는 효과적인 방법은 복식 호흡이나 심호흡, 근육이완법, 명상이 있다. 마음을 비우고 집중하게 만드는 호흡은 가장 중요하다. 몇 분간 조용히 앉아서 깊이 숨을 들이마신 뒤 잠깐 호흡을 멈추고 천천히 숨을 내뱉는다. 오직 호흡에만 집중하다 보면 심장박동수와 혈압이 서서히 떨어지면서 차분해지게 된다.

스트레칭을 통한 근육 이완법은 스트레스를 줄여준다. 그리고 요가나 스트레칭으로 근육의 긴장을 풀고 이완 상태를 유도하면 정신적인 스트레스도 줄어든다. 근육이 풀릴 때까지 신체의 수축 이완을 계속하는 근육 이완법 역시 스트레스를 중화하여 진정 효과를 나타낸다. 음악 또한 근육 긴장을 완화하고 마음의 평온을 찾는 데 효과적인 수단이 될 수 있다. 음악을 집중해서 들으면 정서적인 경험과 심리적 안정을 가져와 마음을 편안하게 해준다.

일을 할 때는 미리 계획해서 여유 있는 스케줄로 쫓기지 않도록 속도를 조절할 필요가 있다. 그리고 무엇보다 일과 휴식의 균형이 중요하다. 자신이 감당할 수 없는 일을 맡았을 때는 거절하거나 포기할 수도 있어야 한다. 어떤 일을 시작하기도 전에 걱정부터 하는 습관 역시 당장 그만둬야 한다. 잘못될 것을 미리 염려하여 불안해하는 데 시간을 보내는 것보다 마음의 안정을 찾고 해결책을 찾는 데 집중하는 것이 훨씬 현명할 것이다.

스트레스가 나쁜 것만은 아니다. 경우에 따라서는 일의 능률을 높여주기 때문이다. 가장 중요한 것은 생각이다. 스트레스를 어떻게 받아들이느냐에 따라 약이 될 수도, 독이 될 수도 있다. 스트레스를 피할 수 없다면 다음과 같이 현명하게 대처해보자.

첫째, 완벽주의에서 벗어나야 한다. 사람마다 잘할 수 있는 일이 다르기 때문에 모든 일을 완벽하게 해낼 수는 없다. 다른 사람을 믿지 못해 반드시 본인이 마무리를 지어야 한다는 강박관념이나, 아니면 다른 사람과의 경쟁심에 혼자서 모든 일을 끌어안고 끙끙대는 것보다 도움을 받는 것이 필요하다.

본인이 잘하는 일에 자부심을 갖고 남들보다 부족한 면이 있다면 인정하는 태도가 필요하다. 혼자서 완벽한 결과물을 만들어내겠다는, 스스로 만든 기대치로 스트레스 받지 말고 일의 현실적인 기준을 갖도록 한다.

둘째, 긍정적이고 현실적으로 생각을 재구성하는 습관을 갖는다. 누구든 시행착오와 실패를 거듭한 끝에 좋은 결과를 얻는다. 실수를 하거나 실패할지 모른다는 두려움에 기가 죽어 좌절하지 말고 개선하기 위해서는 어떤 노력을 해야 하는지 낙관적으로 사고하고 대응해 가는 것이 중요하다. 일을 긍정적으로 생각하는 것은 가장 강력하고 독창적인 스트레스해소법 중 하나이다.

셋째, 감정에 치우치지 말고 합리적으로 생각한다. 많은 스트레스는 자신이 만든 생각에서 나온다. 남에게 인정받기 위해 안간힘을 쓰고 무리한 욕심, 부정적인 감정의 악순환 고리를 벗어나지 못하고 무의식적으로 받아들이다 보면 엄청난 스트레스를 받게 된다. 스트레스를 일으키는 환경을 바꾸기 어렵다면 원인을 파악하고 스트레스에 대응하는 방식을 찾아야 한다. 할 수 있다는 신념이나 긍정적인 자기 이미지 등을 관념 속에 각인시켜 스트레스에 반응하는 방식을 바꿔가는 합리적 사고를 할 필요가 있다.

넷째, 솔직하게 표현한다. 가족, 친구나 가까운 지인에게 솔직하게 이야기하면 기분이 한결 나아진다. 초조한 마음이 들 때 글로 쓰거나 자신과 대화를 해보는 것도 도움이 된다.

다섯째, 유머를 즐긴다. 연구에 따르면 웃음은 천연진통제로 불리는 엔도르핀을 샘솟게 하고 면역력을 향상시키며 심장박동수를 높여서 혈액순환을 돕고 근육을 이완시키는 것으로 알려졌다. 유머는 훌륭한 스트레스 치료제이다.

지나친 일 욕심으로 열심히 일만 하다가는 만성 스트레스로 지쳐갈 것이다. 불필요한 것들에 매달려 병을 만들지 말고 자신만의 효과적인 스트레스 관리법으로 건강을 유지하도록 꾸준히 노력하자

3) 스트레스 해소는 운동과 엽산 섭취로

스트레스 완화에 도움을 주는 영양소를 챙겨 먹는 것도 방법이다. 대표적인 것이 엽산으로, 엽산은 신경전달물질 합성에 관여해 스트레스로 인한 심리적 증상을 해소하고 신경을 안정시키는 데 기여한다. 실제로 미국 영양 및 식이요법학회에서는 "엽산이 든 시금치 등 녹색 채소는 도파민을 생성해 우리 뇌를 편안하게 해주는 데 도움이 된다"고 밝힌 바 있다.

이 뿐만 아니라, 엽산 섭취가 우울증과 관련이 있다는 연구 결과도 있다. 영국 요크대학의 보건과학부의 질보디 박사 연구팀이 1만5315명을 대상으로 진행된 11건의 연구 사례를 분석한 결과, 혈중 엽산 수치가 낮을수록 우울증 발병률이 높아지는 것으로 나타났으며, 우울증 환자의 3분의 1이 엽산 결핍 현상을 보였다.

엽산은 브로콜리, 시금치, 쑥, 고사리 등의 채소류에 많이 함유되어 있다. 스트레스 관리를 위해서는 평소 이러한 식품을 충분히 섭취하여 엽산이 부족하지 않게 신경 쓰는 것이 바람직하다. 단, 녹황색 채소에 들어 있는 엽산은 조리나 가공 과정에서 쉽게 손실되므로 최대한 조리를 거치지 않은 상태로 먹어야 한다.

간편하게 엽산을 섭취하고 싶다면 영양제를 이용해도 된다. 시중에는 합성엽산, 천연원료 엽산 등 다양한 제품이 나와 있으므로 장·단점을 따져보고 적합한 것으로 구입하

면 된다. 합성엽산 제품은 가격이 저렴한 것이 장점이며, 천연원료 제품은 주로 건강에 예민한 이들이 많이 찾으므로 제품 선택 시 참고하면 좋다.

현대인에게 스트레스는 필연적이라고 할 수 있다. 중요한 것은 스트레스가 지속적으로 쌓이느냐의 여부다. 아무리 사소한 스트레스라도 이것이 만성이 되면 우울증이나 공황장애 등의 정신질환으로까지 악화될 수 있다. 따라서 열린 마음을 가지고 마인드 컨트롤을 하면서 운동, 엽산 섭취 등의 스트레스 관리법을 참고한다면 보다 건강하고 활기찬 삶을 누릴 수 있을 것이다.

※ 양생(養生)의 비결(편안한 몸·마음 만들기)

1. 탐욕을 줄여 근심을 적게 하고 심장을 편하게 한다.
2. 색욕을 줄여서 정기를 배양한다.
3. 말을 적게 하여 속 기운을 배양한다.
4. 음식을 담백하게 조절하여 피를 맑게 한다.
5. 절도 있는 식사(양과 시간 조절)로 위를 튼튼하게 한다.
6. 흥분과 분노를 삼가 해서 간 기능을 이롭게 한다.
7. 과로를 피하여 질병을 미연에 예방한다.
8. 적당한 운동과 아름다운 노래를 자주 들어 심신을 기쁘게 한다.

제5장

건강 100세 시대를 위한
운동과 효봉삼무도

제1절 노화와 건강 —건강 100세 시대를 위한 운동

노화(老化)는 누구에게나 찾아오는 자연적인 현상이며 나이가 들어가면서 정신과 육체적인 생체구조의 기능저하와 변화는 바로 노화에서 오는 것이다. 현대사회는 최첨단 과학기술의 발달로 인한 의학과 식생활 개선으로 평균 수명도 80~100세를 바라보는 초고령 사회로 진입하면서 단순히 얼마나 오래 사는 것 보다 사는 동안에 질병 없이 건강하게 잘 사는 문제가 국가, 사회, 개인적인 큰 관심으로 중요하게 여겨지고 있다.

산업의 발달로 인한 경제적 발전은 편리하고 풍요로운 삶을 가져다 주었지만 인간관계로 인한 직장과 사회 전반에서 오는 만성적인 스트레스로 인한 정신적 고통은 신체리듬에 악영향을 준다. 현대인의 신체 상태에 악영향을 미치는 불균형 생활습관인 과식, 과음, 과로, 술, 담배 등은 과체중, 비만, 고혈압, 당뇨, 심혈관, 기타 성인병의 원인이 되고 있다. 특히 노인 질환의 증가로 인한 개인이나 가족, 사회가 지출하는 의료비는 날로 큰 폭으로 증가하고 있으며 이는 개인과 가족의 큰 부담으로 작용하고 있다.

운동 부족으로 인한 질병발병률은 지속적으로 증가하고 있으며 자연적 특성인 신체 노화에 따른 근육감소 현상이 노인층에게는 상대적으로 빨리 나타난다. 성인병 예방에는 꾸준한 운동과 체력 관리가 중요하다. 특히 노화에 대비해 자신에게 맞는 운동을 선택해 꾸준히 땀 흘리며 운동을 하는 것이 건강관리에 도움이 된다.

이제 운동이 재미없다는 고정관념에서 벗어나 즐거운 마음으로 도전해보자. 우리 사회에서는 무술(武術)에는 관심이 없다. 하지만 남녀노소 구분 없이 운동에 관심을 갖고 더욱 적극적으로 현대화된 무술과 더불어 근력 향상, 심폐기능 강화 등으로 육체적인 수련과 정신수양, 음악명상 등을 통해 기(氣)를 느끼고 혈(血)을 순환시키게 되면 만병의 근원인 스트레스 해소에 큰 도움이 된다. 다양한 신체활동인 걷기, 등산, 취미생활, 영감을 얻기 위한 음악명상, 자연 속 힐링 등은 건강 100세를 위해 반드시 필요한 건강운동법이라 하겠다.

사람의 몸은 정직하다. 잠에서 깨어나면서부터 몸을 움직이는 운동이 시작된다. 무엇보다 운동은 즐거운 마음으로 해야 하고 즐거운 마음으로 하는 운동이 육체와 정신 건강에 도움이 된다. 그렇게 즐거운 운동을 하면서 내면적인 자신과의 대화 속에서 유쾌한 마음과 상쾌하고 통쾌한 기분을 느낄 수 있다. 몸의 건강은 기분을 좌우한다. 따라서 몸이 건강해야 정신과 생각이 올바르게 되고 기분도 좋아진다.

운동시간은 각자 신체적 상태에 맞추어 하루에 40분~1시간30분 정도가 적당하다. 운동을 시작한 초기에는 주 3~4일 하면서 몸의 컨디션을 조절하고 신체적 무리가 없을 경우 주 5일 정도 하는 것이 좋다. 가능하다면 매일 습관적으로 하는 것도 좋다.

먼저 준비운동으로 가벼운 체조부터 하고 서서하는 스트레칭(1번~20번 참조)을 하고 난 다음에 본운동으로 기구를 이용한 근력운동인 웨이트 트레이닝(아령, 역기)와 유산소 운동인 줄넘기, 자전거타기, 기타 기구운동 및 무술(武術) 수련이 있다.

1. 얼굴 지압 마사지

1) 목 운동

● 좌, 우 옆으로 천천히 숙여준다. (5~10회)
(손으로 머리를 잡고 당겨 주기도 한다.)

• 앞, 뒤로 끄덕여 준다. (5~10회)

• 좌, 우로 돌려준다. (5~10회)

• 도리도리를 한다. (50~100회)

2) 눈 운동 (눈 피로를 풀어주는 지압점)

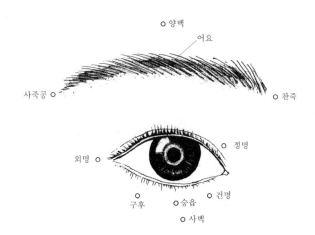

〈눈을 지압(마사지)하기 전에 주의할 점〉

• 손톱을 짧게 하며 청결한 손으로 지압해야 하며 두 눈을 감은 체 지압한다.

● 지압할 때 손가락으로 안구(눈)를 압박하거나 비비지 않는다.

● 혹시 눈병이나 눈에 이상이 있을 시, 지압(마사지)하지 않으며 안과에 가서 의사에게 상담(지시)을 받는다.

● 눈을 감고 눈 주위 지압점(혈) 위와 아래쪽을 꾹꾹 눌러 주면서 양옆 눈꼬리 부분도 살짝 눌러준다.

● 양손 바닥을 빠른 속도로 비벼서 뜨겁게 한 후 곧 바로 감은 양쪽 눈 위에 대고 있는다.(따뜻하고 좋은 기운이 들어간다고 생각하면서 3번 정도 반복한다.)

● 눈 운동은 안구를 움직이며(움직여서) 맑은 눈을 만드는데 도움이 되고 눈의 노화를 막아주며 피로한 눈을 풀어 준다. (건조한 눈은 눈을 감고 할 수도 있다.)

● 얼굴은 정면으로 고정시킨 후에 안구를 위아래로 10~20번 움직여준다.

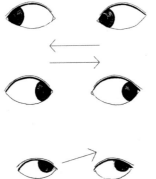

● 얼굴은 정면으로 고정시킨 후 양쪽 눈의 시선을 좌측의 3시에서 9시 방향(9시←3시)으로 고정시키고 3~4초 간 움직인다.

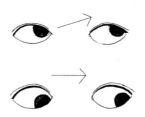

● 얼굴은 정면 고정시키고 양쪽 눈의 시선을 12시 방향 위로 아래로 6시 방향으로 움직인다. 얼굴을 고정시키고 양쪽 눈은 2시에서 8시 방향, 얼굴은 정면으로 고정한 다음 양쪽 눈은 4시에서 10시 방향으로 3~4초 간격으로 눈을 감았다 떴다 한다.

● 눈 주위의 요혈을 누른다. (찬죽攢竹, 청명清明, 승읍承泣, 동자료瞳子髎, 사죽공絲竹空)
● 손바닥을 문질러 열이 나게 하여 눈을 비비고 누른다.
● 머리를 움직이지 말고 눈을 12회 굴린다. 눈을 깜빡인다.

3) 코 지압 (얼굴마사지)

● 손바닥으로 얼굴을 위에서 아래로 안에서 밖으로 36회 비빈다.

- 양손 엄지와 검지로 양옆 코 잔등을 지압하며 위, 아래로 꾹꾹 눌러 주며 마사지도 함께 한다.
- 태양혈(관자놀이) 양쪽 귀와 눈 사이 움푹 둘어간 자리에 엄지나 검지 중지로 눌러 주면서 혈 주위로 마사지를 하여준다.

4) 입(혀) 운동

- 입을 천천히 크게 벌리는(연습)운동을 한다.(12회)
- 혀 내밀기 (12회)
- 혀를 좌우 돌려주기 (12회)
- 입을 다물고 혀를 구부려서 입천정에 댄다.(12회)
- 혀를 구부려서 아래쪽에 댄다. (12회)
- 입을 다물고 엄지외의 네 손가락을 오므려 아래 위 잇몸을 두들긴다.(12회)
- 아래 · 윗니를 서로 맞부딪는다.(12회)
- 이를 맞부딪치며 생기는 침을 삼킨다.

5) 머리 지압(마사지)

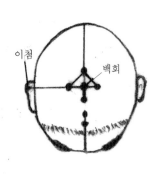

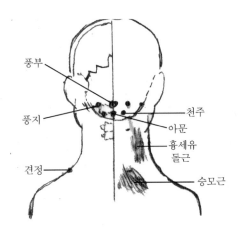

- 하늘로부터 천기를 받는 자리이며 어릴 때 머리를 보면 볼록볼록(꼴딱) 숨쉬는 곳이 백회다.
- 정수리 (百會穴) 누르기 (12회)
- 머리카락을 두 손으로 머리 빗는 것처럼 한다. (12회)
- 두손 끝으로 머리 정수리부터 전체를 손끝으로 두드려준다.(눌러주고 만져준다.)

※ 효과 : 스트레스, 근심, 걱정, 머리피부, 모발, 머리부분 혈액순환과 고혈압 등을 다스리는 효과를 얻을 수 있다.

6) 목 지압(마사지)

- 손바닥으로 목덜미를 잡고 번갈아 꾹꾹 눌러주면서 양손 엄지로 지압한다.
- 힘을 약간 뺀 후 꾹꾹 눌러주기도 하고 손바닥으로 양쪽 어깨를 가볍게 번갈아 두드린다.

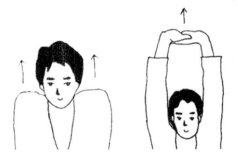

● 어깨를 한쪽씩 빙빙 돌려주며 위
  아래로 운동하기(12회)
— 앞에서 뒤로, 뒤에서 앞으로 반
  복한다.
— 두 손 깍지끼어 머리 위로 쭉 뻗
  어준다.

7) 귀 지압 마사지

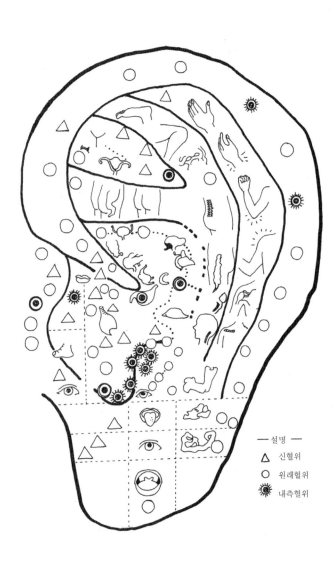

━ 설명 ━
△ 신혈위
○ 원래혈위
☀ 내측혈위

- 귀를 잡아당기기 전 두 손바닥으로 귀 전체를 덮고 지긋이 눌러주면서 풀어주고, 귀 뒷부분도 마찬가지로 눌러주기도 하고 골고루 만져주고 귀를 약간 비틀어 보기도 하고 잡아 당겨보기도 한다. (너무 강하게 잡아당기는 것은 좋지 않다.)
- 한방에서도 이침(耳鍼), 귀(耳), 손(手), 발(足)을 인체의 축소판으로 보고, 서로 상응하는 혈도에 따라 침을 놓고 치료하기도 한다.
- 아침, 낮, 저녁 수시로 귀, 손, 발을 만지고 잡아당기며 마사지 하면서 스스로 건강에 도움을 주며 신진대사를 활발하게 한다.
- 귀에 상처가 있거나 귓병이 있으면 먼저 병원에 가서 상담 후 의사의 지시에 따른다.
- 귀 윗부분은 위로 적당히 잡아당긴다.
- 귀 중앙쪽 가장자리는 앞, 뒤, 옆으로 적당히 잡아당긴다.
- 귀 밑 부분은 아래쪽으로 적당히 잡아당긴다.
- 귀주위의 요혈을 누른다. (청궁(聽宮), 청회(聽會), 귀 뒤 삼초혈(三焦穴)
- 엄지와 인지로 귀를 비비고 적당히 잡아당긴다.(12회)

◎귀의 상(相)

귀의 생긴 형태는 그 사람의 복(福)·재(財) 그리고 수명을 나타낸다.

① 귓불에 살이 없고 매마른 사람은 대체로 박정하며, 지금은 유족(裕足)할지라도 항상 마음에 여유가 없이 바쁘고 급한 사람이다.
② 석가나 공자와 같은 성인들의 귓불처럼 아래로 늘어진 귓불은 부귀와 존귀를 나타낸다. 귓불이 크고 두툼하면 재물과 덕이 있으나 태어나면서부터 귓불이 얇은 사람이라 하더라도 수행을 쌓아 도량과 인품을 닦으면 자신의 운명을 바꿀 수도 있는 것이 인간의 위대한 가능성임을 알아야 한다.

2. 손(手)지압 마사지

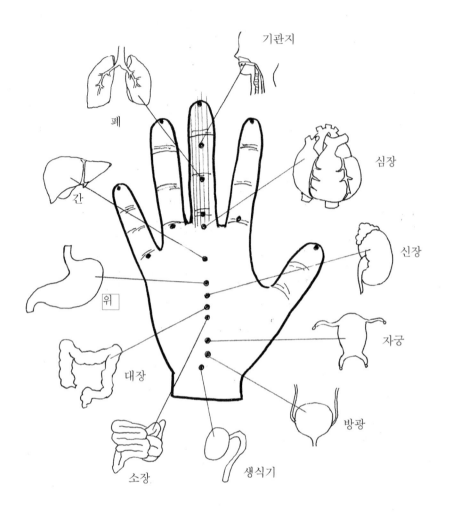

* 손 지압은 언제나 할 수 있는 간단한 건강관리법의 하나이다. 손을 폈다가 오므렸다가 손 운동을 하면서 손을 수시로 눌러 주거나 문질러 주면 온몸의 신진대사를 촉진시키게 되며, 엄지와 검지로 꾹꾹 눌러주거나 문지르듯이 마사지해주면 피로한 몸도 풀어주고 혈액 순환을 도와 질병을 예방하고 몸이 건강해진다.
* 추운 겨울철에 손발이 가장 먼저 시린 것은 심장에서 내뿜는 피가 가장 멀리 떨어져 있기 때문에 시린 손을 비벼주고 발을 문지르듯 주물러주면 온몸의 신진대사를 촉진시킬 수 있다.

1) 손지압 요령

- 손가락 문지르기.
- 손톱 꾹꾹 눌러 자극주기
- 손바닥 비비며 문지르며 꾹꾹 눌러주기
- 손등 문지르며 꾹꾹 눌러주기
- 박수치기
- 주먹을 쥐었다 펴기(36회)

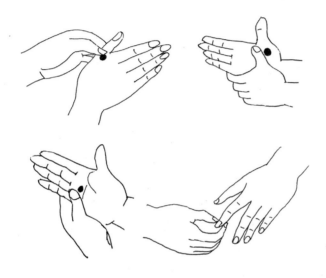

※ 겨울철에는 손과 발이 가장 먼저 시리다. 이때 손을 비비거나 마찰을 해주어 따뜻
　해지는 온기가 혈액순환에 도움을 준다.

　사람을 자세히 관찰하고 연구해 보면 우주가 사람 속에 다 들어와 있다 해도 과언이
아니다. 오대양 육대주 그러니까 사람을 소우주라고 한다. 사람은 우주를 축소한 것에
비유한 것이다. 손과 발 자체가 오장육부로 연결되어 있으므로 손과 발을 움직이는 것은
오장육부를 움직이는 축소판이다.
　사람의 머리카락은 산에 풀과 나무로 비유하고 살은 지각(흙)이라고 하고 힘줄과 핏
줄은 지천의 물(샘물)이라고 표현한다. 그 다음에는 뼈가 있다. 뼈 속에는 골수가 있고

뼈와 같은 암층 속에는 용암층이 있다.

사람의 한쪽 갈비뼈는 12개가 있다. 양쪽 모두 24개가 있다. 하루는 24시간(낮 12시간, 밤 12시간), 1년은 12달이고, 24절기가 있다.

1년은 365일이고 우리 몸의 온도는 36.5도, 혈은 365혈, 오장육부는 오대양 육대주에 비유된다. 사람의 몸 속에 70%는 물이고, 지구의 70%는 물(바다)이다. 이렇게 사람을 축소한 것이 우주이다. 우주를 축소한 것이 곧 사람이다. 그래서 사람을 소우주라고 표현한다.

하늘로부터 우주의 기를 늘 받아야 하는데, 이것은 백회에서 받는다. 백회는 천기(天氣)를 받는 자리이며 하늘의 기를 받는 자리이다.

2) 손목 관절 틀기(기혈)

* 자세 및 순서

(1) 다리를 펴고 앉아서 발을 나란히 세우고 발끝을 앞으로 바짝 당겨지게 한다(그림 1).

(2) (그림 1)과 같이 손을 잡아주되, 손목을 충분히 비틀어 준다.

3) 팔 마찰 (기혈)

* 자세 및 마찰

● 가부좌로 앉아서 먼저 왼팔을 마찰시킨다. 이때 손바닥을 이용해 아래 위로 뜨겁게 마찰해야 하며, 왼팔 · 오른팔 각각 12회 실시한다.

● 다음은 숨을 깊이 들이쉬고 내쉬면서 다섯 손가락 모두를 이용해 팔을 두루두루 지압한다. 양쪽 팔에 대해서 반복하여 실시한다.

4) 장(掌)법 힘주기

양발은 어깨넓이만큼 벌리고(기마자세) 무릎은 약간 굽혀준다. 몸의 중심은 단전에 두며, 양손은 부챗살 모양으로 쫙 펴서 허리띠에서부터 천천히 손을 앞으로 뻗어준다. 일어서는 자세에서 팔꿈치는 어깨 쪽으로 당겨준다.

● 장법 힘쓰기는 기(氣)의 흐름과 순환을 도우며 하루에 3회 이상하면 건강에 많은 도움을 주는 운동이다.
● 손을 앞으로 뻗어내면서 숨을 들이쉬고 (단전에 힘을 줌) 팔꿈치를 어깨쪽으로 당길 때 숨을 내쉰다.

● 장법 힘주기운동 (양쪽)
  손을 쫙 펴서 양손을 가슴에 모으고 양쪽으로 밀어내는
  운동 (5~10회)

● 장법 힘주기운동 (위)
  손을 쫙 펴서 양손을 가슴에 모으고 하늘 위로 쭉 밀어올
  리는 운동

● 장법 힘주기운동 (아래)
  손을 쫙 펴서 양손을 가슴에 모으고 땅아래로 밀어내리
  는 운동.

● 자세나 장소에 구분 없이 손을 쫙 펴서 힘을 주면서 오므렸다 폈다를 반복하
  는 운동(100번 3회)

※ 위의 장법 힘주기 운동은 조금 숙달되면 몸동작에 따라 직선, 대각선, 원형, 회전,
  아래위 팔방으로 응용하여 할 수 있는 운동법이다.

3. 발(足)지압 마사지

발바닥에는 용천(湧泉 · 요혈)이 있다. 땅(地)에서 올라오는 지기(地氣)는 용천을 통해 받는다. 천기(天氣)와 지기(地氣)를 한 바퀴 도는 것이 임맥과 동맥이 주고받고 잘 돌아야 하고 그러한 기(氣)가 사람의 몸에 원활하게 돌아갈 때 용기 있고 패기 있게 생활할 수 있다. 그렇게 되면 흔히 말하듯 기가 살아 팔팔해진다.

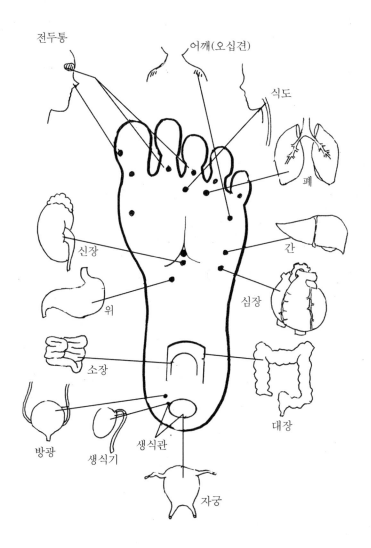

반면 '기가 죽었다. 힘이 없다. 기가 빠졌다'고 하는 것은 기의 순환이 되지 않는다는 뜻이다. 기가 순환이 되지 않으면 기가 막혀서 몸의 컨디션이 나빠진다. 나쁘면 감기나 질병이 온다. 기가 꽉 막히면 기막혀 죽는다.(기가 막히면 정말로 죽는다.) 그렇다고 '기가차서 죽겠네' 하고 말하는데 기가 너무 차버리면 안 된다. 그래서 기는 순환해야 한다.

사람은 항상 우주의 기를 받고 대자연과 호흡하면서 그런 의식을 하게 된다. 하늘의 천기는 머리(백회)로 들어오고, 지기는 발바닥(용천)으로 들어와 온몸을 순환한다. 이것이 바로 생명 현상이다. 지구상에서 하늘을 향해 서서(직립해 있는) 활동하는 존재는 사람밖에 없다.

동물은 모두 땅을 보고 살고 있다. 하늘과 땅을 연결하는 매개체(순환시킨다는 의미)이자 중심적 역할을 하는 인간의 가치는 그만큼 중요하다.

1) 발바닥 지압과 발(足) 운동

* 발바닥 지압
  - 발바닥을 마찰하거나 지압하면 발이 따뜻해짐으로 몸의 혈액순환을 돕고 뇌의 혈액 순환도 왕성하게 한다.
  - 뇌의 혈액순환이 활발해지면 그 만큼 많은 양의 산소가 뇌세포에 공급되게 되어 머리가 맑아지고 각 조직세포가 활성화돼 생명력이 넘치는 몸과 마음을 유지할 수 있게 된다.
  - 하루에 1만보씩 걷기를 하는 것은 이런 의미에서도 건강에 필수적이며, 식사 후에는 반드시 1백 보 이상 걷도록 해야 한다.

*발(足) 운동
  - 발바닥의 요혈(湧泉)을 누른다.
  - 발등의 요혈을 주무른다.(태백太白, 태충太衝, 충양衝陽 등)
  - 엄지발가락부터 관절운동을 실시한 다음 깊숙이 안쪽에서부터 만져 나온다. 만져서 나올 때는 지압하는 기분으로 비틀어 발목을 돌리고 발을 주무른다.

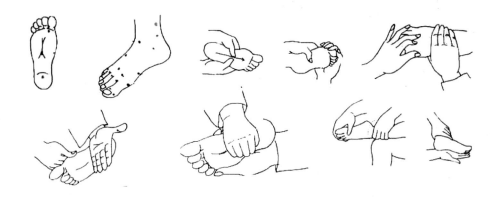

※ 효과 : 발바닥에 넓게 분포한 경혈들을 자극함으로써 신체의 각 기능을 강화시켜
　　　 준다.

2) 발끝운동

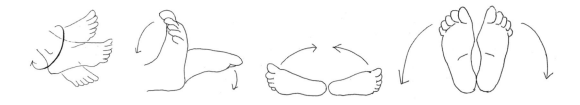

4. 생명의 존엄성과 불로장생의 꿈

　인류역사는 자연의 섭리에 따라 지금 이 순간에도 자신이 원하지 않아도 수많은 사람
들이 태어나고 죽어간다. 인간의 삶은 생로병사(生老病死)의 굴레를 벗어날 수가 없고,
때가 되면 육신은 늙고 정신은 혼미해져 서서히 떠나간다.

　하지만 생명이란 어떤 형태이든 그 존엄성과 가치는 우주와 바꿀 수 없다고 해도 과언
이 아니다. 인간의 생명은 가치로서 누려야 할 신성함과 고귀함을 지니고 있다.

　건강하게 살면서 늙지 않고, 죽지 않고, 아름다운 모습으로 신선(神仙)이 되어 살 수

있다면 얼마나 좋을까?

진시황은 죽지 않는다는 불로초(不老草)를 구하기 위해 동남동녀(童男童女) 3000명을 보냈지만 그들도 찾지 못했다. 오히려 진사황은 50대의 젊은 나이로 생을 마감하고 말았다. 진시황은 기원전 269년 장양왕자초의 아들로 태어나 왕위에 올랐다. 기원전 3세기 말 진은 동쪽의 조, 연, 위, 한, 제. 초, 여섯 나라를 모두 정복하고 중국을 통일하며 만리장성을 건설했고 부귀영화를 누리면서 신선이 되겠다는 신비로운 불로초의 꿈은 사라지고 진시황제는 수은 중독으로 50대에 사망한다.

하지만 현대인들은 불로초를 먹지 않고도 100세 이상 장수하게 되었으니 무덤속의 진시황제가 부러워할 일인 것만은 사실이다.

1) '불로장생의 상징' 신선(神仙)은 어떤 존재인가

오래 전부터 전설이나 신화 속에 등장하는 신선(神仙)은 신비한 상상 속의 특별한 존재로 보인다. 신선은 도(道)를 닦아서 현실의 인간 세계를 떠나 자연과 벗하며 산다는 상상 속의 사람으로, 세속적인 상식에 구애되지 않고 고통이나 질병도 없으며 죽지 않는다고 한다.

그래서 신선은 상당히 매력적인 존재로, 중국사상사 특히 도교사(道敎史)에서 가장 독특한 면모를 지닌 신이라고 할 수 있다. 신선을 불로불사(不老不死)하거나 하늘을 날아다니는 '초인(超人)'으로 보는 사고방식은 이미 전국 시대(戰國時代, B.C. 5세기~B.C. 3세기) 또는 전한(前漢) 초기(B.C. 1세기)에 성립돼 있었다. 당시 신선의 모습은 반인반수(半人半獸), 즉 동물과 인간이 기묘하게 결합된 형태로 사람들에게 비춰졌다. 신선에 대해 일반인들이 가지고 있는 보편적인 인식은 산둥(山東)반도 일대의 전설이었던 '동해의 이상향에 살고 있는 불사의 초인' 설이 점차 체계화된 것이었다. 진시황제나 한(漢) 무제가 제나라와 연나라 출신 방사(方士)들의 이야기를 듣고 불로불사의 약을 구하기 위해 혈안이 되었던 것도 대중에게 신선의 실체를 믿게 만드는 중요한 계기가 되었다. 원래 신선이 되기 위해서는 '태어날 때부터' 일정 자격을 가진 인간이 신선이 살고 있다는 산으로 들어가 제사를 드려야 했다. 최초에는 정해진 사람만이 신선이 될 수 있었던 것이다. 하지만 후한(後漢)시대에 도교가 성립되어 신선도 신앙의 대상이 됨으로써 이미지도 크게 변하였다. 말하자면, 신의 영역에서 조금씩 인간의 영역으로 다가왔던 것이다. 대부분의 경우 흰 수염이 난 노인의 모습으로, 구름을 타고 신령스러운 산에서 불사의 묘약을 구한다거나, 때로는 인간 세계에 나타나 영험을 보여주는 등 인간과 보다 친밀한 존재로 거듭났다고 하겠다. 여기에다 도교의 공식적인 교리로 '신선도(神仙道)'라는 것이 생기면서 일반 사람들에게도 수행을 통해 신선이 되는 길이 열리게 되었다. 즉, 누구나 수행의 과정을 거치면 신선이 될 수 있는 신선의 대중화가 시작되었던 것이다.(물론 교리상의 엄격한 절차와 규칙이 있지만 말이다.) 그리고 시대의 흐름과 함께 각종 양생술(養生術)이 광범위하게 보급되면서 신선은 신의 영역에서 점점 더 인간에게 가까운 존재로 끝없이 추락하기에 이르렀다. 앞에서 신선이 신앙의 대상이 되었다고는 했지만, 실제로 그런 신선들을 파악하기는 쉽지 않다. 왜냐하면 극히 예외적인 경우가 아니면 매일처럼 신선에게 예배를 드리는 관습은 좀처럼 찾아보기 힘들기 때문이다. 원래 신선이 가지고 있는 반신반인(半神半人)적인 매력은 서민의 바람이기도 했다. 세속적인 지위나 명예를 벗어던지고 죽음마저도 초월하는 신선의 풍모는 인간이라면 누구나 한 번쯤 꿈꾸는 멋진 모습이 아닐 수 없기 때문이다. 빈부의 차이도 없고, 신분의 차별도 없고……. 신선은 서민들과 함께 호흡하며, 그들의 꿈을 이루어 주는 영웅이다.

※ 동물의 건강(健康)과 수명(壽命)

학(鶴;Swan)은 천년을, 거북(龜; Turtle)이는 만년의 수명을 누린다 하여 장수(長壽)의 상징으로 인간보다 오래 사는 동물로 알려지고 있는 데(8, 9 백년(고래, 상어 130~400년 정도)), 거북이는 물 위에 떠올라 있다가 육지로 오르기도 하고 큰 운동 없이 자유롭게 평온한 생활을 보내고 있기 때문이다. 또 학(鶴)이 장수하는 비결은, 포식(飽食)을 하지 않고 위(胃)를 반만 채우고 먹은 것은 오랫동안 장(腸)에 머물러 있지 않게 하는 것이며, 이것은 자가중독(自家中毒)을 일으키지 않기 위한 것으로 사람에게 있어서도 필요한 것이다.

학은 정오(正午)가 되면 동무들과 즐겁게 유희(遊戱)를 한다. 지리산 부근 청학동이라는 마을에 전설이 있다는데 이곳에 살고 있는 청학(靑鶴)은 바로 천 살 된 학을 말한다.

청학은 따로 먹는 것이 없고 이슬만 먹고 살며 신선들과 함께 있으며 또 이천 살이 된 학은 현학(玄鶴)이라고 불려 학은 신령스런 존재로 새겨져 왔다.

인간의 수명은 100~120년을 보면 대부분 동물은 인간 수명보다 짧지만 예부터 장수한다는 십장생(十長生) 장생불사(長生不死) 열 가지(해 · 산 · 물 · 돌 · 구름 · 소나무 · 불로초 · 거북 · 학 · 사슴)를 보면서 인간도 너무 아웅다웅 하지 않고 자연을 통한 이치를 깨달아 욕심을 버리고 온유와 겸손, 배려, 화목, 감사하는 마음으로 날마다 수행(생령체)하는 자세로 살아가는 것이 장생의 비결이 아닐까.

2) 현대인의 꿈 '불로장생(不老長生)'은 실현될 수 있을까

진시황은 불로초가 있다는 삼신산(三神山)에서 신선을 보았다는 서복이란 사람의 말을 듣고 3000명의 불로초 원정단을 보내게 된다.

삼신산은 우리나라에서 금강산, 지리산, 한라산을 꼽는다. 중국의 삼신산은 발해만 동쪽에 있다는 봉래산, 방장산, 영주산이다. 이 산들은 신선이 살았으며 신선들이 먹고 살았다는 불로초의 전설이 전해 내려오고 있다.

하지만 서복은 끝내 진시황 앞에 나타나지 않았다. 진시황제나 한무제가 바라던 불로불사(不老不死)의 신선이 된다는 불로초가 없었기 때문이다. 평범한 일반인도 도교의 신선도 수행을 통해 신선이 될 수 있다는 믿음을 가지고 수행의 길을 가고 있으며 불로장생을 염원한다.

모든 것은 자연 속에 동화되는 성명정(性命情), 심기신(心氣身), 정기신(精氣神)은 통합적 생명관에 바탕을 둔 우주관을 품고 참다운 삶 속에서 나를 발견하고 선각(先覺)의 깨달음이 필요하다. 나 자신 속 내면의 깨달음과 인간적 선각의 자세가 필요하다.

신선의 약초는 곧 선이다. 사람의 몸속에는 스스로 치유할 수 있는 '자생력'이 있으며 외부로부터 쉴새없이 공격해 건강을 해치는 '적군'이 침범해 와도 스스로 건강을 회복할 수 있는 자연치유력과 조물주의 신성한 힘이 프로그램화 되어 있다는 사실을 알고 노력해야 한다. 인간의 생명이란 나약할 때는 한없이 허약할 때도 있지만, 질길 때는 무엇보다 질기고 강하다.

3) 스트레스는 만병의 근원, 맞을까? 틀릴까?

현대인의 질병 중에 가장 흔한 것이 바로 과중한 스트레스로 인한 질환이다. 많은 이들이 질병의 원인으로 스트레스를 가리킨다. 스트레스가 불러오는 병의 종류는 암부터 시작해서 사소한 감기와 발열에 이르기까지 다양하기 때문에 스트레스는 만병의 근원이라고도 불린다.

이 말은 반은 맞고 반은 틀리다. 웬만한 생활상의 스트레스로는 몸에 무리가 오거나, 신체 기능이 손상되는 일은 벌어지지 않기 때문이다. 그러나 이런 일상의 작은 스트레스가 지속적으로 계속 공급이 되면 문제가 생긴다. 스트레스가 해소되지 않고 쌓이는 것만 반복되면 그때에는 신체에도 문제가 생길 수 있다.

스트레스 분야의 세계적인 권위자인 한스 셀리는 스트레스에 대해 반응하는 몸의 양식을 가리켜 '일반적응증후군'이란 개념으로 설명했다. 이에 따르면 우리의 몸은 스트레스에 대해 몇 단계의 반응을 차례로 내보인다.

● 1단계 경고기

스트레스에 대해 우리 몸의 자원을 총동원해서 잘 방어하기 위해 노력하는 단계다. 예를 들어 캠프파이어를 하는데 큰 나무에 불이 잘 붙지 않을 때 석유를 부으면 확하고 불이 올라오듯이, 스트레스에 대해서 우리 몸 안의 내분비계, 스테로이드, 교감신경계가 적극적으로 활동하는 시기이다.

● 2단계 저항기

긴장되는 상황, 위험한 상황이 지속되면서 교감신경계가 활발히 활동을 하려고 힘을 쏟지만 전같이 몸이 민감하고 활달하게 반응하지 못한다. 지치기 시작한 것이다. 보통 우리가 "신경은 곤두서는데, 잠은 안 오고 집중은 도리어 잘 되지 않아요"라고 호소하는 것이 이 시기다. 소화장애나 불면증 등 건강에 적신호가 오기도 한다.

● 3단계 소진기

캠프파이어가 다 끝나고 새벽이 되어 추위를 느낀 사람이 다 타버리고 재만 남아있는 잔해에 석유를 붓는다. 전과 같이 다시 불이 붙기를 바라지만 도리어 먼지만 나고 그나마 남아있던 불씨까지 꺼져버린다. 이렇게 소진기가 되면 몸 안의 자원이 모두 동이 나서, 쉬어도 쉰 것 같지 않고 힘을 내려고 해도 도저히 몸의 긴장도가 올라가지 않는다. 말하자면 '다 타버려 재만 남은' 지친 상태가 되어버린 것이다. 건강에 문제가 생겨 여러 질병이 생길 수도 있는 단계가 여기다. 마지막 소진기가 오기 전에 충분한 휴식을 취하면서, 마치 캠프파이어의 불씨가 다 꺼져버리지 않도록 스트레스 반응능력을 잘 관리해야만 한다.

스트레스의 메커니즘을 잘 이해하고 관리한다면, 스트레스는 나에게 매우 소중하고 긍정적인 신호가 될 수 있다. 내 안의 스트레스를 잘 관리해준다면, 급작스러운 상황에도 유연하게 잘 대응할 수 있게 되어 도리어 강한 적응력을 갖게 하는 것이 바로 스트레스의 힘이다. 따라서 스트레스는 무조건적으로 피해야 할 만악(萬惡)이 아니라 효과적으로 관리하고 활용해야 할 도구이다. 잘 관리한다면 훨씬 좋을 수도 있는 것, 그것이 스트레스의 핵심이다

4) 오염된 환경 속에서 어떻게 하면 건강하게 살 수 있을까

산업화가 진행되면서 각종 유해물질이 함유된 화학재료와 건축자재, 길거리를 질주하는 자동차가 내뿜는 배기가스, 각 가정의 도시 가스 등에 의한 미세먼지가 주거공간에까지 침투해 숨이 막힐 정도로 심각하다.

우리가 잠시도 쉬지 않고 호흡하는 공기 속에는 마세먼지나 다이옥신같은 인체에 해로운 다양한 화학물질이 우리 몸속으로 들어오고 있으며 공기나 물, 토양 같은 생활환경은 오래 전부터 오염되기 시작했다. 끝없이 발생하는 각종 전자제품의 전자파 등 헤아릴 수 없는 많은 종류의 독성물질이 호흡기나 살갗을 통해 유입되고 있다.

사람은 자연에서 태어나 자연의 법칙에 따라 살다가 자연으로 돌아간다. 그런데 현대

인들은 자연의 법칙을 거스르며 살다가 이른바 현대병을 앓고 있다. 현대병은 풍요로운 물질문명의 반작용으로 나타난 결과이다. 우리 몸은 자연의 섭리에 따라 자체적으로 몸 속의 나쁜 독소를 정화시키고 배출하는 좋은 운동법이 필요하다. 평소에 꾸준히 스트레칭, 걷기(등산), 요가 등도 좋고 족욕, 반신욕, 체조(팔, 다리), 전신운동을 비롯해 피부마찰 혈마사지, 좋은 먹거리 등 평소에 꾸준한 운동과 천연식품 위주의 식생활 등을 실천하면 건강 장수에 큰 도움이 된다.

우주의 좋은 기(氣)를 늘 받아 호흡하면서 자연의 순리대로 살아간다면 이 보다 감사한 일이 어디 있겠는가.

우리의 일상생활 자체는 곧 기(氣)의 세계이다. 매일 변하는 날씨는 일기(日氣)요. 매일 매순간 숨 쉬며 호흡해야 살 수는 있는 공기(空氣), 인체의 컨디션을 나타내는 기분(氣分), 육신의 체력 상태를 나타내는 기력(氣力), 원기(元氣), 양기(養氣)와 음기(陰氣), 기운(氣運) 등이 인간의 생존을 지탱하고 있다.

하늘의 천기(天氣)는 머리(백회)로 오고 땅의 지기(地氣)는 발바닥(용천)으로 온다. 그것이 바로 생명의 기(氣)이다.

5. 스트레칭

스트레칭은 일상생활에서 운동 전·후에 자주 사용하는 근육감각을 유연하게 풀어주는 운동이다. 효봉삼무도는 이를 잘 인지(認知)하고 운동 상해(傷害)를 예방하면서 마음과 몸의 긴장을 풀어주고 우수한 운동 능력을 발휘 할 수 있도록 100세 시대를 위한 건강체조 형태로 체계화했다.

스트레칭은 몸을 곧게 쭉 펴서 근육이 늘어나는 느낌을 가지며 수행하는 운동이다. 부상방지와 체력단련 및 피로회복 등을 목적으로 하며, 이와 함께 신체의 균형을 유지하기 위해서도 필요한 운동이다. 또한 스트레칭의 주요 목적 가운데 하나는 관절이 움직일 수 있는 가동범위(ROM−rangeofmotion)를 넓혀 유연성을 향상시키는 것을 꼽을 수 있다.

스트레칭은 근육과 건(뼈와 근육을 연결하는 조직)에 탄력을 주고, 관절의 가동범위를 넓혀 유연성을 높여준다. 근육을 유연하게 유지시키고, 활성화 되지 않은 인체를 활성화시켜 본운동이 가능한 상태로 무리 없이 전환시키는 데 도움을 준다. 비단 운동과 관련된 상황이 아니더라도 하루 종일 책상에 앉아 있거나, 집안일을 하거나, 자동차 운전 등의 일상생활에서 긴장된 근육을 풀어주기 위해 필요한 활동이다. 운동의 목적이 인체 기능 향상에 있다면, 이는 규칙적이고 지속적으로 이루어져야 한다. 따라서 유연성 향상을 비롯한 다양한 목적을 갖고 하는 스트레칭도 운동의 강도(强度)가 점진적으로 높아지도록 구성하는 것이 필요하다. 많은 사람들이 스트레칭을 준비운동이나 정리운동 정도로 간주하는 경향이 있지만, 유연성 향상이나 근육의 경직 해소를 위해서는 1주일에 4~5일 정도는 꾸준히 실행해야 한다.

보통 준비운동으로 스트레칭을 해야 한다. 여기서 운동이라 함은 땀이 약간 배어나올 정도로 체온이 상승되는 운동을 말한다. 가벼운 걷기나 제자리 뛰기 등을 통해 체온을 높인 뒤에도 스트레칭을 해야 운동효과를 높일 수 있으며, 갑작스러운 근육의 긴장에 의한 부상도 예방할 수 있다.

1) 스트레칭의 효과와 주의사항

유연성이 늘어나면 비효율적이고 부자연스러운 인체 움직임을 줄여서 자연스러운 인체 활동을 가능케 한다. 근육이 뻣뻣해지거나 근육통을 겪어보지 않은 사람은 없을 것이다. 이런 불편함에서 벗어나고 근육 손상을 입지 않도록 하는 것이 바로 스트레칭이다. 스트레칭은 운동과 일상생활에서 근골격계 손상을 예방하고, 운동 수행능력을 증가시키는 효과를 발휘한다.

동작 중에 호흡을 자연스럽게 하며 정확한 자세로 10~15초 정도 머물며 무리하게 스트레칭을 하거나 반동을 이용한 동작을 잘못하면 근육과 신체에 큰 부담을 주며 오히려 근육의 이완을 방해하고 상해의 원인이 될 수 있어 각별히 주의해야 한다. 몸을 숙이는 동작을 할 때에는 숨을 내쉬고 설 때는 들이쉰다. 스트레칭 동작은 강도에 따라 숨을 자연스럽게 하면 된다. 근육의 긴장을 완화시켜 육체를 부드럽고 편안하게 만들어 준다.

숨을 들이 쉴 때는 코로 단전까지 마시며, 내쉴 때는 입으로 토해 낸다. 숨은 천천히 들이 마시면서 단전에 힘을 주고 숨을 멈춘다. 숨을 멈추고 힘을 주는 운동은 혈액순환을 원활하게 한다. 하지만 고혈압, 저혈압, 심장질환이 있는 사람은 갑자기 단전에 힘을 너무 강하게 하는 것은 삼가야 하며 주의가 요구된다.

평상시에 운동이 부족한 사람은 자기 몸의 상태에 따라 호흡조절을 해야 한다. 가슴을 쭉 펴고 숨을 크게 들어 쉬는 것을 수시로 하여 3회, 4회 정도 숨을 쉬는 연습을 하면 심폐활동에 도움을 준다. 아래 사항들을 참고하면 도움이 될 것이다.

* 인체 활동이 보다 자유롭고 편해짐에 따라 신체 여러 부위의 동작을 동시에 수행하는 것도 자연스러워진다.
* 관절의 가동범위를 넓혀 운동 수행능력을 향상시켜준다.
* 근육과 관절의 부상을 예방하는 효과가 있다.
* 본활동(운동)에 대비해 몸을 활성화시킴으로써 좀 더 쉽게 움직일 수 있게 해준다.
* 신체 지각력을 발달시킨다.
* 혈액순환을 촉진시킨다.

2) 일반적 주의사항

스트레칭은 연령이나 유연성에 관계없이 누구든지 배울 수 있으며, 특수한 운동 기술이나 높은 체력을 요구하지도 않는다. 그러나 많은 사람들이 운동을 통한 체력 향상이나 개선을 위해서는 고통이나 통증이 수반되는 것으로 오해하고 있다.

스트레칭도 경우에 따라선 통증을 참아가며 근육을 과도하게 늘려 운동하기도 한다. 하지만 스트레칭이 정확히 시행되면 고통스러운 운동이 아니다. 이를 위해서는 주의해야 할 것들이 있다. 만일 최근에 신체적 결함이 생겼거나, 수술을 받았거나, 몸이 병약한 사람은 의사의 자문을 구한 후 운동을 하는 것이 좋다. 일반적으로 스트레칭 중 지켜야 할 사항들은 다음과 같다.

① 긴장을 푼다.

가볍게 뛰어서 몸을 따뜻하게 한 다음 스트레칭을 한다. 스트레칭은 관절의 결합 조직에 직접적으로 스트레스를 주고, 근육을 최대한 늘어나게 만드는 운동이기 때문에 근육이 충분히 풀어지지 않은 상태에서 갑자기 자극을 가하면 무리가 되고 관절에 손상을 입을 수 있다.

② 반동을 쓰지 말고 천천히 움직인다.

동적인 스트레칭이라는 방법이 있긴 하지만, 일반적인 스트레칭은 반동을 사용하지 않는다. 반동을 주면 근육이 심하게 경직될 수 있고, 관절의 인대를 손상시킬 위험성이 높아지기 때문에 특별한 목적이 없는 한, 반동은 피하는 것이 좋다.

③ 호흡을 유지한다.

호흡은 모든 운동에 걸쳐서 강조된다. 스트레칭 동작을 천천히 수행하고, 근육이 최대로 늘어난 순간에 숨을 내쉬면서 근육의 긴장을 풀어주고 이완되도록 한다.

④ 적당한 자극을 유지한다.

유연성의 향상을 위해서는 자신의 현재 수준 이상으로 스트레칭을 해야 하지만 약간의 불편한 느낌을 주는 정도는 문제되지 않으나 고통스러울 정도가 되어서는 안 된다.

⑤ 옆 사람과 경쟁하지 않는다.

운동 시 타인과의 비교나 경쟁이 때로는 긍정적인 효과를 주기도 한다. 그러나 운동수행 능력이 상이한 타인과 비교하게 되면 무리한 자세나 태도를 유발하기 때문에 자신의 페이스에 맞추어 스트레칭을 하는 것이 좋다.

⑥ 매일 그리고 될 수 있으면 자주 한다.

스트레칭은 다른 운동과 마찬가지로 매일 실시하는 것이 이상적이다. 그렇지 못할 경우 최소 1주에 4~5일 정도 수행하는 것이 좋으며, 시간이 날 때면 언제, 어디서나 실시하도록 한다.

⑦ 전체적으로 스트레칭을 한다.

자신에게 필요한 부위의 스트레칭에 집중할 수 있지만, 유연성의 전체적인 조화가 중요하기 때문에 몸의 각 부위별로 고르게 스트레칭 하는 것이 좋다.

⑧ 쉬운 동작부터 시작한다.

스트레칭 운동도 점진적 향상이 가능하도록 프로그램에 따라 근육에 부담이 되지 않는 쉬운 동작부터 자신에게 맞는 스트레칭을 하는 것이 좋다.

⑨ 스트레칭의 후유증은 하루를 넘기지 않아야 한다.

스트레칭을 한 후 며칠을 고생할 정도였다면 무리했다고 볼 수 있다. 적절한 동작이었는지, 무리한 가동범위를 쓰지 않았는지 점검해 보아야 한다.

⑩각 스트레칭마다 조용히 초를 센다.

동작마다 초를 세는 것은 적당한 긴장을 충분히 오랫동안 유지하도록 도와준다.

3) 신체부위별 운동 주의사항

관절의 유연성이 좋으면 운동 중 각종 상해의 위험성 및 근골격계 질환의 발생 가능성이 줄어든다. 그러나 유연성이 지나치게 높은 경우에도 관절의 안정성은 낮아진다. 이 때문에 관절의 운동 범위가 지나치게 높은 경우 보상적인 운동인 근력운동과 반대 방향으로의 스트레칭도 함께 해주어야 한다. 또한 관절이 정상적인 범위 이상으로 움직일 정도로 스트레칭을 하지 않도록 한다. 스트레칭을 적용하는 부위의 해부학적 특징에 따라 신체의 각 부위별로 다음 사항에 유의해야 한다.

① 몸통

상체를 스트레칭 할 때 상체의 통증은 물론, 하지가 저리거나 자신의 신체가 아닌 것 같은 느낌 등이 드는 감각 변화가 생기면 그 이상 스트레칭 하지 않도록 한다.

② 팔

어깨의 근육들을 스트레칭 할 때 어깨와 견갑골(肩胛骨)이 들려 있다거나 해서 안정돼 있지 않으면 스트레칭 힘이 견갑근육으로 분산되어 의도하는 부위의 스트레칭이 되지 않을 수 있다. 또한 팔꿈치의 스트레칭은 왼쪽과 오른쪽 모두 번갈아 실시해야 한다.

③ 하지

고관절의 근육들은 골반과 요추부에 붙어 있기 때문에 고관절 주위 근육을 스트레칭 할 때 골반을 고정하지 않으면 원하지 않는 부위에 불필요한 운동이 일어날 수 있다.

〈서서 스트레칭 A〉

1. 양손잡고
위로 뻗어주기

2. 양손잡고 옆으로
기울어주기(좌 · 우)

3. 양손 엄지손가락
으로 뒤로 젖혀주기

4. 한 손으로 천천히
머리 당겨주기(좌 · 우)

5. 양손을 뒤로 머리
잡고 고개 숙이기

6. 한 팔 펴고 반대 팔
로 당겨주기(좌 · 우)

7. 한 팔로 구부린
팔 눌러주기(좌 · 우)

8. 양손 허리 잡고 허리
돌려주기(좌 · 우)

9. 한손 뒤로 발등 잡
고 당겨주기(좌 · 우)

10. 한쪽 다리만 구부리
고 상체 숙이기(좌 · 우)

11. 양 무릎 펴고
상체 숙이기

12. 양손 내리고
좌 · 우로 틀어주기

13. 양손 벌리고
좌 · 우로 틀어주기

14. 양손 무릎 잡고 어깨
비틀어주기(좌 · 우)

15. 양손 뒤로 잡고
좌 · 우로 틀어주기

16. 양손 뒤로 잡고
젖혀주기

⟨서서 스트레칭 AB⟩

17. 양손 뒤로 잡고 허리 굽혀
팔 위로 올려주기

18. 양손 위로 잡고 좌, 우로 틀어주기

19. 양손 뒤로 잡고
가슴 펴기(좌, 우)

20. ㄱ 자세로 양팔 펴주기

21. 위로 두손 잡고
황새자세(좌, 우)

22. ㄴ 자세로 두손 잡고
위로 뻗어주기(좌, 우)

23. ㄴ 자세로 양팔
펴주기(좌, 우)

24. ㄴ 자세로 팔을 들어
옆으로 숙이기(좌, 우)

25. 양손 잡고 옆으로
숙이기(좌, 우)

26. 한다리로 서고
한손으로 발잡아 주기
(좌,우 고난도)

27. T 자세로 팔과 다리
수평으로 뻗어주기(좌, 우)

28. T 자세로 발목
잡아당겨주기(좌, 우)

29. ∧ 자세로 양팔 펴고
제비자세(좌, 우)

〈앉아서 하는 스트레칭 1〉

30. L 준비 자세

31. 한쪽 무릎 구부리고
발끝 잡아주기(좌, 우)

32. 양쪽 발끝 잡고
상체 숙이기(좌, 우)

33. 한쪽 다리 펴고
무릎 펴올려잡기(좌, 우)

34. 반복 돌려꾸기(좌, 우)

35. 발 모아 앞으로 숙이기

36. 한쪽 발 뻗고
상체 숙이기(좌, 우)

37. 양다리 뻗고
상체 숙이기

38. 양손 발 잡고
목 뒤로 젖혀주기

39. 양손 발 잡고
앞으로 숙이기

40. 구부린 다리 잡고
가슴 뒤로 틀어주기(좌, 우)

41. 한쪽 다리 펴고
구부린 다리 고정 후
가슴 뒤로 틀어주기

42. 가부좌 준비 자세에서
앞으로 숙이기

43. 팔 위로 뻗어주기
(좌, 우)

44. 양손 잡고 위로
뻗어주기

〈앉아서 하는 스트레칭 2〉

45. 구부린 발고 무릎 잡고
가슴 쪽으로 당겨주기(좌, 우)

46. 구부린 발목 잡고
목 뒤로 젖혀주기(좌, 우)

47. 손등 바닥 대고
목 뒤로 젖혀주기

48. 손 끝은 안 쪽으로
향하고 팔 펴주기

49. 양손 발목 다리 잡고
뒤로 틀어주기(좌, 우)

50. 한 손은 뒤로
한 손은 무릎 잡고 뒤로
틀어주기(좌, 우)

51. 양손 뒤로 하고
다리 틀어주기(좌, 우)

〈무릎 꿇고 스트레칭 1〉

52. 무릎 꿇고 L 자세로 뒤로 발목잡기

53. (좌, 우) 고정자세

54. 손끝은 무릎 향하고
팔 펴주기

55. 무릎 꿇고 등 움추려주기

56. 무릎 꿇고 팔 뻗고
상체 숙이기

57. 무릎 꿇어세우고
엉덩이 올려 상체숙이기

58. 양손 짚고 한쪽 다리
뻗어올리기(좌, 우)

59. 한 팔 짚고 팔과 다리
뻗어주기(좌, 우)

〈무릎 꿇고 스트레칭 2〉

60. 양팔 짚고 좌, 우로
어깨 눌러주기

61. 양손 발목 잡고
골반 고정하기

62. 허리 세우고
뒤로 발목 잡기

63. 양손 뒤로
바닥 대고 가슴 밀기

63. 한손 짚고 한손
위로 올려펴주기

〈누워서 하는 스트레칭 1〉

64. 기지개(발끝 아래로)　　65. 기지개(발끝 위로)　　66. 흔들어주기(좌, 우)

67. 허벅지 잡고
당겨주기(좌, 우)

68. 양손 허벅지 잡고
당겨주기(좌, 우)

69. 무릎세우고
틀어주기(좌, 우)

70. 허리 들어주기

72. 양손 무릎 잡고
당겨주기(좌, 우)

71. 한쪽 무릎 잡고
당겨주기(좌, 우)

73. 수평으로 뻗어주고
무릎 삼각형

74. 위로 다리 올리고 기울기(좌, 우)　　75-1. 다리 잡고 올려주기(좌, 우)

75-2. (좌, 우)

76-1. 왼손은 오른발 잡아주기(좌, 우)

76-2. (좌, 우)

〈누워서 하는 스트레칭 2〉

77. 다리 들어주기

78. 다리 들기 직각

79. 다리 들고 팔 펴면서
반달모양

80. 양팔은 등 뒤로 뻗어주고
다리는 머리위로

81. 양손은 바닥 짚고
다리는 머리위로

82. 팔과 다리는 같은 방향
(새우자세)

83. 양손 짚고 허리 돌려주기

84. 양손은 뒤로 짚고
발끝 위로 당겨주기

85. 양손은 뒤로 짚고
발끝 아래로 밀어주기

86. 양팔펴고 X자로
교차하기(좌, 우)

87. 아래 위로 상체들기

88. 누워서 자전거 타기
(발차기 좌우)

89. 허리 눌러주기(좌, 우)

〈엎드려서 스트레칭 1〉

90. 팔구부려 짚고
    다리 들어주기

91. 팔굽혀주기

92. 양팔 짚고 허리
    위로 젖혀주기

93. 양팔 목 뒤로 잡고
    다리 들어주기

94. 다리 들고 양손
    뻗어주기

95. 다리 들고 양손
    뒤로 가슴 들어주기

96. 양손 뒤로
    잡고 가슴 들기

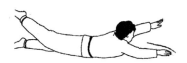

97. 다리, 팔 뻗어
    들어주기(좌·우)

98. 양손 다리 잡고 다리
    가슴 펴주기(좌·우)

99. 양손 짚고 뒤로
    다리 구부리기

100. 뒤로 양손 발목, 발등 잡아 당겨주기

101. 양손 단전에 대고
     다리 올려주기

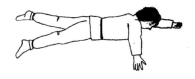

102. ㄱ자로 가슴
     들어 펴주기

〈엎드려서 스트레칭 2〉

103. 양팔짚고 발끝올려 내려주기

104. 양손짚고 다리뻗어 올려주기(좌,우)

105. 엎드려 다리올려주기(좌,우)

〈다리 벌리고 하는 스트레칭(고난도)〉

106.
다리 벌리고
양손 위로 뻗어주기

107.
수평으로 양손
발끝 잡아주기

108. 양손 모으고 뻗으며 앞으로 숙여주기

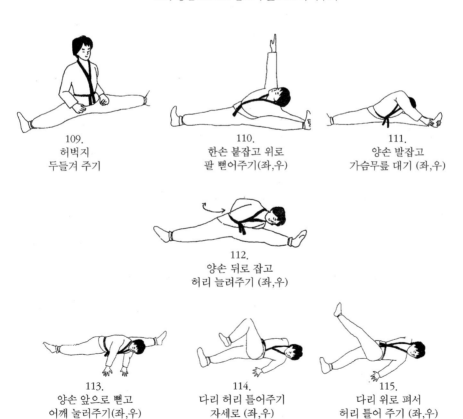

109.
허벅지
두들겨 주기

110.
한손 붙잡고 위로
팔 뻗어주기(좌,우)

111.
양손 발잡고
가슴무릎 대기 (좌,우)

112.
양손 뒤로 잡고
허리 늘려주기 (좌,우)

113.
양손 앞으로 뻗고
어깨 눌러주기(좌,우)

114.
다리 허리 틀어주기
자세로 (좌,우)

115.
다리 위로 펴서
허리 틀어 주기 (좌,우)

〈비틀기 자세 1〉

116. 손 등 뒤로 짚
고 머리 젖혀주기

117. 손모아 교차
틀어주기

118. 뒤로 손 교차
잡아주기

119. 양손 뒤로 바닥 짚고
발로 무릎 밀어주기(좌·우)

120. 한손으로 발 고정
후 팔 위로 뻗어주기

121. 한 손바닥 짚고 발
목 잡아당기기(좌·우)

123. 누운 가부좌
위로 팔 뻗어주기

124. 무릎 꿇고
뒤로 양팔 펴주기

125. 한쪽 다리 펴고 양손
발끝 잡아주기(좌·우)

126. 앞발 모으고
양팔 뻗어 숙이기

127. 양 팔로 무릎 잡고
앞뒤 흔들어주기

128. 양 팔로 발끝 잡고
앞뒤 흔들어주기

129. 무릎 꿇고 뒤로
발목 잡아주기

130. 누운 가부좌
뒤로 젖혀주기

〈비틀기 자세 2〉

131. 뒤로 팔 짚어주기

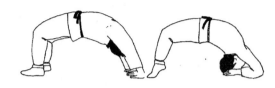

132. 뒤로 팔 짚고
올려주기(반달자세)

133. 뒤로 팔 구부리고
반달자세

134. 한 손 발 잡고 허리
늘려주기(좌 · 우)

135. 한 발 구부리고 양손
편 발 잡아주기(고난도)

136. 양팔 펴고 양손 편
발 잡아주기(고난도)

137. 뒤로 발끝 잡아주기

138. 뒤로 손바닥 모으기

139. 다이아몬드 자세로
양손 모으기

〈마무리 자세〉

140. 양손 허리 받치고
다리 세우기

141. 털어주기

142~143. 발끝 잡아주기

144. 양손 바닥 대고
물구나무서기

145. 편한 자세

6. 웨이트트레이닝(Weight Training)

근육 발달을 통해 강한 체력을 기르기 위한 저항 훈련이다. 자기 체중을 이용해서 하는 운동을 비롯해 익스팬더, 아령, 바벨 또는 모래주머니처럼 간단하게 만들 수 있는 중량물 등 스프링이나 중량으로 저항 부하(負荷)를 걸어서 하는 훈련 방법을 가리킨다.

이 방법은 미국 및 유럽에서는 오래 전부터 보디빌딩이나 역도 경기 방면에서 알려져 왔다. 최근에는 육상경기, 수영, 미식축구 등 기초체력을 중요시하는 각종 스포츠의 경기성적에까지 영향을 주는 것으로 판명되어 운동선수들의 근력, 지구력 강화를 위한 훈련 프로그램에 쓰인다. 또한 일반인의 체력 단련이나 건강 유지를 위한 운동 및 신체장애인의 재활운동에 이 트레이닝의 원리가 활용된다.

근수축의 형태에 따라 동적 웨이트트레이닝, 정적 웨이트트레이닝, 등속성 웨이트트레이닝으로 구분된다. 동적 웨이트트레이닝은 구심성과 원심성 수축형태를 동시에 포함하고 있는 방법으로 다양한 무게의 바벨을 들어 올리거나 유니버설 짐, 노틸러스 등으로 근육에 부하를 가하는 대표적인 웨이트트레이닝으로, 1940년대에 더로르메(DeLorme)와 와트킨스(Watkins)에 의해 체계가 확립되어 재활 프로그램에 쓰이기 시작했다.

웨이트트레이닝은 연습자의 근력 증강에 따라 저항부하의 강도도 계속 높여 간다는 점진적 과부하의 원칙에 따르는 것이 기본으로 되어 있다. 한 번에 너무 많이 증가시키거나 너무 자주 증가시키면 근골격계에 운동 상해를 가져오기 쉬우므로, 부하량을 적절히 증가시켜 근력이나 근지구력이 지속적으로 향상되도록 한다.

운동 순서는 큰 근육군에서 작은 근육군의 순서로 한다. 이유는 작은 근육군이 큰 근육군보다 더 빠르고 쉽게 피로해지기 때문이다. 또한, 같은 근육군의 운동이 연속적으로 배열되지 않도록 하여 피로를 덜 느끼게 한다.

웨이트트레이닝이나 육체미단련 보디빌딩 등은 전문 트레이너에게 지도를 받는 것이 좋다.

〈앞모습 근육〉

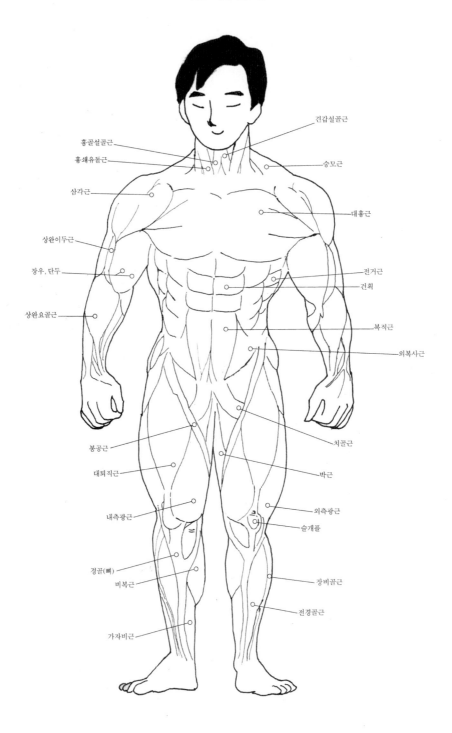

흉골설골근
흉쇄유돌근
삼각근
상완이두근
장우, 단두
상완요골근
봉공근
대퇴직근
내측광근
경골(뼈)
비복근
가자비근

건갑설골근
승모근
대흉근
전거근
건획
복직근
외복사근
치골근
박근
외측광근
슬개골
장비골근
전경골근

〈뒷모습 근육〉

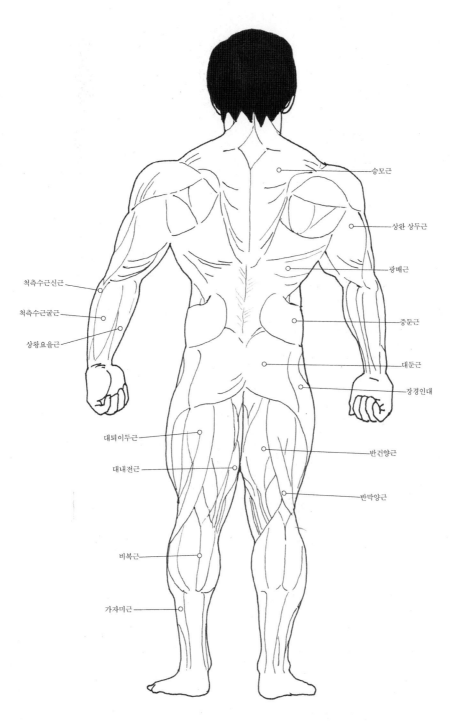

승모근

상완 상두근

광배근

중둔근

대둔근

장경인대

척측수근신근

척측수근굴근

상왕요을근

대퇴이두근

대내전근

비복근

가자미근

반건양근

반막양근

〈등산이나 운동 전에 몸 풀어주기〉

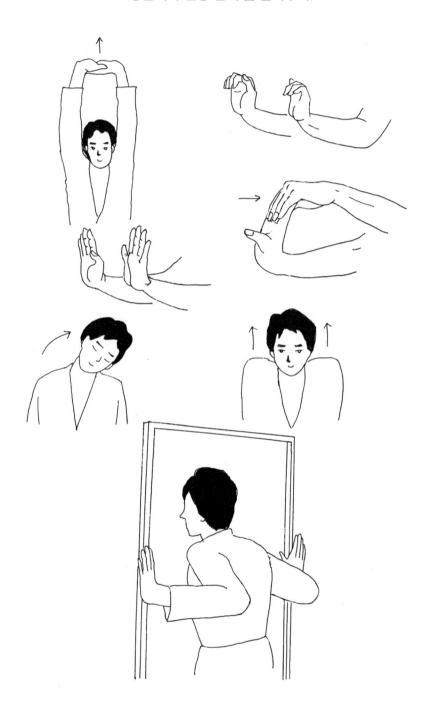

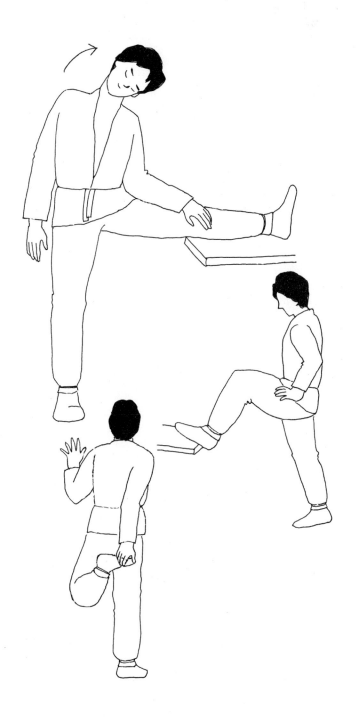

〈등산스틱, 지팡이, 수건을 이용한 스트레칭〉

7. 무리한 운동은 몸에 독이 될 수 있다.

신체가 노화되기 전에는 어느 정도 무리한 운동을 하더라도 큰 지장이 없을 수 있으나, 3,40대 이후에는 근육 감소 현상을 유의해야 하며 한번 감소한 근육은 회복하기가 매우 어렵다. 고로 건강과 젊음을 유지하기 위해서는 운동이 필요하지만, 무리한 운동은 되려 몸에 독이 될 수 있음을 인지하여야 한다. 특히 5,60대 이후 영양(닥백질) 보충 없이 무리하게 근력운동을 하거나 자신의 몸상태 혹은 체질에 적합지 않게 지나친 운동으로 근육을 과도하게 사용했을 때 근육 세포가 손상되면서 신체변형과 만성통성 기능장애를 발생시킬 수 있다. 무리한 운동에 지방 대신 근육이 녹아버리기 때문이다.

운동 전후 워밍업과 스트레칭은 필수
워밍없과 스트레칭은 근육, 신경, 관절 등을 적절히 이완시켜 운동효과를 높이고 부상을 방지케 하며 운동의 도입과 종료를 알려주는 역할을 한다. 제자리 걸음이나 체조, 가벼운 조깅 등은 몸과 정신의 긴장을 풀어주고 심폐기능을 돕는 효과가 있다.
운동량을 무리하게 늘리는 것은 그것이 어떤 운동이든 몸에 부담을 주므로, 각자의 기준과 운동처방 내용에 따라서 근육이 향상됨에 따라 단계적으로 운동의 강도 역시 조금씩 높여나가는 것이 좋다.

8. 꾸준한 운동

운동을 통해 면역력이 향상되면 작은 질병은 큰 무리 없이 지나간다. 운동은 자율신경 중 부교감 신경을 자극하여 면역력과 림프 순환을 개선하는 역할을 하므로, 나이가 들수록 꾸준하게 스트레칭과 근력 운동을 유지하는 것이 필수적이다. 단, 무리한 운동은 피를 산성화 시켜서 노화를 촉진시키므로, 무리하지 않는 강도로 꾸준히 운동을 유지하는 것이 중요하다. 30~40분 가량 걸으며 햇빛을 쬔다던가 아파트 계단을 오르는 것은 꾸준히 하기 좋은 운동의 예시이다. 등산, 조깅, 테니스, 달리기, 자전거 등의 운동 역시 무리하게 실행할 경우 발목, 무릎, 손목 등 관절을 손상시킬 수 있기 때문에 나이, 성별, 건강 수준에 따라 조절하는 것이 필요하다. 특히 단체 혹은 그룹으로 음악에 맞춰 빠른 템포로 진행하는 운동을 따라하다보면 자신의 신체능력을 벗어날 수 있기에 주의가 필요하다.

격한 운동 도중 혹은 직후에 겪게되는 신체의 통증 즉 '데드포인트'를 보다 효과적으로 극복하기 위한 준비가 필요하다. 탄력이나 반동을 사용하지 않고 근육과 신경 세포를 가볍게 당겨서 늘려주며 미약한 통증이 느껴질 정도로 천천히 스트레칭 하여 그 상태로 10~20초 가량 유지하는 과정이 효과적이다.

이외에도 근육손상과 부상을 줄이기 위해 종목 밀 장소와 기호 조건에 따라 보호장비를 착용하는 것이 필요하다.

9. 운동 전후의 규칙적인 생활과 식습관

외출 후 복귀 시 손, 발, 얼굴을 씻고 입안을 헹군다.

휴식을 요하는 시점에 충분한 휴식을 취하여 피로를 해결한다.

날씨가 추울 경우 몸을 따뜻하게 할 필요가 있다.

식사를 끝내고 1~2시간 이후에 운동을 시작한다.

운동 전에는 식사를 단백질 위주로 하는 것이 효과적이며, 잡곡밥, 주스 1잔, 토스트 1개, 바나나 1개, 과일, 요구르트, 닭가슴살 50g 가량의 식단이 좋은 예시이다. 감자, 고구마, 달걀, 돼지고기, 소고기(지방 없이), 오리고기, 연러, 등푸른 생선, 조개류, 굴, 기타 생선, 우류, 치즈, 검은콩 두유, 두부, 호두, 땅콩, 견과류 등 기타 음식도 골고루 섭취한다.

운동 후에는 탄수화물과 약간의 당분을 섭취한다. 꿀물 1잔(혹은 요구르트) 또는 저지방 우유, 두유, 치즈 등을 섭취하는 것이 피로 회복에 효과적이다. 고구마 반개, 감자 1개, 식빵 반 개 정도의 음식물도 도움이 된다.

체중감량이 목적인 운동 혹은 육체미를 위한 근육발달 운동 시 별도의 자문을 받아 식사관리를 하는 것이 권정된다.

특히 근육을 키우고자 하는 운동의 경우 소모된 에너지를 적절한 단백질 공급으로 회복하는 것이 필수적이다. 또한 색상이 풍부한 채소를 섭취하며 식사 시간을 30분 이상 할애해 천천히 씹어서 섭취하고 과식을 피하는 것이 중요하다.

인스턴트 음식이나 맵고 짠 자극성 음식물은 조금 적게 섭취하는 것이 필요하다.

10. 운동도 과학이다

시대의 발전에 따라 운동도 발전하고 있다. 무술도 시대적 발전에 따라 스포츠화 하며 신체조건에 따라 맞춤형 운동이나 무술로 다양하게 호신을 겸비한 건강위주의 효과적인 운동을 해야한다. 운동은 여러 가지 종류가 있지만 유산소 운동과 무산소 운동으로 크게 나누고 있다.

1) 유산소 운동

체내에 최대한 많은 산소를 공급시킴으로써 폐와 심장의 기능을 극대화시키는 운동이다. 반복적인 호흡을 지속하면서 20~60분 이상 지속적으로 실시할 때 운동효과가 발생한다. 심폐지구력과 밀접한 연관이 있으며, 지방을 줄이고 비만을 해소하는 효과가 있는 운동 방법이다. 유산소 운동으로는 달리기, 자전거, 수영, 에어로빅댄스, 스키, 등산, 마라톤, 크로스컨트리 등이 있으며, 실내 체력단련장에서 런닝머신, 스텝머신, 실내 자전거 등을 이용하여 실시하는 것도 유산소 운동으로 분류된다.

2) 무산소 운동

산소 공급을 충분하지 않거나 부족한 상태에서의 운동을 의미하며, 숨이 차며 운동 지속이 짧은 단시간 운동이다. 단거리 달릭, 역도, 웨이트 트레이닝 등이 대표적이다.

웨이트 트레이닝은 근력 향상을 목적으로 하는 운동으로서 저항성 운동이라고도 한다. 저항성 운동은 무산소 운동의 대표적인 운동이며, 근육에 부하 또는 저항을 주기에 붙여진 명칭이다. 무산소 운동은 등장성 운동, 등척성 운동, 등속성 운동으로 재분류된다.

등장성 운동은 근력이 발휘될 때 근육의 길이가 길어지거나 짧아지는 운동이고, 등척성 운동은 근력이 발휘될 대 근육의 길이가 변하지 않는 운동으로서 정적인 상태에서 최대한의 근수축을 실행하는 운동이다. 등속성 운동은 전체 운동과정에 걸쳐 근육의 힘이 최대가 되고, 운동속도가 일정하게 발생한다.

저항성 운동은 운동 방법에 따라 바벨, 덤벨 및 기구를 이용한 운동, 체중을 이용한 운동, 밴드, 짐 볼 등의 보조기구를 이용한 운동으로 구분하기도 한다.

3) 고령자의 운동시간

고령자의 경우 가벼운 등산, 맨손 체조, 스트레칭, 요가, 느린 속도의 수영과 가벼운 계단 오르내리기 등 강도가 낮은 유산소 운동이나 걷기 등으로 신체활동 수준을 높이는 것이 좋다.

가벼운 운동으로 할 대는 30~50분, 조금 강한 운동으로 할 때는 20~30분, 건강한 고량자는 운동시간을 1시간 정도로 지속하는 것이 좋다. 나이가 많은 고령자일수록 운동시간이 길수록 준비 및 정리운동을 길게 잡아주는 것이 좋다.

비타민
신선한 야채는 몸에 동화되기 쉬운 활성 비타민의 형태로 풍부히 들어있다.
라이너스 폴링 박사(노벨 화학상, 평화상 2개 수상자)는 비타민A는 암에 좋고
A와 B와 C는 열을 가하면 파괴된다고 했다.

유기 미네랄
미네랄은 신체조직인 뼈와 힘줄, 머리카락 등을 형성하는 데 필요하다.

체액조절, 근육수축 등의 생리기능을 조절한다.

효소를 활성화시킨다.

호르몬이나 효소의 성분이 된다.

미네랄이 제기능을 다하기 위해서는 신선한 식물 속의 유기 미네랄이어야 하는데, 열을 가하면 유기 미네랄이 무기 무네랄이 되어 효과가 없어져 몸에 탈이 나기 쉽다.

〈근육 운동〉

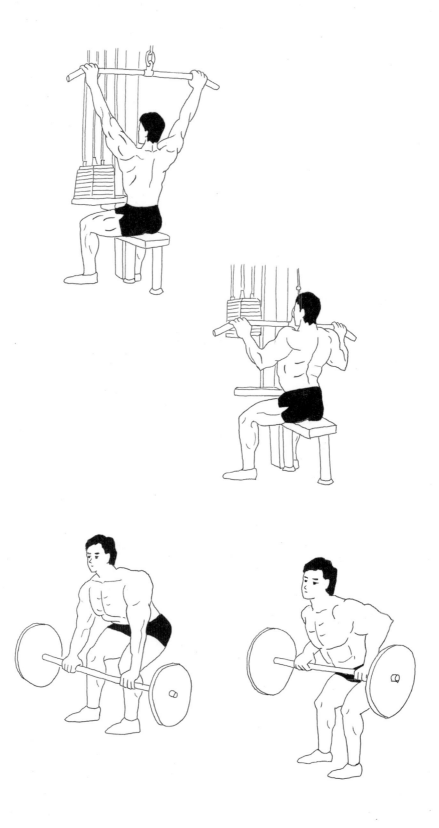

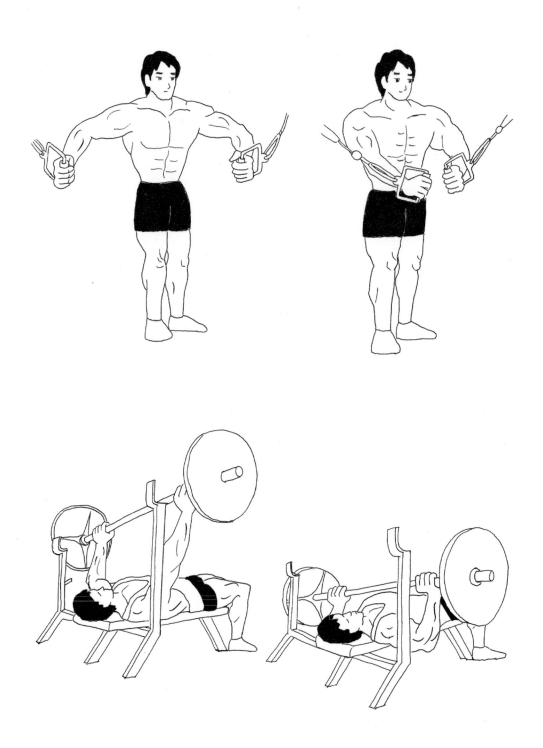

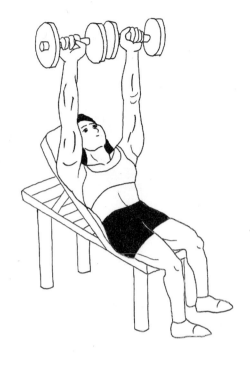

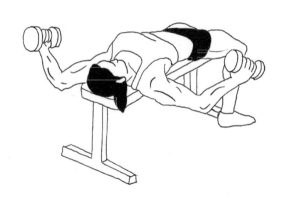

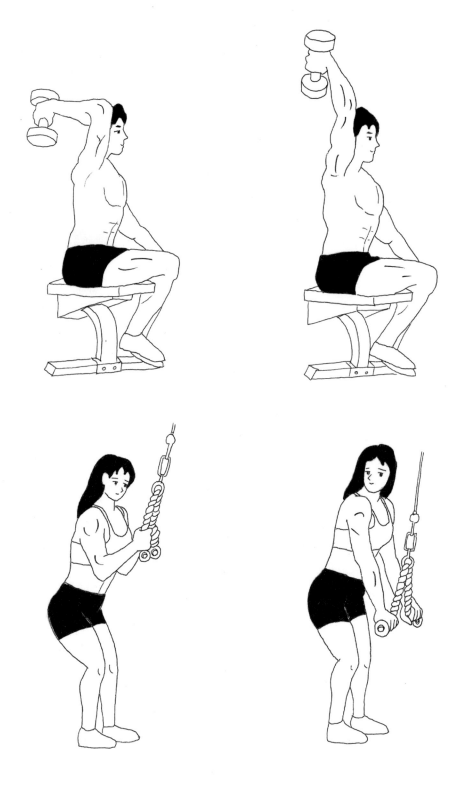

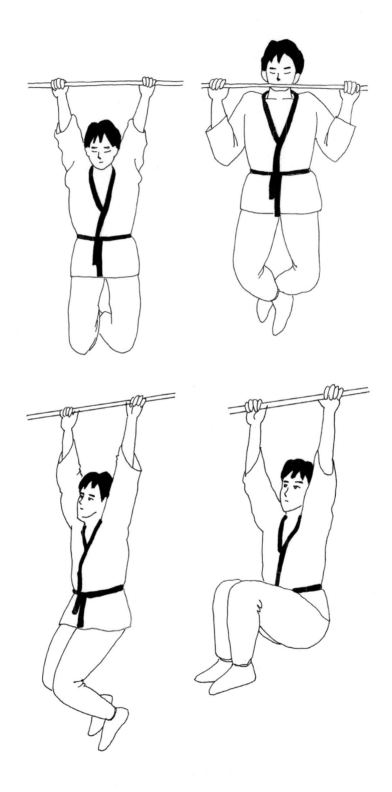

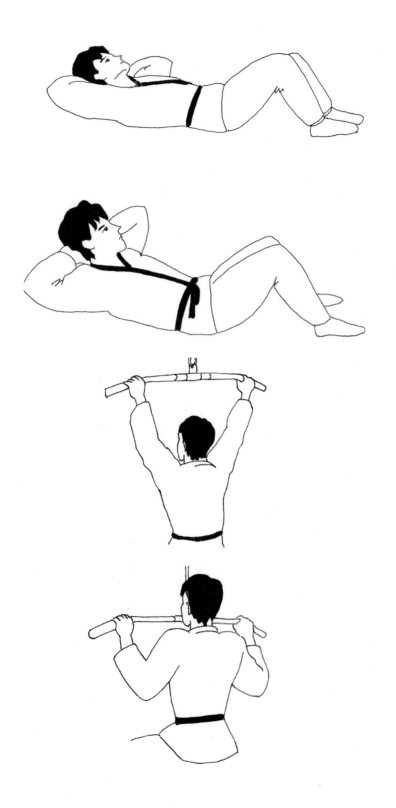

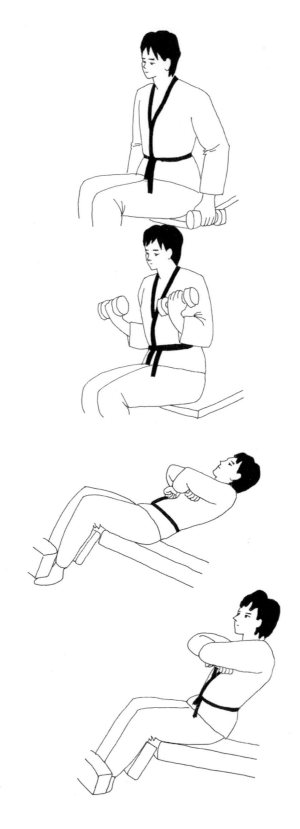

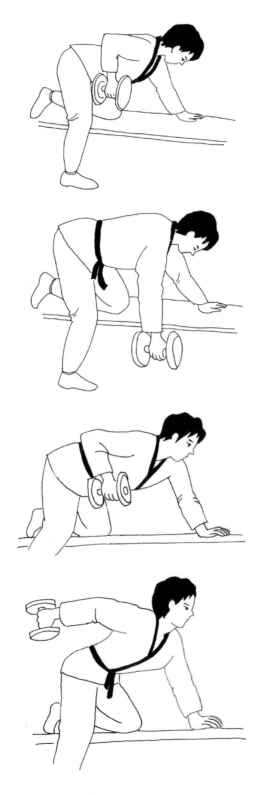

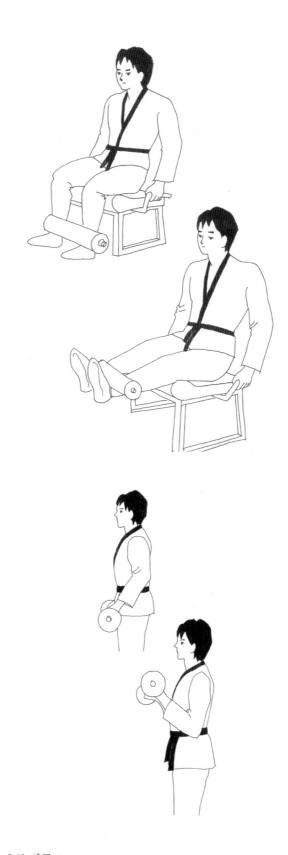

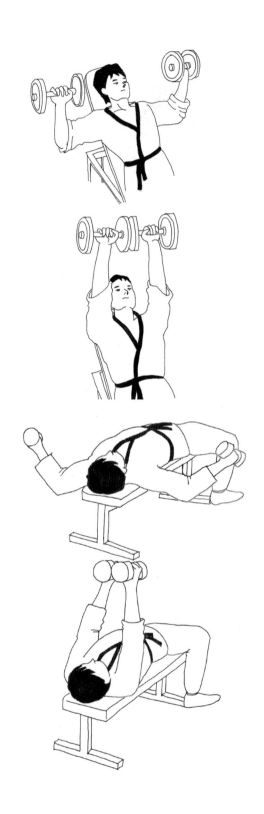

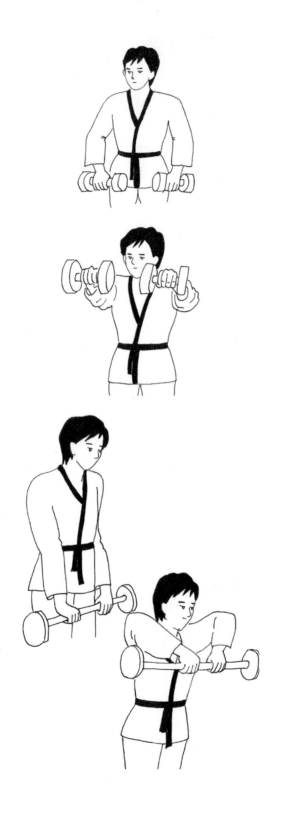

〈국민체조운동〉

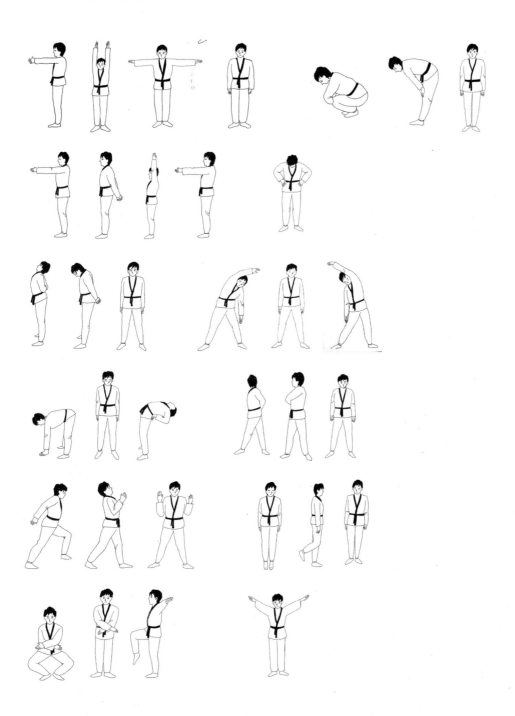

※ 일상생활 속에서의 건강 운동 비결

* 아침에 일어나면 입안을 행구고 따뜻한 물 한컵을 마신다(30분 후 식사)

1. 머리를 열손가락으로 토닥토닥 두드려주며 지압하라.

(머리카락을 두손으로 머리 빗는 것처럼 자극을 준다)

2. 얼굴을 문질러주며 지압하라.

(코 인지를 세워 코 양 옆을 비빈다)

3. 눈을 자주 움직이며, 눈을 감고 눈 주위를 꾹꾹 눌러주어라.

(손바닥을 문질러 열 나게하여 눈에 댄다)

4. 귀를 자주 만져 주물러주어라.

(엄지와 인지로 귀를 비비고 잡아당긴다)

5. 혀를 자주 입안에서 굴려주어라.

(아래윗니를 서로 맞부딪친다(강약조절))

6. 입을 크게 벌리는 운동을 하며, 침은 삼키고 가래침은 버려라.

(입을 다물고 꾹꾹 눌러준다)

7. 어깨, 가슴, 오른손으로 왼쪽 어깨, 왼손으로 오른쪽 어깨를 번갈아 두드린다.

8. 목 뒤 혈 풀어주기(머리운동)

9. 어깨를 빙빙돌린다. 앞에서 뒤로, 뒤에서 앞으로.

10. 배를 시계방향으로 문질러주어라.

(배를 따뜻하게/ 단전)

11. 가슴을 펴고 심호흡을 하라.

(코로 들이마시고 입을 내뱉는다. 3~4번 내지 7번 천천히)

12. 손을 비비며 손마디를 지압하며 주물러주어라.

(주먹 쥐었다, 쫙펴기(부채살), 손 관절 젖혀주기, 박수)

13. 발지압을 하여 발가락을 주물러주어라(반신욕).

(발목을 돌리고 발바닥의 용천(龍泉)을 눌러준다. 누워서 발바닥(비비기) 부딪치기(개

구리모양))

14. 목운동, 팔운동, 허리운동, 다리운동에 관한 체조를 한다.

15. 항문(조이기)에 힘을 주는 운동을 하라(조였다 풀어줬다 반복)

16. 타법(전신)

17. **흐르는 물은 썩지 않고 사람도 항상 움직여야 건강하다.** 걷기 운동은 1분에 80~ 90보 속보(速步) 하루 30~50분 정도가 중년에 알맞다. 뒤꿈치부터 땅에 딛고 발바닥 앞쪽이 나중에 닿도록 한다. 그리고 일직선이 되게 걷는다.(걷기, 달리기, 줄넘기, 등산 등 유산소 운동이 좋다)

* 몸이 병들면 마음도 힘들어진다.

위의 방법을 꾸준히 실천하는 생활을 한다면 건강하게 장수하는 비결이며 즐거운 생활이 될 것이다.

* 운동을 하면 몸이 달라지고 마음이 달라진다!

※ 사상체질론

* 태양인 : 폐의 기능이 좋고 간의 기능이 약하다. 오래 앉아 있거나 오래 걷지 못한다. 소변이 많다. 청각이 발달. 여자 중에는 몸이 건강해도 아이를 잘 낳지 못하는 경우가 많다.

* 태음인 : 간의 기능이 좋고 폐, 심장, 대장, 피부 기능이 약하다. 땀을 많이 흘린다(땀은 많이 흘리는 것이 좋다). 후각이 발달. 여자는 겨울에 손발이 잘 튼다.

* 소양인 : 비위의 기능이 좋고 신장 기능이 약하다. 몸에 열이 많다. 소화력이 왕성하다. 땀이 별로 없다. 시각이 발달. 남자는 정력 부족의 경우가 많고 여자는

다산하지 못한다.

* 소음인 : 신장의 기능이 좋고 비위 기능이 약하다. 허약체질, 냉성 체질이다. 땀이 별로 없으며 땀을 많이 흘리지 않는 것이 좋다. 미각이 발달. 피부가 부드러우며 여자는 겨울철에 손발이 잘 트지 않는다. 무의식중에 한숨을 잘 쉰다.

* 태양인에게 해로운 식품 : 열무, 무, 쇠고기
* 태음인에게 유익한 식품 : 당근, 도라지, 더덕, 마
* 소음인과 태음인에게 해로운 식품 : 보리, 팥, 오이
* 소양인에게 해로운 식품 : 감자, 고구마, 귤, 오렌지, 레몬, 미역, 김, 다시마

※ 사상체질 진단법

1. 오이를 먹고 힘이 빠지면 소음인
2. 당근을 먹고 힘이 생기면 태음인
3. 감자를 먹고 힘이 빠지면 소양인
4. 무를 먹고 힘이 빠지면 태양인

체질 관별법은 완력테스트, 오링테스트, 와맥지법 3가지가 있다.

<손가락 이용법>

제1지는 간장(木) * 태양인 : 금반지를 끼면 힘이 강해진다. 은반지를 끼면 힘이 약해진다.

제2지는 심장(火) * (보해주는 금반지) (사해주는 은반지)

제3지는 비장(土) * 소음인 : (보해주는 금반지) (사해주는 은반지)

제4지는 폐장(金) * 태음인 : (보해주는 금반지) (사해주는 은반지)

제5지는 신장(水) * 소양인 : (보해주는 금반지) (사해주는 은반지)

<다섯손가락의 오행성>

제1지는 목(木)이며 간에 속하고 제2지는 화(火)이며 심장에 속하고 제3지는 토(土)가 되고 비장에 속하고,제4지는 금(金)이고 폐에 속하고, 제5지는 수(水)이며 신장에 속한 다. 그리고 금반지는 보하는 작용을 하고 은반지는 사하는 작용을 한다.

<색을 이용한 체질 진단법>

1. 보라색을 올려놓고 검사해서 오링이 쉽게 안 벌어지면 태양인이다.
2. 흰색을 올려놓고 검사해서 오링이 쉽게 안 벌어지면 태음인이다.
3. 파란색을 올려놓고 검사해서 오링이 쉽게 안 벌어지면 소양인이다.
4. 노란색을 올려놓고 검사해서 오링이 쉽게 안 벌어지면 소음인이다.

<색과 체질과의 관계>

* 모든 색의 진한색 즉 빨간색, 보라색, 곤색, 검은색은 태양인, 소양인에게 좋다.
* 연한색, 노란색, 흰색 등은 태양인, 소양인 체질에 맞지 않는다.
* 태양인, 소음인의 체질에 좋은 것은 중간색이 되는 흐린색, 흰색, 분홍색, 베이지색, 회색 등이 좋다.
※ 피부에 직접 닿는 내복, 브래지어, 팬티, 셔츠, 바지, 양말, 구두, 속창 등을 유익한 색으로 이용하면 건강에 도움을 준다.

<각 체질에 적합한 반지 끼는 법(지혜)>

1. 태양인 – 제1지에 금반지, 제4지에 은반지

2. 소양인 – 제4지에 은반지, 제5지에 금반지

3. 태음인 – 제1지에 은반지, 제4지에 금반지

4. 소음인 – 제3지에 금반지, 제5지에 은반지

이상의 금반지와 은반지를 끼면 몸의 기의 순환을 순조롭게 촉진하므로 건강이 좋아진다.

※ 체질별 식품 분류표

〈소음인(少陰人)〉

유익한 식품	곡류	현미, 찹쌀, 쌀(백미), 차조, 강낭콩, 완두콩, 메주콩(흰콩), 옥수수, 메조, 참깨
	채소류	양배추, 시금치, 푸른상추, 가지, 감자, 고구마, 무, 열무, 연근, 우엉, 쑥, 쑥갓, 근대, 콩나물, 취나물, 냉이, 달래, 씀바귀, 돌나물, 비름, 익모초, 파슬리, 호박, 피망, 마늘, 부추, 생강, 양파, 파
	버섯류	송이, 표고, 느타리, 팽이
	과일류	귤, 오렌지, 자몽, 레몬, 살구, 유자, 무화과, 대추, 사과, 토마토, 딸기, 복숭아
	견과류	호도, 은행
	해산물	미역, 김, 다시마, 파래, 가자미, 도미, 조기, 굴비, 삼치, 연어, 멸치, 미꾸라지, 잉어, 장어
	육류	쇠고기, 닭고기, 양고기, 개고기, 염소고기
	기타	구연산, 비타민 A · B · C · D, 로얄젤리, 클로렐라, 포도당, 인삼＋생강, 녹용, 녹차, 쑥차, 솔잎차, 황설탕, 천일염, 참기름, 카레, 후추, 겨자, 계피, 두부, 치즈, 두유, 야콘, 소주
해로운 식품	곡류	보리, 팥, 수수, 검은콩, 율무, 메밀, 녹두, 들깨
	채소류	오이, 당근, 배추, 유색상추, 도라지, 더덕, 참마, 토란, 깻잎, 미나리, 셀러리, 케일, 신선초, 컴프리
	버섯류	운지, 영지

	과일류	참외, 포도, 배, 감, 수박, 곶감, 머루, 매실, 파인애플, 바나나, 멜론, 키위, 모과
	견과류	땅콩, 밤, 잣, 아몬드
	해산물	새우, 굴, 조개, 게, 재첩, 바지락, 전복, 오징어, 낙지, 문어, 고등어, 청어, 꽁치, 정어리, 참치, 갈치, 멍게, 해삼(대부분의 어패류와 등푸른 생선이 해롭다)
	육류	돼지고기
	기타	결명자, 구기자, 오미자, 어성초, 오가피, 비타민E, 들기름, 숙주나물, 흰소금, 흰밀가루, 흰설탕, 우유, 계란, 요구르트, 베지밀, 초콜릿, 홍차, 커피

〈소양인(少陽人)〉

	곡류	쌀(백미), 보리, 검은콩, 강낭콩, 완두콩, 검은팥, 메조, 메밀, 녹두, 들깨
유익한 식품	채소류	양배추, 배추, 무, 열무, 푸른상추, 가지, 시금치, 연근, 우엉, 오이, 토란, 쑥, 쑥갓, 근대, 취나물, 냉이, 달래, 씀바귀, 숙주나물, 깻잎, 돌나물, 비름, 마늘, 익모초, 미나리, 샐러리, 파슬리, 케일, 컴프리, 신선초, 어성초
	버섯류	송이, 표고, 느타리, 팽이, 운지, 영지
	과일류	참외, 포도, 수박, 토마토, 딸기, 복숭아, 곶감, 멜론, 키위, 유자, 매실, 배, 파인애플, 바나나, 살구, 무화과
	견과류	잣, 땅콩, 아몬드
	해산물	새우, 굴, 조개, 게, 재첩, 바지락, 전복, 오징어, 낙지, 문어, 고등어, 청어, 꽁치, 정어리, 가자미, 도미, 갈치, 삼치, 참치, 연어, 잉어, 장어, 멸치, 미꾸라지
	육류	쇠고기, 돼지고기
해로운 식품	기타	구연산, 비타민C · E, 로얄젤리, 클로렐라, 포도당 결명자, 구기자, 오미자, 녹차, 쑥차, 솔잎차, 황설탕, 천일염, 들기름, 초콜릿, 치즈, 두유, 야콘, 두부, 소주
	곡류	현미, 찹쌀, 차조, 율무, 수수, 메주콩(흰콩), 붉은팥, 옥수수, 참깨
	채소류	유색상추, 당근, 감자, 고구마, 도라지, 더덕, 참마, 콩나물, 부추, 생강, 양파, 파
	버섯류	조사 식품 중 해로운 것이 없음
	과일류	귤, 오렌지, 레몬, 자몽, 모과, 머루, 대추
	견과류	호도, 은행, 밤
	해산물	미역, 김, 다시마, 파래, 조기, 굴비, 멍게, 해삼
	육류	양고기, 닭고기, 개고기, 염소고기
	기타	꿀, 인삼, 녹용, 비타민 A · B · D, 오가피, 계피, 참기름, 카레, 후추, 겨자, 흰소금, 흰설탕, 흰밀가루, 우유, 계란, 요구르트, 베지밀, 홍차, 커피

〈태양인(太陽人)〉

유익한 식품	곡류	쌀(백미), 보리, 검은콩, 강낭콩, 완두콩, 검은팥, 메조, 옥수수, 메밀, 녹두, 들깨
	채소류	양배추, 배추, 시금치, 푸른상추, 숙주나물, 가지, 감자, 고구마, 연근, 우엉, 오이, 토란, 쑥, 쑥갓, 취나물, 냉이, 달래, 씀바귀, 깻잎, 돌나물, 비름, 근대, 마늘, 파, 양파, 파슬리, 익모초, 케일, 컴프리
	버섯류	송이, 표고, 느타리, 팽이
	과일류	귤, 오렌지, 자몽, 레몬, 모과, 파인애플, 토마토, 딸기, 복숭아, 포도, 감, 바나나, 곶감, 배, 키위, 유자, 살구, 머루, 무화과
	견과류	잣, 아몬드
	해산물	미역, 김, 다시마, 파래, 새우, 굴, 조개, 게, 재첩, 바지락, 전복, 오징어, 낙지, 문어, 고등어, 청어, 꽁치, 정어리, 멸치, 가자미, 도미, 연어, 바다장어, 조기, 참치
	육류	모든 육류가 해롭다
	기타	구연산, 비타민C, 로얄젤리, 클로렐라, 오가피, 포도당, 녹차, 쑥차, 솔잎차, 황설탕, 천일염, 들기름, 초콜릿, 치즈, 두유, 야콘, 두부, 소주
해로운 식품	곡류	현미, 찹쌀, 차조, 율무, 수수, 메주콩(흰콩), 붉은팥, 참깨
	채소류	당근, 더덕, 열무, 도라지, 무, 유색상추, 생강, 부추, 콩나물, 참마, 미나리, 샐러리, 어성초, 신선초(대부분의 뿌리 야채가 해롭다)
	버섯류	운지, 영지
	과일류	사과, 수박, 멜론, 매실, 대추
	견과류	호두, 은행, 밤, 땅콩
	해산물	미꾸라지, 민물장어, 잉어, 멍게, 해삼(모든 민물생선은 해롭다)
	육류	쇠고기, 돼지고기, 닭고기, 양고기, 개고기, 염소고기, 오리고기
	기타	꿀, 인삼, 녹용, 비타민 A · B · D · E, 모든약(한약, 양약 포함), 결명자, 구기자, 오미자, 계피, 참기름, 카레, 후추, 겨자, 흰소금, 흰설탕, 흰밀가루, 우유, 계란, 요구르트, 베지밀, 버터, 홍차, 커피

〈태음인(太陰人)〉

유익한 식품	곡류	현미, 찹쌀, 쌀(백미), 차조, 수수, 메조, 율무, 강낭콩, 완두콩, 메주콩(흰콩), 붉은팥, 옥수수, 참깨
	채소류	당근, 오이, 양배추, 시금치, 푸른상추, 가지, 감자, 고구마, 도라지, 더덕, 무, 열무, 연근, 우엉, 토란, 근대, 쑥, 쑥갓, 참마, 콩나물, 호박, 취나물, 냉이, 달래, 씀바귀, 돌나물, 비름, 익모초, 파슬리, 피망, 파, 마늘, 부추, 생강, 양파
	버섯류	송이, 표고, 느타리, 팽이
	과일류	귤, 오렌지, 자몽, 레몬, 유자, 살구, 무화과, 사과, 수박, 토마토, 딸기, 복숭아
	견과류	호두, 땅콩, 은행, 밤, 잣, 아몬드
	해산물	미역, 김, 다시마, 파래, 가자미, 도미, 조기, 굴비, 삼치, 멸치, 연어, 잉어, 장어, 미꾸라지, 멍게, 해삼

	육류	쇠고기, 돼지고기, 닭고기, 양고기, 개고기, 염소고기
	기타	구연산, 비타민 A · B · C · D, 로얄젤리, 클로렐라, 인삼, 녹용, 꿀, 녹차, 쑥차, 솔잎차, 황설탕, 천일염, 참기름, 카레, 후추, 겨자, 계피, 두부, 치즈, 두유, 야콘, 소주
	곡류	보리, 검은팥, 검은콩, 메밀, 녹두, 들깨
	채소류	배추, 유색상추, 깻잎, 미나리, 샐러리, 케일, 신선초, 컴프리
해로운 식품	버섯류	운지, 영지
	과일류	참외, 포도, 모과, 멜론, 배, 감, 곶감, 머루, 매실, 대추, 파인애플, 바나나, 키위
	견과류	조사 식품 중 해로운 것이 없음
	해산물	새우, 굴, 조개, 게, 재첩, 바지락, 전복, 오징어, 낙지, 문어, 고등어, 청어, 꽁치, 정어리, 참치, 갈치(대부분의 어패류와 등푸른 생선이 해롭다)
	육류	조사 식품 중 해로운 것이 없음
	기타	결명자, 구기자, 오미자, 포도당, 어성초, 오가피, 비타민E, 들기름, 숙주나물, 흰소금, 흰설탕, 흰밀가루, 우유, 계란, 요구르트, 베지밀, 초콜릿, 홍차, 커피

※ 체질별 녹즙 재료 분류

식품/체질	태양체질	소양체질	태음체질	소음체질
상추	○	○	○	○
샐러리	×	○	×	×
시금치	○	○	○	○
아욱	○	○	○	○
부추	×	×	○	○
무	×	○	○	○
미나리	×	○	×	×
당근	×	×	○	×
냉이	○	○	○	○
고들빼기	×	○	○	○
감자	○	×	○	○
양배추	○	○	○	○
양파	○	×	○	○
오이	○	○	○	×
컴프리	○	○	×	×
토마토	○	○	○	○

파	○	×	○	○
파슬리	○	○	○	○
갈근	×	×	○	×
귤	○	×	○	○
배	○	○	×	×
연근	○	○	×	×
케일	○	○	×	×
신선초	×	○	×	×
레몬	○	×	○	○
사과	×	×	○	○
포도	○	○	×	×
어성초	×	○	×	×
민들레	×	×	○	○
모과	○	×	×	×
비름, 씀바귀, 차조기, 딸기, 돌나물, 익모초, 복숭아	○	○	○	○
알로에	×	×	○	×
수박	×	○	○	×

※체질관리 건강비법

1. 기본 건강법

1) 정신적 건강

평온한 마음, 즐거운 마음일 때는 뇌 내에 베타엔돌핀 엔케파린 도파민이 많이 나와 면역 능력이 좋아지고 스트레스가 쌓일 때는 호르몬의 균형이 깨지며 면역 능력이 억제 된다. 건강법이나 치료법도 시상하부를 좋게 함으로써 내분비계, 자율신경제, 면역계가 정상이 되도록 하는 방법 중의 하나다.

화내지 않고 즐거운 마음을 갖는 것에는 개인적으로 다르다. 그런 것에는 명상좌선 기, 최면요법, 신앙생활, 독서, 서도, 다도, 무도, 요가, 태극권, 음악, 그림 등 여러 가지 가 있다.

2) 육체적 건강

사람은 동물적 특징을 가지고 있기 때문에 숨을 쉬고 물을 마시고 음식을 먹고 움직여야 한다.

몸이 건강하려면 우선.

① 좋은 공기와 물을 마셔야 한다(사람의 몸은 약 70%가 물로 이루어져 있다).
② 체질에 맞는 음식을 적당히 섭취한다.
③ 적당한 운동을 해야 한다.

◎ 건강관리

우리 몸은 수 많은 세포들로 형성되어 있으며 세포 하나하나는 스스로 살아가는 자생력을 가지고 있다. 스스로 살아가는 자생력이 약해지지 않게 하고 또 약해졌으면 그 자생력을 회복시키는 것을 일컬어 건강관리라고 한다.

2. 체질에 맞는 좋은 음식

한의학(식의동원)에서는 올바른 식생활은 의술과 같다고 했다. 서양의 히포크라테스가 "음식으로 고치지 못하는 병은 고칠 수 없다"라고 말한 것처럼 올바른 식생활이 중요하다.

음식물 투입 → 소화 흡수 과정 → 배설(어떻게 하면 몸에 찌꺼기가 없게 할까.)
태양인은 태음인 식품을 피해야 하고
태음인은 태양인 식품을 피해야 한다.
소양인은 소음인의 식품을 피해야 하고
소음인은 소양인의 식품을 피해야 한다.

환자는 반대체질 식품은 아예 먹지 말아야 하고 건강인도 되도록 부득이 먹어야 될 경우를 제외하고는 아주 소량만 먹어야 한다.

1)육식과 채식에 관한 사항

사상체질론은 체질에 맞는 범위 내에서 아주 골고루 먹는 것을 권장하고 채식을 주로 하고 육식은 가끔 하는 정도라면 무리가 없다.

육류는 장에서 빨리 빠져 나가지 못하기 때문에 고리를 너무 많이 먹으면 변비를 일으키기 쉽고, 또 장내에서 쉽게 부패되어 독소를 발생시키기 때문에 적게 먹는 습관을 들이는 것이 좋다.

통풍 같은 병이 있어 요산을 없애야 할 때는 육식은 절대로 금해야 한다. 흰설탕, 흰쌀, 흰밀가루, 정제소금 등 너무 정제된 것은 먹지 않는 것이 좋다. 화학 조미료, 인스턴트식품, 통조림 등 가공식품은 줄이고 항생제나 화학약품이 많이 들어 있는 식품은 피하는 것이 좋다.

2) 소식과 균형식

현대 영약학적인 입장에서는 1일 3식주의, 일본 니시의학에서는 아침식사 없는 1일 2식주의를 주장한다. 이제마 선생은 1일 2식을 언급했고. 황제내경에서는 포식과 과음을 금하라 했다. 모두 과식은 금하고 소식을 권하며 균형 있게 골고루 조화도니 식사를 하라는 뜻이다.

본인이 권하고 싶은 것은 건강인은 평소대로 식사를 하되 단지 식사량을 조금 모자란 듯하게 하고, 음식 종류는 체질에 맞춰 골고루 섭취하는 것이 좋겠다. 환자는 속을 비우는 마음으로 1일 2식주의를 시도해 보는 것도 괜찮을 것이다.

가. 황제내경의 식생활에 관하여

포식하면 근맥이 이완되고 설사를 하거나 치질이 되거나 한다.

과음하면 기가 균형을 잃고 만다.

음식의 양이 배가 되면 위장이 손상된다.

자극성 강한 음식을 먹고 독한 술을 마시는 것은 질병의 시초다.

시간에 맞추어 식사를 하면 신체에 해가 생길 리 없다. 식사의 도리란 굶지 않고 과식하지 않는 것이다.

신선한 야채와 과일, 곡식, 씨앗 등엔 아미노산, 유기 미네랄, 산소, 비타민류, 섬유질 등이 많다.

(1) 효소

효소는 생명 현상의 여러 가지 생물학적 반응을 지배하고 조절하는 역할을 담당하고 있는 유기. 촉매로써 살아 있는 세포에 의해 만들어지며, 종류는 수백만 종에 이르는 것으로 알려져 있다.

우리들이 먹은 음식물을 소화시켜 피에 흡수되도록 하는 역할을 하며, 온도에 대단히 민감하여 55°C에서 죽어 버린다. 그러므로 야채는 익히지 말고 먹어야 살아 있는 효소를 먹을 수 있다.

※운동의 강도 및 척추강화 비법

1. 운동

운동으로 몸에 활력과 기능을 개선시켜야 한다.

무리한 운동은 도리어 몸에 해롭다. 건강이 좋지 않으면 가볍게 몸을 풀어 주는 정도의 산책이나 체조 같은 운동이 좋다. 여러 가지 운동 중 자신에 맞게 골라서 꾸준한 운동이 필요하다.

〈운동시 10초간 연령별 목표 맥박수〉

연령 \ 운동강도	40%	50%	60%	70%
20~29세	19	21	23	25
30~39세	18	20	22	24
40~49세	17	19	21	23
50~49세	17	18	20	22
60세 이상	17	18	19	20

• 맥박수는 운동 실시 지후 10초 동안 측18정,

19운20동강도 %는 자신의 최대 맥박수를 100%로 기준한 것임

최대맥박수(분간)=220-나이

• 운동 목표 범위는 자신의 체력 수준을 고려 연령에 따라 상기 목표 맥박수 범위 내에서 운동을 실시하는 것이 바람직함

• 자기 체대 운동 능력의 40~70%의 범위에서 실시

• 5~30분간 지속하면 심장·폐 등의 기능이 향상된다.

〈척추 신경기능 조감도〉

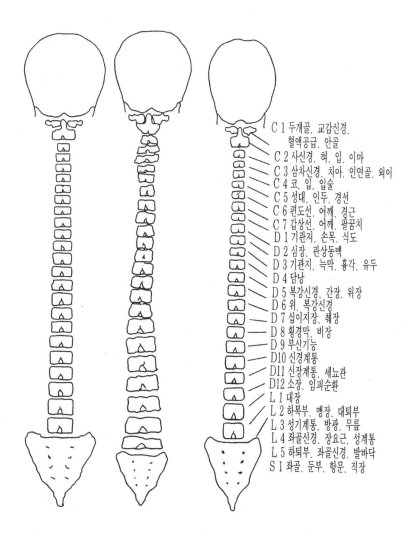

C 1 두개골. 교감신경.
　　혈액공급. 안골
C 2 사신경. 혀. 입. 이마
C 3 삼차신경. 치아. 인연골. 외이
C 4 코. 입. 입술
C 5 성대. 인두. 경선
C 6 편도선. 어깨. 경근
C 7 갑상선. 어깨. 팔꿈치
D 1 기관지. 손목. 식도
D 2 심장. 관상동맥
D 3 기관지. 늑막. 흉각. 유두
D 4 담낭
D 5 복강신경. 간장. 위장
D 6 위. 복강신경
D 7 십이지장. 췌장
D 8 횡경막. 비장
D 9 부신기능
D10 신경계통
D11 신장계통. 세뇨관
D12 소장. 임파순환
L 1 대장
L 2 하복부. 맹장. 대퇴부
L 3 성기계통. 방광. 무릎
L 4 좌골신경. 장요근. 성계통
L 5 하퇴부. 좌골신경. 발바닥
S 1 좌골. 둔부. 항문. 직장

* 정상 척추 　　　 *비정상 척추 　　 *각 신경이 조정하는 신체 부의

- 전신 및 지구성 능력이 개선 강화된다.
- 5~10분간 운동 전후에 준비운동과 정리운동을 실시
- 건강 유지 빈도는 1주일에 3~4회
- 체력 수준이 향상되면 2~3주 단위로 강도 조절을 해야 한다.

2. 건강은 건강할 때

목. 허리디스트. 척추측만증. 요추. 좌골신경통. 신경성○○○ 등 만성(고질)적 질환은 척주(신경)기능 조절에 의해 치료될 수 있다.

부분별 질환도
1,9,12부분 : 중심력(디스트 · 기틀)을 돋아줌
2부분: 장을 치료(소장 · 대장), 간장병
3부분: 위를 치료(소화촉진)
4부분: 폐를 치료(폐기능을 활발하게 함)
5부분: 심장 치료(호흡기능을 왕성하게 함)
6부부: 고혈압 · 저혈압 치료
7부분: 안질환 · 난청 · 두통
8부분: 뇌를 맑게함, 기억력 향상
10부분: 당뇨 · 변비 · 월결불순
11부분: 전립선 장애 · 방광
13부분: 위장 · 정력 · 감퇴
14부분: 위염 · 위장 · 복통
15부분: 변비 · 위화수 · 복통

• 척추에 이상이 오면 위와 같은 증상이 온다. 이럴 때 지압이나 뜨거운 수건으로 30분 이상 찜질해 주면 효과가 있다.

◎ 귀가 후 간단한 실내운동(체조) 골라서 하기

요가 동작이나 체조에도 여러 정류가 있지만 우선 그다지 힘들지 않고 자유로운 기분으로 할 수 있는 몇 가지 동작을 골라서 한다. 그때 동작은 차차 크게, 그리고 강하게 한다. 요가, 체조를 꾸준히 하다보면 척추나 허벅지 관절의 유연성을 유지하고 요통이나 어깨가 뻐근한 것을 풀어주며 위장 운동에도 도움이 된다. 특히 저녁 때는 발의 혈액 순환이 좋지 않기 때문에 집에 들어와 체조(요가)를 하면 발 근육에서 심장으로 혈액을 올려 보내주는 셈이 된다.

※ 동작은 5~10초 가량 그대로 있는다. 이것을 한쪽씩 5회 되풀이한다.

〈기본 사용점과 사용 순위〉

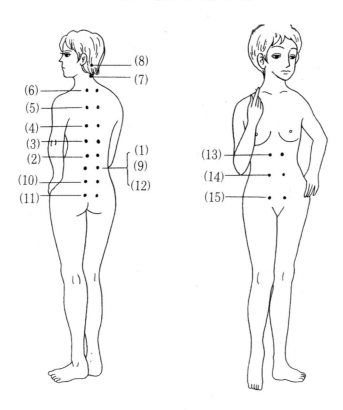

앞으로 윗몸 올리기

윗몸과 다리 올리기

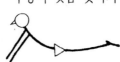

누워서 발모아 올리기

골반 들기

수동적 윗몸 젖히기

누워서 목 들기

머리 올리기　　　　능동적 윗몸 젖히기　　　누워서 쥐암쥐암

다리 올리기　　　발전된 허벅지 및 윗몸 젖히기　　엎드려 발 모아 들기

말아 올리기　　　　산 만들기 운동　　　엎드려 상체 팔굽히기

팔로 반대편 무릎 밀기　　무릎을 팔꿈치에 대기　　엎드려 손으로 발목잡고 당기며 놓기

앉았다 일어서기　　　　앞발 올리기　　　　뒤꿈치발 올리기

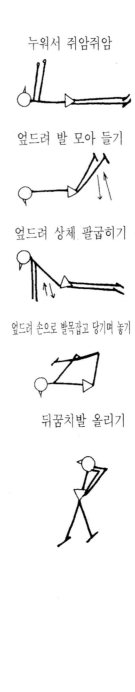

기마 자세　　　　발 모아 좌우뛰기

1) 체력 테스트로 약점을 알자

① 앞으로 굽히기   ② 눈감고 한쪽다리 서기   ③ 숨 안 쉬기

④ 반복 가로 뛰기   ⑤ 위로 뛰기   ⑥ 엎드려 팔굽히기

체력이 떨어지면 스포츠로 회복하려고 하는 사람이 많다. 그러나 아무렇게나 몸을 움직이는 것으로는 효과가 없다. 우선 어느 부분의 체력이 부족한지 자신의 약점을 알아야 한다.

구보다식 체력 테스트를 소개하기로 한다.

우선 다음 그림의 ①의 상반신 앞으로 굽히기는 유연성 테스트이다, 발판 위에 올라서서 상체를 굽히고 손가락 끝이 발바닥 밑으로 얼마나 내려가는가를 잰다. 이때 무릎을 구부리거나 반동을 이용해서는 안된다. 10cm 이상이면 30대의 유연성으로 합격이지만 아래로 손가락이 내려가지 않는다면 60세 이상의 굳은 몸이라 할 수 있다.

②의 눈감고 한쪽다리 서기는 평형 감각 테스트이다, 눈을 감고 한쪽 다리로 몇 초간 서 있을 수 있는가를 측정한다. 1분 20초 이상이면 20대의 힘이다. 30대이면 1분, 40대이면 50초, 50대이면 35초 이상 서 있을 수 있어야 바람직하다.

③은 숨 안쉬기 지구력 테스트이다. 세숫대야에 물을 넣고 얼굴을 담가도 된다. 30대

이면 24초 이상 견딜 수 있으면 된다. 십몇 초라면 60대이다.

④의 반복 가로뛰기는 민첩성 테스트이다. 가로뛰기 좌우 왕복을 한 번으로 하여 1분 간에 몇 번 할 수 있는가 측정한다. 30번 정도는 60대다.

⑤의 위로 뛰기는 순별력 테스트이다. 손을 위로 펴서 벽에 표시하고 수직으로 뛰어올라 다시 표시하여 그 차이를 잰다. 30cm 정도이면 60대의 힘이다.

⑥은 엎드려 팔굽히기다. 물론 근력 테스트이다. 이것을5~회밖에 못 하면 근력이 매우 퇴화한 것이다.

3. 운동에 따라다니는 직업의 그림자

건강을 위하여 스포츠에 힘쓰는 직장인의 모습에 어쩐지 직업의 그림자가 따라다니는 것처럼 보인다. 직장인은 마음 놓고 즐기는 스포츠와는 인연이 없는 것일까.

1) 즐거워라기보다 건강을 위하여

즐겁고 기분좋게 땀을 흘리면 몸과 마음이 상쾌해진다. 목적 없는 행위이기 때문에 운동을 한 뒤에는 상쾌한 것이다,

그런데 스포츠클럽에 다니는 직장인 가운데는 마치 일의 연장인 것처럼 스포츠에 몰두하는 사람이 있다. 스포츠까지 어떤 목표를 설정하고 그 목표를 향하여 부지런히 노력하는 것이다. 스포츠를 즐기려는 마음 따윈 아에 없다는 듯이.

우리는 아직도 '즐기는' 것에 서툴다고 할 수 있겠다. 지금 여러분이 운동을 하고 있다면 왜 운동을 하는가. 앞으로 할 생각이라면 왜 하려고 하는가를 생각해 봐야 한다.

우선 평소 무언가 스포츠를 하고 있는 사람에게 운동을 하는 이유를 들어 보았는데 30대에서는 약 60% 정도가 '건강을 위하여'라는 응답이다. '건강을 위하여'라고 답하는 사람은 나이가 많아질수록 증가한다.

또 지금은 하지 않지만 앞으로 스포츠를 하고 싶다고 생각하는 사람에게 그 스포츠의 목적을 물었더니 '건강을 위하여'와 '스트레스 해소를 위하여'는 합쳐서 약80%, '즐거워서'라고 답하는 사람은 10%도 되지 않는다.

지금 스포츠를 하고 있는 사람이다 하지 않는 사람이나 스포츠를 하는 것은 즐거워서라기보다 비즈니스 사회에서 살아 남기 위해 체력을 단련하려는 것 같다.

스포츠에 열중할 때조차 일벌레의 직장인은 직업의 그림자를 질질 끌고 가는 모양이다.

2) 운동으로 젊어지자

이렇게 스포츠에 열중하는 직장인의 마음 깊은 곳에는 체력을 증강시켜서 경재사회에서 낙오되지 않으려는 방위적 색체가 강하게 나타나 있는데 스포츠의 효과는 체력을 증강한다는 것에만 머물지 않는다. 늘 스포츠를 하면 사실 젊어질 수 있다.

3) 무리하지 않을 것

매일 운동하는 것이 이상적이지만 최소한 1주에 3~4회는 운동을 하도록 한다. 그것도 오랫동안 계속하는 것이 중요하기 때에 흥미 있으면서도 무리가 가지 않은 것에서 시작한다.

예컨대, 조깅할 때 무리하지 않는다는 기준은 맥박에 둔다. 일반적으로 최대 맥박수는 220에서 자기 나이를 뺀 값인데 그70~85%가 맥박의 허용 범위다. 30대이면 보통 1분간 162~133이 된다.

이 범위를 넘지 않도록 운동량을 조절하면 운동 부족을 해소하면서도 무리한지 않는 운동을 할 수 있다.

※직장인(청소년)은 평소에 운동에 관심을 가져야 한다

현대를 살아가는 청소년을 보면 스마트폰, 컴퓨터에 열중하다 보니 운동부족으로 오는 목디스크(허리디스크), 원인 모를 통증으로 인해 생기는 불쾌감이 경고 반응으로 나타난다.

통증 그 자체는 질병이 아니기 때문에 그냥 넘어가는 경우가 많다. 30~40대 직장인들은 정신없이 바쁘다. 어쨋거나 많은 사람들이 평소 스포츠와는 인연이 없다고 할 수 있다. 대부분 사람들이 운동부족이라 느끼면서도 운동에 힘쓰지 못하는지 모르겠다. 하지만 원인 모를 통증이 있는 분들은 하루 5~10분씩만 근육 강화 스트레칭(체조)으로 경직된 어깨·목 통증을 완화할 수 있다.

※휴일에는 TV나 보면서 아무렇게나 드러눕는다.

휴일에는 TV나 보면서 아무렇게나 드러눕는 피곤한 현실 속에서 살고 있거나 아니면 스포츠를 즐길 수 있는 장소와 저렴한 비용으로 이용할 수 있는 운동을 찾아 즐겁고 기분좋게 땀을 흘리고 샤워를 하고 나면 몸과 마음이 상쾌해진다. 운동효과는 체력을 증강한다는 것에만 머물지 않는다. 늘 적당한 운동을 하면 건강해지고 노화방지에 도움을 준다.

※건강관리는 체력 측정부터

건강없이 이 치열한 비즈니스 사회를 극복하기란 매우 어렵다. 건강을 유지하는 것은 무엇보다 중요하다. 당신은 과연 몇 살의 체력일까.

※당신의 체력은 믿을만 한가?

당신은 최근에 체력 테스트를 받은 일이 있는가. 체력에 자신이 있는지. 체력 테스트를 받으면 확실하게 약점을 파악할 수 있다. 현대인의 3대 약점. 그것은 지구력과 근력, 유연성이다. 당신도 이 기회에 한 번 체크 해 보라.

양손을 머리 뒤로 깍지끼어 윗몸일으키기를 어느 정도 할 수 있느냐에 따라 배의 근력을 측정할 수 있고, 한쪽 손은 어깨 너머로 등에 돌리고 다른 손은 등을 따라 올려서 양손을 서로 맞잡을 수 있느냐에 따라 어깨 근육의 유연성을 측정할 수 있다.

※체력테스트로 몸 상태 알아보기

체력이 떨어지면 스포츠로 회복하려고 하는 사람이 많다. 그러나 아무렇게나 몸을 움직이는 것으로는 효과가 없다. 우선 어느 부분의 체력이 부족한지 자신의 몸 상태를 알아야 한다.

※효봉삼무도 체력 테스트

상반신 앞으로 굽히기는 유연성 테스트이다. 발판 위에 올라서서 상체를 굽히고 손가락 끝이 발바닥 밑으로 얼마나 내려가는가를 잰다. 이때 무릎을 구부리거나 반동을 이용해서는 안 된다. 10cm 이상이면 30대의 유연성으로 합격이지만 아래로 손가락이 내려가지 않는다면 60세 이상의 굳은 몸이라 할 수 있다.

* 눈감고 한쪽다리 서기 평형 감각 테스트
눈을 감고 한쪽 다리로 몇 초간 서 있을 수 있는가를 측정한다.

※실천하면 몸에 좋은 환절기 운동

①새벽 운동 보다 오전 9~10시 이후 운동이 효과적!(아침 운동은 가벼운 체조로 몸 풀기)

②갑작스런 운동보다 준비 운동과 마무리 운동은 충분하게!

③고강도 운동보다 운동량 15~20% 낮추어서 하면 좋다(몸에 맞는 적당한 운동).

④땀 흠뻑 운동보다 땀 촉촉이 날듯 말듯하게 하면 좋다.

⑤혹시 운동할 때 가슴이 답답하고 통증이 있을 때는 바로 심장전문의에게 진료를 받는다.

※질환별 주의해야 될 운동

고혈압 — 무거운 것 드는운동은 독! 될 수 있다
빨리 걷기, 수영, 체조 약!

관절염 — 등산, 탁구, 달리기, 베드민턴, 독! 될 수 있다.
걷기, 아쿠아로빅(수영장) 약!

당뇨병 — 공복 운동 독! 될 수 있다
제자리 걷기, 근력운동 약!

신체 나이 운동으로 관리하기 나름이다.

내몸 살리는 운동 : 등산, 걷기, 자전거타기, 요가, 체조, 달리기, 근력운동

4.걷는 것이 가장 기본적인 운동

스포츠를 어마어마하게 생각할 필요는 없다. 가장 쉽고 돈 안 드는 스포츠는 걷는 것이다. 걷는 것은 모든 운영의 기본이다. 노화는 무엇보다 발에서부터 온다.

1) 하루 얼마나 걷나요?

이 씨는 어느날 아침 아내에게 선물받은 만보기를 허리에 달고 출근길에 나섰다.

이 씨의 직장은 도심 빌딩 안에 있는데 일도 책상 업무 중심이라 하루 종일 앉아 있을 때가 많다. 가벼운 요통을 호소하는 남편을 보고 조금이라도 운동 부족을 실감해 보라고 아내가 선물했던 것이다, 도대체 얼마나 걷고 있는지 이 씨도 흥미를 느껴 즉시 그것을 달고 걸어보았다.

버스 정거장까지 걷고 전철 갈아타면서 걷고 회사까지 걷는다. 결과는 왕복으로도 겨우 4,000보. 실질적으로 30분도 걷지 않는 셈이다. 이 씨도 새삼스럽게 한숨을 쉬었다.

확실히 현대인은 걷지 않게 되었다. 만보기를 달아 보면 보통 직장인은 5,000보 정도, 관리직은 3,000보 정도라고 한다. 1분이라도 오래 자고 1분이라도 늦게 집을 나서고 싶은 직장인에게 걷는 거리를 늘린다는 것은 간단한 일이 아니다.

예를 들어. 집에서 전철역까지 버스를 타지 않고 걸어가기란 보통 노력으로는 실천하기 쉽지 않을 일이고 돌아올 때는 너무 피곤하여 도저히 걷지도 못할 정도다. 피곤하다고 생각하면 계단보다 엘리베이터가 먼저 보인다. 걷지 않게 되었다기보다 환경이 걷지 못하게 하고 있다고 말할 수도 있다.

만 걸음이나 걸을 필요는 없다. 주말에 그만큼 충분히 운동하고 있다고 반문하고 싶은 사람도 있을 것이다. 그런데 도대체 만보기란 어디서 나온 숫자인가.

2) 1만보의 의미

만보걷기라는 것은 거리가 아니라 걸음수를 기준삼고 있기 때문에 개인에 따라 운동량에 차이가 있다. 예컨대. 키 170cm인 사람이 걷는다면 보폭이 70cm, 1분에 100보라 하면 1만보로 100분, 즉 1시간 40분, 거리로서는 7Km 걷는 셈이다. 이때 에너지 소비량은 약 300kcal이다. 이 칼로리는 앞에서 말한 하루의 평균 잉여 칼로리와 일치한다. 1만보란 결코 무의미한 숫자는 아니다.

게다가 스포츠를 건강에 이용한다는 뜻에서는 격렬한 운동을 단시간 하는 것이 좋다고 할 수 없다. 비교적 약한 운동을 장시간 계속하는 것이 중요하다. 주말에 하루 럭비를 하느니보다 매일 걷는 편이 건강에 좋다는 것이다.

에어로빅을 제창한 케네스 쿠퍼에 의하면 연습 효과가 가장 큰 스포츠는 달리기 · 수영 · 자전거의 세 가지, 즉 철인 경기라 일컬어지는 triathlon의 세 종목이고 그 다음이 걷기라고 한다.

걷기의 효과는 단지 발과 허리 단련에서 그치는 것이 아니다. 온몸 600개 이상의 근육과 200개 이상의 뼈가 동원되는 전신운동이고 내장이나 뇌기능을 활발하게 하는 운동이다. 걷는 것을 가볍게 생각하면 안 된다. 이것도 충분한 스포츠의 하나다.

마음껏 걸어야겠다고 해서 계단을 뛰어올라가거나 회사 안을 뛰어 돌아다닐 필요는 없다. 그렇게 하지 않더라도 마음가짐 하나로 걷는 양을 늘릴 수 있다. 걷는다고 하는 것은 역시 습관의 문제다.

예컨대, 1층에서 2층으로 올라가는 엘리베이터, 습관적으로 엘리베이터 입구에서 우두커니 기다리는 사람이 많은데 계단을 이용하면 시간도 절약되고 운동도 된다.

설마 한 층쯤 걸어서 올라갔다고 숨가쁜 사람은 없을 것이다. 버스가 지연될 것 같으면 우두커니 서서 기다리느니보다 한 정거장 걸어가면서 기다리는 것도 한 방법이다. 역에 있는 에스컬레이터도 없는 걸로 생각하고 계단을 이용한다.

단, 계단을 올라갈 때는 힘을 주지 않아야 한다. 두 단씩 올라가거나 뛰어올라가야 한다고 생각하면 오래 가지 않는다. 계단은 천천히 올라가야 한다. 마음 편하게 콧노래를 부르면서 올라가는 보조를 유지하는 것이 중요하다.

반대로 평탄한 길을 걸을 때는 피치를 빠르게 하는 것이 좋다. 될 수 있다면 1분에 100cm 이상, 피치를 몇 번 바꾸어 보는 것도 좋다. 걷기를 즐기는 것이다.

※ 달리기

조깅에서는 무엇보다 내리막길에 조심해야 한다. 평지에서도 착지할 때는 2~3배의 힘이 한쪽 발에 걸린다. 내리막길에서는 더 심하다. 그런데 왕왕 내리막길에서 속도를 내기 쉬워서 무릎이나 발뒤꿈치에 부담을 증가시키기 쉽다. 또 콘크리트나 아스팔트 길을 뛸 때는 발디딜 때에 쇼크를 흡수할 수 있는 밑이 두터운 조깅 신발을 신는 것을 잊지 말아야 한다.

5. 권장할 만한 간단한 실내 체조

1) 남의 눈을 걱정하지 않아도 되는 체조

30대가 되면 젊을 때에 비해 피로회복이 늦어진다. 특히 관절 부분의 아픔은 쉽게 없어지지 않는다. 속된 말로 '마디마디가 쑤신다'. 젊을 때는 근육이 유연해서 그 유연한 근육이 운동이 주는 부담을 덜어준다. 그런데 나이와 함께 근육이 굳어지면 관절을 둘러싼 인대나 힘줄이 과중한 부담을 안게 된다. 관절 부근은 근육보다 혈액순환이 잘 안 되기 때문에 아무래도 회복하는 데 시간이 걸린다. 이것이 마디마디가 오래도록 쑤시는 이유다.

다시 말해. 어깨나 팔·허리의 통증은 나이 탓이라기보다 운동 부족 때문에 근육의 유연성이 떨어져서 유발된다, 계속 운동을 해서 근육의 유연성을 유지하는 것이 중요하다.

시간이 없는 직장인이라도 간단히 할 수 있는 운동은 뭐니 뭐니 해도 걷는 것과 체조다, 물론 체조에도 여러 종류가 있겠지만 우선 그다지 힘들지 않고 자유로운 기분으로 할 수 있는 몇 가지 체조를 알아보자.

가. 일어나자마자 하는 체조

우선 잠자리에 앉아 어깨 힘을 빼고 두 다리를 죽 뻗는다. 다음에 양쪽 발가락을 양손으로 잡아 무릎을 옆으로 벌리면서 천천히 발끝을 자기 앞으로 끌어당긴다. 양팔 사이에 머리를 파묻듯이 하여 20초 정도 그대로 자세를 유지하다가 천천히 처음 상태로 돌아간다, 이것을 천천히 5회 이상 되풀이한다. 그때 동작은 차차 크게, 그리고 강하게 한다. 이 체조는 척추나 허벅지 관절의 유연성을 유지하고 요통이나 어깨가 뻐근한 것을 예방하기도 하고 위장 운동에 도움이 된다.

나. 귀가 후의 체조

발의 피로를 풀어 주고 혈액순환을 돕는 체조다. 우선 한쪽 다리를 쭉 펴고 한쪽 다리는 무릎을 구부린 상태로 앉는다, 다리 가랑이를 벌려 핀 다리의 발을 양손으로 잡아 천천히 상체를 앉는다, 10초 가량 그대로 있는다. 이것을 한 쪽씩 5회 되풀이한다. 저녁때는 발의 혈액순환이 좋지 않기 때문에 집에 돌아와 이 체조를 하면 발 근육에서 심장으로 혈액을 올려 보내주는 셈이 된다.

다. 요통 퇴치 체조

우선 위를 보고 자리에 눕는다. 무릎을 붙인 채 세우고 허리를 천천히 높이 올렸다가 다시 내린다. 도중 적당히 쉬면서 이 동작을 20~30회 되풀이한다. 이 동작을 쉽게 할 수 있다면 구부린 무릎을 얕게 한다. 이 체조로 등의 근육이나 엉덩이, 넓적다리의 근육이 강화 된다.

라. 의자에 앉아서 하는 복근 체조

의자에 앉은 자세로 우선 양손을 무릎에 놓고 팔꿈치는 편 채 상체를 앞으로 구부린 자세로 10초 정도 충분히 힘을 준다, 이것을 5회 정도 되풀이한다. 직장에서나 가정에서나 눈에 띄지 않고 복근운동을 할 수 있다.

정말 중요한 점은 편한 마음으로 하는 것이 체조를 오래 지속하는 비결이다.

6. 무리하기 쉬운 중년 스포츠

젊었을 때 스포츠맨이었던, 사람일수록 언제까지나 젊다는 생각으로 스포츠에 열을 올리기 쉽다. 이런 사람은 몸이 굳어 있는 만큼 부상 위험도 커진다.

1) 다만 운동에 열중했기 때문에

스트레스 해소가 목적이라면 밤새 술을 마시느니보다 볼링이나 테니스로 땀을 흘리는 것이 훨씬 건강에 좋다고 생각하는 사람이 요즘 점점 늘어나는 것 같다.

그런데 이러한 스포츠 열풍에 비례하여 스포츠로 인한 부상까지 급증하고 있다. 갑작스럽게 운동을 시작한 신체 관리까지 마음 쓰지 못하는 것 같다,

예컨대 다음과 같은 사례가 있다.

조깅 동호자의 권유로 필두 씨가 조깅을 시작한 것은 반 년 전이었다, 점심시간에 회사에서 가까운 공원을 가볍게 일주할 정도의 조깅이었다. 처음에는 숨이 가빴지만 계속적으로 하는 사이에 점점 적절한 페이스를 습득하게 되었다. 몸의 상태도 좋아져도 거리와 횟수를 늘리기로 했다. 한 바퀴 달리던 것을 두 바퀴, 주 2~3회 달리던 것을 매일 하기로 페이스를 올린 것이다, 그런데 한 달도 채 가지 못하여 아킬레스건염을 일으키고 말았다. 의사는 당분간 조깅을 중지하도록 필두 씨에게 명했다.

젊었을 때와는 달리 나이가 들면서 발 근육은 굳어지고 유연성도 줄어든다. 게다가 무리하게 달려 피곤이 쌓이게 되면 근육은 더욱 굳어진다. 근육이 굳어지면 착지 충격은 직접 건에 미쳐 염증을 일으키기 쉽게 된다. 이것이 필두 씨의 아킬레스건염의 원인이다.

준비운동이나 정리운동을 충분히 하고 근육에 피곤이 남지 않도록 무리없는 페이스로 뛰었다면 필두 씨도 이렇게 되지 않았을 것이다.

2) 다치지 않고 운동하는 방법

모처럼 스포츠를 한답시고 무리하게 강행하다가 부상이라도 입는다면 오히려 안 하느니만 못하다. 그렇다고 다칠 게 두려워 아무것도 못 할 수야 없지 않은가.

조깅에서는 무엇보다 내리막길에 조심해야 한다. 평지에서도 착지 할 때는 2~3배의 힘이 한쪽 발에 걸린다, 내리막길에서는 더 심하다. 그런데 왕왕 내리막길에서 속도를 내기 쉬워서 무릎이나 발뒤꿈치에 부담을 증가시키기 쉽다. 또 콘크리트나 아스팔트 길을 뛸 때는 발 디딜 때에 쇼크를 흡수할 수 있는 밑이 두터운 조깅 신발을 신을 것을 잊지 말아야 한다.

골프에서 초보자에게 많은 것은 늑골 골절이다, 바른 자세로 치면 문제없으나 무리한 자세로 스윙을 반복하는 동안에 늑골에 휘는 힘이 가해져서 피로 골절을 일으킨다. 초보자는 처음부터 공을 많이 치려고 하지 말고 올바른 자세를 우선 배워야 한다, 또 겨드랑이를 다치는 사람도 많은데 그 원인은 주로 배나 등의 근력 저하로 온다.

테니스를 하다가 많이 다치는 부위는 팔꿈치다. 근력이 부족한 상태에서 너무 무리하다 보면 근육이 과로 상태가 되어 결국 팔목에 염증이 생기는 것이다. 테니스를 하다가 잠시 플레이를 중지하여 팔꿈치의 안정을 유지한다. 잘못해서 손에 맞는다거나 너무 무거운 라켓을 드는 것도 원인의 하나이다.

기본 체력 조성을 위한 복근운동에도 주의해야 하는데 잘못된 복근운동을 계속했기 때문에 오히려 요통을 일으키는 사람도 적지 않다. 발목을 꽉 잡지 않고 무릎을 구부린 채 상체를 일으키는 복근운동이 안전하다.

3) 운동 부족을 해소하기 위해

①최소한 1주일에 3~4번은 운동하도록 마음먹는다.

②무리한 운동은 하지 않는다. 무리하지 않는다는 기준은 다음과 같은 맥박수에 둔다. 즉, 초대 맥박수(220에서 자기 나이를 뺀 수)의 70~85%를 허용 범위로 하여 이것을 초과하지 않도록 운동량을 조절한다.

③될 수 있는 대로 걷는다.

승강기나 에스컬레이터보다 계단을 이용한다. 한 정거장 정도의 거리는 걷는다. 평탄한 길에서는 걷는 속도를 올린다(1분에 100m 이상이 바람직하다).

④격렬한 운동을 주 1회 하는 것보다 가벼운 체조나 산책을 매일 하는 것이 효과적이다.

⑤스포츠 전후에 준비운동, 정리운동을 게을리하지 않는다.

7. 오장육부와 음양오행

오장육부란 한의학에서 인체의 내부 장기를 통틀어 하는 말이다. 오장은 간장·심장·비장·폐장·신장, 육부는 대장·소장·쓸개·위·삼초(三焦)·방광 등을 말한다. 장(臟)은 내부가 충실한 것, 부(腑)는 반대로 공허한 기관을 가리킨다. 삼초를 상초(上焦)·중초(中焦)·하초(下焦)로 나뉘어 각각 호흡기관·소화기관·비뇨생식기관을 가리키나 삼초가 해부학상의 기관인지 아닌지에 대해서는 논란이 있다. 옛 고서에서는 오장육부(五藏六府)라고 썼으나 후세에 육월편(肉月偏)을 붙여 오장육부(五臟六腑)라고 썼다.

한의학의 고전 『황제내경(黃帝內經)』의 '소문편(素問編)'에 "오장은 정기를 간직하여 쏟아내지 않고 차서 실하지 아니하며, 육부는 소화물을 전하여 간직하지 않고, 실해서 차지 않는다. 이것은 물이 입으로 들어가면 위(胃)가 실하고 장(腸)이 허해지며, 음식물이 내려가면 장(腸)이 실하고 위(胃)가 허해진다. 그러므로 실해서 차지 않고, 차서 실하지 아니하다"라고 하였다. 또한 동양 자연철학에서는 인체의 장부를 오행(五行: 목·화·토·금·수)에 빗대어 기능적인 상관 관계를 설명하기도 한다.

효봉삼무도에서는 주고받는 음양(陰陽)의 원리로 기술체계가 이루어져 4방8방 12 기본 기법으로 되어 있기에 오장육부와 음양 관계를 발췌해 보았다.

한의학의 근원이 여기서부터 이루어지며 모든 이론구성이 오장육부에 근거를 두고 있다. 사람 즉, 인체는 머리·목·몸통과 사지로 이루어졌으며 한의학에서는 머릿속 가슴속 및 뱃속에 있는 내장을 다음과 같이 크게 셋으로 분류한다.

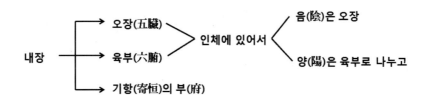

1) 오장(五臟)

오장은 간장·심장·비장·폐장·신장을 일컫는다.

2) 육부(六腑)

육부는 대장·소장·쓸개·위·삼초(三焦)·방광 등을 말하고 육부 속에 있는 삼초는 양의학에 이와 비슷한 이름도 있다.

3) 기항(奇恒)

기항의 부는 한의학적 용어이다. 기항의 부란 인체 내에 있는 내장이기는 한데 그 작용이 오장육부와 같지 않기 때문에 붙여진 이름이다. 기항(奇恒)이란 일반적으로 보통과 다른 특이한 것을 말하고, 여기서는 특이한 병을 말한다. 옛 의학서에 기항은 기병(奇病)을 말한다고 하였다. 기항의 부는 다음의 장기를 일컫는다.

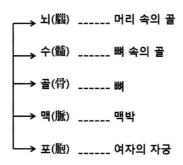

위의 기관은 형체는 육부와 비슷하며 하는 일은 오장과 비슷하나 오장은 아니고 육부도 아니기 때문에 '기항의 부'라고 한다고 고서(古書)에 기록돼있다.

4) 오감(五感)

사람의 감각은 인체에 있는 시각(視覺), 청각(聽覺), 미각(味覺), 후각(嗅覺), 촉각(觸覺)으로 분류하고 있다.

- 시각의 감각기관은 눈이다. 눈은 모든 사물을 보는 것이 중심이며 색깔과 모양, 빛의 강약(强弱)과 파장을 느껴 뇌에 시각을 전달하는 감각기관이다.
- 청각의 감각기관은 귀이다. 귀는 소리나 진동 등 듣는 기능을 가진 감각기관이다.
- 미각의 감각기관은 입(혀)이다. 입술에서 혀의 미뢰(味蕾) 속에 있으며 맛을 보고 느끼며 목구멍에서 소리를 내는 기관이다.
- 후각의 감각기관은 코이다. 코는 냄새를 맡거나 숨을 쉬는 후각신경을 통한다.
- 촉각의 기관은 피부이다. 인체의 체모에서 신경말단의 피부감각에 의해 어떤 종류의 물체를 만져보고 살갗에 닿았을 때에 끈적, 미끌, 온각, 냉각, 압각 등의 촉감으로 느껴지는 것이다.

오늘날에는 오감을 제외한 감각이 더 있는 것으로 알려져 있다. 내장감각에 있는 통각신경에 의해 전달되고 심부감각은 근육이나 운동량에 따라 나타나며 물체의 무게 등을 통해 느낄 수 있다.

5) 오미(五味)

5가지의 맛으로 신맛[산(酸)]·쓴맛[고(苦)]·단맛[감(甘)]·매운맛[신(辛)]·짠맛[함(鹹)]을 말한다. 옛 사람들은 한약의 성분을 밝힐 수 없었던 당시 조건에서 한약의 맛을 보고 맛과 약효와의 관계를 밝혀 놓았다. 옛 의학서에는 신맛을 가진 약은 주로 아물게 하고 수렴(收斂)하는 작용이 있고 단맛을 가진 약은 주로 자양하고 완화시키는 작용이 있으며, 매운맛을 가진 약은 주로 땀을 나게 하여 발산시키고, 기의 순환을 촉진하는 작용이 있고, 짠맛을 가진 약은 주로 굳은 것을 유연하게 하고 마른 것을 촉촉하게 하는 작용이 있고 쓴맛을 가진 약은 열을 내리고 수습(水濕)을 몰아내는 작용이 있으며 신맛을 가진 약은 간(肝)에, 쓴맛을 가진 약은 심(心)에, 단맛을 가진 약은 비위(脾胃)에, 매운맛을 가진 약은 폐(肺)에, 짠맛을 가진 약은 신(腎)에 주로 작용한다고 하였다.

- 신맛을 가진 성분은 아물게 하는 작용을 하며 간(肝)을 다스리지만 많이 먹으면 위가 나빠진다.
- 단맛을 가진 성분은 주로 자양(몸의 영양을 좋게) 하고 비위(脾胃)를 다스리지만 많이 먹으면 신장이 나빠진다.
- 매운맛을 가진 성분은 주로 땀을 나게 하여 발산시키고 기의 순환을 도우며 폐(肺)를 다스리지만 많이 먹으면 간 기능이 나빠진다.
- 짠맛을 가진 성분은 주로 굳은 것을 유연하게 마른 것은 촉촉하게 하는 작용을 하며 신(腎)장을 다스리지만 많이 먹으면 심장이 나빠진다.
- 쓴맛을 가진 성분은 열을 내리게 하고 심(心)장을 다스리지만 많이 먹으면 폐가 나빠진다.

위의 다섯가지 맛을 지원해 주는 떫은맛도 있다. 떫은맛은 육부(삼포, 삼초)를 좋게 하여준다.

오색

청색 ● 황색 ● 백색 ● 흑색 ● 적색

⇩　　⇩　　⇩　　⇩　　⇩

간(肝)　비(脾)　폐(肺)　신(腎)　심(心)

다섯 가지 색을 한의학에서는 장기를 색깔별로 구분하여 표시하였다. 사람 얼굴색을 보고 나타나는 건강 상태와 생김새에 따라 성격도 알 수 있으며 반면에 일상생활에서 직감과 육감으로 느끼는가 하면 미지의 영역 속에 숨어 있는 계시적인 것도 있다 하겠다.

6) 음양(陰陽)과 오행(五行)의 상대적 관계

음양오행(陰陽五行)은 중국의 고대 자연주의 철학에서 나온 학설로 역(易)이론이라고 하여 역학(易學)의 기초로도 쓰인다.

음양의 기원은 태초 우주의 무극(無極)시대로부터 시작된다. 아무 것도 없는 텅 빈 무극, 진공상태에서 오직 존재하는 일기시대를 거쳐 음양이 존재하는 시대가 되었다. 이로서 이 세상의 모든 것이 존재할 수 있는 두 가지 요소로 음양이 생겨나 음양(−,+)결합으로 존재, 존속, 발전해 나갔다.

우리가 살고 있는 지구는 태양을 구심점으로 자전과 공전을 거듭하고 있는 하나의 별이다. 그 별들의 원소는 나무(木), 불(火), 흙(土), 쇠(金), 물(水)의 오행으로 이루어져 있다. 음양이란 태초에 태양과 지구를 중심으로 만들어졌다. 태양과 달, 태양과 지구, 지구와 달의 관계를 음양으로 크게 두 가지로 구분함에 있어서 한편으로 대립되고 한편으로 동반자로서 남녀를 연상케 하여 매우 좋은 관계로 발전하기도 한다.

남녀가 만나서 궁합이 맞지 않으면 매일 싸움이나 하듯이, 이 두 가지 중에 어느 하나라도 기울거나 한쪽이 약하게 되면 극과 극으로 변하게 되는 것이 음양의 이치이다. 그래서 하늘과 태양을 양으로 구분하고 지구와 물은 음으로 구분된다. 음양의 이론이란 천지만물이 순환되면서 돌고 돌아가는 것이 마치 수레바퀴가 돌아가고, 기어가 맞물려 돌아가듯이 톱니바퀴처럼 돌아가기 마련이다.

가령, 태양은 양의 기운 그 자체이다. 열은 끊임없이 움직이고, 지구에 양기(陽氣)를 만들어주어 생명을 주는 핵심적인 에너지원이다. 하늘과 태양은 높고 밝고 양(陽)인 반면, 지구와 물은 낮음을 뜻하고, 태양이 비춰지지 않으면 어둡고 싸늘한 것이 음(陰)인 것인데, 이것은 물의 성질을 말한다.

양은 남자요 음은 여자를 뜻함이니, 하늘과 태양은 남자요 양인 것인데, 반면에 음은 달과 땅, 여자를 말한다. 그 속에서 양과 음이 조화를 이룬다는 것은 남녀가 결합하여 자식을 생산하는 것이며, 그것은 곧 가정과 사회, 나아가 국가를 형성한다. 조화의 과정은 생성, 존재, 운동하며 변화를 거듭한다. 그러므로 생명은 존재하기 위하여 운동하고 변화하기 위해 교육받고, 여러 분야에서 혼신을 불태우는 것이 아니겠는가.

오행을 상징하는 숫자로는 물(水)은 1과 6번, 나무(木)는 3과 8번, 불(火)은 2와 7번,

흙(土)은 5와 10번, 쇠(金)는 4와 9번이다. 음양오행이 쓰이는 이유는 천인합일(天人合一)이라는 원칙에서 이루어지고 있다. 즉, 자연이 음양으로 나누어지며 오행의 운행법칙에 따라 움직이고 존재하듯, 인체도 그와 같은 이치로 주고받으며 살아서 존재한다는 이론이 천인합일설이다.

천(天)은 자연으로서 대우주(大宇宙)라고 하며 인(人)은 인체로서 소우주(小宇宙)라 부르고 있다. 오행은 이러한 우주 생성변화의 이치를 말하며 각기 목(木), 화(火), 토(土), 금(金), 수(水)의 다섯 가지 성질을 빗대어 논할 수 있다. 위의 다섯 가지 성질이 서로 다른 기(氣)들이 결합해 수수작용을 통해 주고받으며 오행의 상대관계, 상생관계를 유지하기 때문에 자연은 파멸되지 않고 운행을 계속하고 있다.

7) 오행(五行)의 상생관계(相生關係)

오행이 서로 생하는 관계이다. 목생화(木生火), 화생토(火生土), 토생금(土生金), 금생수(金生水), 수생목(水生木)의 5종류의 관계를 말한다.

수(水)는 목(木)을 자라게 하는 성질이 있다. 화(火)는 소진(消盡)해 토(土)에 귀(歸)하는 성질이 있다. 토(土)는 금철(金鐵)을 산출하는 성질이 있다. 목(木)은 연소(燃燒)함으로써 화(火)를 생하는 성질이 있다. 금(金)은 광천의 원천이 되어 수(水)를 생하는 성질이 있다. 상생관계는 상생법칙이라고 하며 서로 돕는 관계를 말한다.

(1) 목(木)

나무가 자라면 다양하게 쓰임이 있고, 불을 피울 수 있다. 색은 청색(淸色)이고 방향은 해가 떠오르는 동(東), 계절은 봄(春)이다. 목생화(木生火)

(2) 화(火)

불은 뜨거우며 나무가 타고나면 재가 되어 흙이 된다. 색은 붉은 색(赤), 방향은 남

(南), 계절은 여름(夏)이다. 화생토(火生土)

(3) 토(土)

토(土)는 중간이며 모든 것을 품고 흙속에는 돌 또는 쇠가 될 수 있는 요소들이 들어있다. 색은 누른 색(黃), 방향은 중앙. 계절은 환절기이다. 토생금(土生金)

(4) 금(金)

쇠(鐵)는 성질이 차갑고 단단하다. 그래서 쇠에 습기가 모여 물이 생긴다.
색은 흰색(白色), 방향은 서(西), 계절은 가을(秋) 금생수(金生水)

(5) 수(水)

물이 있어야 나무는 자랄 수 있다. 물은 냉하고(차갑고) 색은 검은 색(黑色), 방향은 북(北), 계절은 겨울(冬)이다. 수생목(水生木)

※ 여기에서 생(生)은 낳는다는 뜻이다.

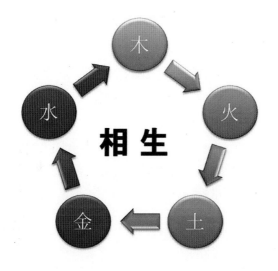

<오행배속도>

목(木)	화(火)	토(土)	금(金)	수(水)
甲			辛	
청색(靑)	적색(赤)	황색(黃)	백색(白)	흑색(黑)
인(仁)	예(禮)	신(信)	의(儀)	지(智)
봄	여름	환절기	가을	겨울
아침	점심	오후	저녁	한밤중
동쪽	남	중앙	서	북
간(肝)	심(心)	비(脾)	폐(肺)	신(腎)
담	소장	위	대장	방광
눈	혀	입	코	귀
신맛(酸:산)	쓴맛(苦:고)	단맛(甘:감)	매운맛(辛:신)	짠맛(鹹:함)
바람(風:풍)	열(熱:열)	습(濕)	메마름(燥)	차다(寒)
곡직(曲直)	염상(炎上)	가색(稼穡)	종혁(從革)	윤하(潤下)
ㄱ, ㅋ	ㄴ, ㄷ, ㄹ, ㅌ	ㅇ, ㅎ	ㅅ, ㅈ, ㅊ	ㅁ, ㅂ, ㅍ
3, 8	2, 7	5, 10	4, 9	1, 6

8) 오행(五行)의 상극관계(相剋關係)

사물 상호관계에서 한 사물이 다른 사물을 제약하고 억제하는 관계를 이르는 말이다. 오행(五行)에 속한 목(木)·금(金)·토(土)·수(水)·화(火)의 상극 관계를 보면 목극토(木剋土)·토극수(土剋水)·수극화(水剋火)·화극금(火剋金)·금극목(金剋木)이다.

옛 의학서에는 상극 관계에서 나를 제약하는 것을 극아자(克我者) 또는 소불승(所不勝)이라 하고, 내가 제약하는 것을 아극자(我克者) 또는 소승(所勝)이라 했으며 상극 이론으로 몸의 생리 및 병리적 기전들을 설명했는데, 이것은 장부 상호간의 생리 및 병리적 관계를 오행 이론에 도식적으로 결부시킨 것이다.

(1) 상극관계를 상극법칙이라고도 하며 서로 이기고 지는 관계이며 나무는 그 뿌리를 땅에 두고 땅속의 자양분을 섭취하면서 살아가며 그 뿌리는 흙을 약하게 한다. 목극토(木剋土)

(2) 흙은 물을 막아 흐를 수 없게 만들기도 한다. 토극수(土剋水)

(3) 물은 불을 끌 수 있다 수극화(水剋火)

(4) 불은 쇠를 녹여 제련한다. 화극금(火剋金)

(5) 쇠는 단련하여 나무를 자를 수 있다. 금극목(金剋木)

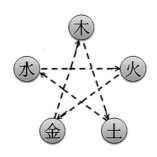

〈상극관계〉

*목극토(木剋土) 토극수(土剋水) 수극화(水剋火) 화극금(火剋金) 금극목(金剋木)

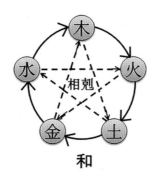

※ 여기에서 극(剋)은 이긴다는 뜻이며, 이긴다는 말은 극(剋)이외에 승(勝) 또는 승
(乘)이라고도 한다.

◆ 십천간(十天干)과 십이지지(十二地支)의 관계

천지만물에는 음양(陰陽)이 있으며 즉, 하늘과 땅이 있듯이 모든 생존의식을 갖고 있
는 그 자체는 음양(陰陽)에 구분이 있으며 소우주라고 하는 사주철학에도 하늘이라 칭
하는 천간(天干)과 땅이라고 하는 지지(地支)가 있는데 자기가 태어난 년(年), 월(月), 일

(日), 시(時)를 십천간(十天干)과 십이지지(十二地支)라는 특정 기호(십천간十天干과 십이지지十二地支를 그냥 십간十干, 십이지十二支라고도 부름)를 하나씩 빌려 태어난 해를 연주(年柱), 태어난 달을 월주(月柱), 태어난 날을 일주(日柱), 태어난 시간을 시주(時柱)로 모두 4개의 주(柱:기둥)로 표기하여 원명을 분석하기 때문에 사주학이라는 명칭이 생겨났다.

보이지 않는 이(理)와 기(氣)의 작용을 형상으로 표시해 놓은 것으로 하늘(天)과 땅(地)과 사람(人)의 도(道)가 담겨져 있는 것이다.

그러면 십간(十干)과 십이지(十二支)는 어떻게 나온 것인가? 십간(十干)은 10일, 즉 1순(旬, 10)이라는 뜻에서 나온 것이고, 그것은 다음과 같다.

1	2	3	4	5	6	7	8	9	10
갑	을	병	정	무	기	경	신	임	계
甲	乙	丙	丁	戊	己	庚	辛	壬	癸

역(易)에서는 이를 십간(十干)이라 하고 음양(陰陽)과 오행(五行)을 부속시킨다. 우주에는 아직 뭉쳐지지 않은 기(氣)가 흐르고 있고 지구는 태양의 둘레를 공전(公轉)하고 열흘(약 25일의)을 주기로써 자전(自轉)하며 기(氣)가 흐르는 곳을 지나가며 돌고 있다.

땅(地)은 12일을 주기로 어떤 기(氣)를 강하게 받아들이고 발산하는 작용을 반복한다. 여기에서 십이지(十二支)가 나왔다.

십간(十干)과 함께 십이지(十二支)는 이미 중국 은(殷)나라 시대에도 널리 쓰였고, 십이지(十二支)는 아래와 같다.

1	2	3	4	5	6	7	8	9	10	11	12
자	축	인	묘	진	사	오	미	신	유	술	혜
子	丑	寅	卯	辰	巳	午	未	申	酉	戌	亥
쥐	소	범	토끼	용	뱀	말	양	원숭이	닭	개	돼지

12라는 수를 택한 기원은 아마도 달이 12번을 그려졌다 차고 하는 것을 되풀이하면서 지구가 태양의 주위를 공전하여 다시 제자리에 온다고 생각한 것 같다.

그러나 정확히 그 자리에 오는 것은 아니므로 이를 엄밀하게 계산해서 몇 년에 한 번씩 윤달이라는 것을 두게 되었다.

이 십간과 십이지를 결합하면, 갑자(甲子) 을축(乙丑), 병인(丙寅), 계해(癸亥)까지 60개의 간지(干支)를 만들 수 있다. 이것을 육십갑자(六十甲子)·육갑(六甲) 등으로 부른다. 이들 육십갑자는 해마다 1개씩 배당하여 세차(歲次)하고, 다달에 배당한 것을 월건(月健)이라 하며, 나날에 배당한 것을 일진(日辰)이라 한다.

* 천간(天干)에서는
갑(甲)과 을(乙)을 나무(木)라고 하고,
병(丙)과 정(丁)을 불(火),
무(戊)와 기(己)를 흙(土),
경(庚)과 신(辛)을 쇠(金)
임(壬)과 계(癸)를 물(水)이라고 한다.

* 지지(地支)에서는
인(寅)과 묘(卯)를 나무(木)라고 하고,
사(巳)와 오(午)를 불(火),
신(申)과 유(酉)를 쇠(金),
해(亥)와 자(子)를 물(水),
진(辰), 술(戌), 축(丑), 미(未)를 흙(土)으로 한다.

9) 음양(陰陽)의 작용과 변화

음(陰)과 양(陽)의 두 개의 기(氣)가 변역(變易)조화를 함으로써 봄 여름 가을 겨울(春夏秋冬)의 계절이나 세월, 시간, 밤과 낮의 교체 등의 추이가 이루어지는 것이며 이러한 천기, 기상, 계절의 변화는 인간의 영역 밖에 있는 것이다.

자연법칙에 따라 춘하추동 사계절의 교체는 음과 양의 추이로 이루어지는 것이다. 시절이나 밤낮의 시간이 길고 짧음도 음과 양이 적절하게 작용함으로써 이루어지는 것이며, 낮과 밤이 서로 바뀌는 것도 음과 양의 조화로써 이루어지는 것이다.

이들 계절, 시간, 낮과 밤의 변천 교체는 모두가 음양(陰陽) 이기(二氣)의 상승작용(相乘作用)으로 일어나는 것이며 이를 일으키는 음양은 언제나 적절하고 조화롭게 작용하는 것이다.

비록 음양의 작용이 적절하고 조화롭게 운행하지 못한다 하더라도 인간의 힘으로서는 불가능하다. 음양의 작용에 대하여 남음이 있다고 해서 깎아 낼 도리가 없으며 모자란다고 해서 더 보태줄 수도 없는 것이다.

인간뿐만이 아니라 천지 만물이라 할지라도 그 작용에 대하여 더 할 수도 깎을 수도 없는 것이다. 그러하기 때문에 인간의 지혜와 힘으로 이를 옳고 적절하게 다스리며 과학의 능력을 잘 활용해 모든 대상에 맞도록 올바르게 다스려야 한다.

◎ 팔절(八節)

8개의 절기(節氣). 즉 입춘(立春) · 춘분(春分) · 입하(立夏) · 하지(夏至) · 입추(立秋) · 추분(秋分) · 입동(立冬) · 동지(冬至) 등을 말한다. 특히 한의학에서는 양쪽 팔다리에 있는 8개의 관절을 가리키는 말로서 양쪽 팔다리의 주관절과 손목 관절 · 슬관절과 발목 관절을 말한다.

1	2	3	4	5	6	7	8
입춘	춘분	입하	하지	입추	추분	입동	동지
立春	春分	立夏	夏至	立秋	秋分	立冬	冬至

〈이십사시二十四時〉

하루를 스물넷으로 나눈 시간. 오전 오후 각각 열두 시간에 이십사방위의 이름을 붙여 이름.

시	1	2	3	4	5	6	7	8	9	10	11	12
오전	계(癸)	축(丑)	간(艮)	인(寅)	갑(甲)	묘(卯)	을(乙)	진(辰)	손(巽)	사(巳)	병(丙)	오(午)
오후	정(丁)	미(未)	곤(坤)	신(申)	경(庚)	유(酉)	신(辛)	술(戌)	건(乾)	해(亥)	임(壬)	자(子)

<이십사절기二十四節氣>

태양의 황도(黃道) 상의 위치에 따라 일 년을 스물넷으로 나눈 계절의 구분. 이
십사기, 이십사절후

계절	절기	음력	양력
봄	입춘(立春) 우수(雨水) 경칩(驚蟄) 춘분(春分) 청명(淸明) 곡우(穀雨)	정월 이월 삼월	2월 4,5일 2월 19,20일 3월 5,6일 3월 21,22일 4월 5,6일 4월 20,21일
여름	입하(立夏) 소만(小滿) 망종(芒種) 하지(夏至) 소서(小暑) 대서(大暑)	사월 오월 유월	5월 6,7일 5월 21,22일 6월 6,7일 6월 21,22일 7월 7,8일 7월 23,24일
가을	입추(立秋) 처서(處暑) 백로(白露) 추분(秋分) 한로(寒露) 상강(霜降)	칠월 팔월 구월	8월 8,9일 8월 23,24일 9월 8,9일 9월 23,24일 10월 8,9일 10월 23,24일
겨울	입동(立冬) 소설(小雪) 대설(大雪) 동지(冬至) 소한(小寒) 대한(大寒)	시월 동지 섣달	11월 7,8일 11월 22,23일 12월 7,8일 12월 22,23일 1월 6,7일 1월 20,21일

제2절 효봉삼무도로 본 무극(無極)과 태극(太極)

1. 우주원리와 효봉삼무도의 조화

위의 도표는 효봉삼무도의 우주원리를 중심삼고 모든 기술이 음양(陰陽) 원리의 공식

에 의해 체계화하여 창제된 효봉삼무도이다. 일반적으로 알고 있는 무극(無極), 태극(太極), 기(氣), 도(道)를 문헌을 통해 발췌·정리해 보았다.

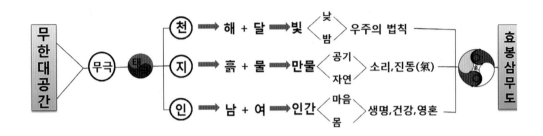

(1) 도(道)의 일맥(一脈)이 무(武)요
(2) 도(道)의 일맥(一脈)이 기(氣)이며
(3) 도(道)의 일맥(一脈)이 인(氤)이라.

1) 무극이태극(無極而太極)

'무극이태극(無極而太極)'은 우주만유(宇宙萬有)의 근원이 되는 근본적 실체의 무형성(無形性)과 제일원인적(第一原因的) 실재성(實在性)을 함축하고 있다.

무극과 태극의 관계는 동일성과 차별성이라는 이중적 의미를 갖는다. 즉, 태극과 별도로 무극이 있는 것이 아니며, 또 무극 외에 태극이 있는 것도 아니다.

이는 무차별한 것으로서 명상(名狀: 사물의 상태를 말로 나타냄)할 수 없는 유일·절대적 본체(本體)이다. 이러한 측면에서 양자(兩者)는 동일성을 가지는 것이다.

즉, 이언적(李彦迪 1491~1553: 조선조 유학, 곧 성리학의 정립에 선구적인 인물)은 주돈이(周敦頤·1017~1073:중국 북송시대의 유학자로, 성리학의 기초를 닦음)의 무극이곧 태극은 도의 극지(極至)·시원(始源)으로서 만물의 근저임을 밝힌 것이다.

이언적은 이를 전제하고, 그것은 무방소·무형상(無方所無形狀)이나 충막무짐(沖漠無朕: 공허하고 광막하여 아무 조짐도 볼 수 없음)한 가운데 만상(萬象)이 모두 갖추어져 있으므로 양자(兩者)는 혼연된 하나라고 말했다.

하지만 동시에 무극과 태극에는 정조(精粗)·본말(本末)·내외(內外)·빈주(賓主)의 분별이 엄연히 존재하는 것이어서 결코 이단(異端)의 무(無)와 같은 허무(虛無)가 아니므로 태극이라고 해야 한다고 주장했다.

따라서 무극이 태극은 태극 위에 다시 또 태극이 있는 것이 아니다. '지무지중(至無之中)에 지유(至有)가 있다'는 뜻이라 했다. 또 대본과 달도(達道)는 진실로 하나이지만 그 안에 오히려 체용(體用), 동정(動靜), 선후(先後), 본말(本末)이 있으므로 혼연무분(渾然無分)한 것으로서의 멸무(滅無)가 아니라고도 했다.

2) 무극(無極)

무극이란 성리학(性理學)의 우주론에서 만물의 본질인 궁극자의 무형적(無形的) 측면을 지칭하는 용어이다. 무극이라는 말은 『춘추좌씨전(春秋左氏傳)』에 기록돼 있다.

『춘추좌씨전』 '희공(僖公)' 24년의 "여자의 덕은 한이 없다"(女德無極여덕무극), 노자의 『도덕경(道德經)』 28장에 "무극으로 돌아간다"(復歸千無極복귀천무극)고 했다. 주희는 "무극이 도가(道家)사상의 영향이 아닌 주돈이의 창작이며 태극만을 말하면 사람들이 구체적인 실물의 존재로 이해할까 염려하여 무극을 말하는 것"이라고 했다. 주희는 또 무극은 곧 태극의 무형상성(無形像性)을 표현한 것이며, 무극과 태극이 한 궁극자의 양면성을 나타낸 것이라고 했다.

이 문제는 조선시대 이언적(李彦迪)과 조한보(曺漢輔)의 논변을 통해 재조명됐다. 조한보는 무극의 초월성을 강조해 노·장(老壯)이나 불교에 가까운 이해를 주장했고, 조선은 철저히 주희의 논지를 계승하여 무성(無聲)·무취(無臭)한 무한의 무형상의 의미임을 강조했다.

전체적으로 보면 '무극'은 노·장의 궁극자(窮極者)를 표현하는 용어였으나 성리학에서 본원자(本源者)의 초월성을 표현하는 의미로 쓰이면서 '유학(儒學)의 철학화(哲學化) 과정에서 중요한 지위를 차지한 것이다.

3) 태극(太極)

태극이란 만물을 생성하고 본원(本源)으로서 만물이 생성하기 이전부터 존재하는 궁극적 실체(實體)이다. 정현(鄭玄)에 따르면 이것은 원래 북극성을 의미하는 말이었다고 한다.

'극(極)'은 '중(中)'자와 통하고 북극성은 하늘의 중심에 있기 때문이다. 그러나 『주역周易』'계사전(繫辭博)'에는 이것을 음양(陰陽)이 나뉘어지기 이전부터 존재하는 실재, 곧 통체(統體)를 가리키는 것으로 사용했으며 동양사상에서는 본체론(本體論)의 중심개념으로 등장했다.

본체론을 보면 현상계(現象界)의 기초 또는 근원으로 초감각적 대상에 관한 논설이다. 주초(周初)이래 경천사상(敬天思想) 중에서는 상제(上帝)를 초감각적 대상으로서의 천명설(天命說)이나 천도관(天道觀)의 전개가 나타났는데, 그 이후의 관심은 조화의 도(道)로 향했다.

형이상학적 본체로서의 도를 개념적으로 처음 규정한 것은 『주역』 "형이상자(形而上者)를 도(道)라 하고 형이하자(形而下)를 기(器)라 한다."에 근거한다. 『주역』에서 말하는 도는 실천적으로는 만물화생(萬物化生)의 요인으로 간주되는 천지신도(天地神道), 천지지도(天地之道), 천지인(天地人) 삼재(三才)의 도(道) 등의 총칭으로, 그중에서도 주로 천지의 도를 의미하는 개념이다.

이는 『중용』에서 말하는 명(明)이며, 실천을 통해 삼재를 관통하는 것이 성(誠)이다. 천지인 이외에도 삼재는 음(陰)과 양(陽), 중화(中和)를 의미하기도 한다. 또한 형(形), 기(氣), 신(神)을 뜻하기도 하고, 천기(天氣), 지기(地氣), 인기(人氣)를 의미하기도 한다.

『주역』에서는 "역(易)에는 태극이 있고 태극이 양의(兩儀)를 낳으며, 양의가 사상(四象)을 낳고 사상이 팔괘(八卦)를 낳는다."(易有太極 生兩儀 兩儀生四象 四象生八卦역유태극 생양의 양의생사상 사상생팔괘)라고 하여 태극〉양의〉팔괘라는 생성론(生成論)적인 도식을 기술하고, 태극을 본원으로 제시하고 있다. 즉, 태극도해(太極圖解)에서 태극이 동(動)하여 양(陽)이 되고 정(靜)하여 음(陰)이 되는 소이(所以)의 본체로서 규정하고 현상에 속하는 형이하(形而下)의 배후에 존재하는 이체(理體)로서 정립했다. 그밖에도 '조화의 기틀이며 품휘의 바탕(造化之樞紐品品彙之根抵也)', '본연지묘(本然之妙)', '형이상지도(形而上之道)', '천지만물을 총괄하는 이(總天地萬物之理)'라고 다양하게 규정함으로써 다각적으로 태극의 본질을 설명했다.

이러한 관점은 일음일양(一陰一陽)하는 소이(所以)를 도(道)로 보는 정이(程頤)의 견해를 계승한 것이다. 주희에 의해 자연과 인간의 근거로서 이(理)와 기(氣)로 설명하지만, 궁극적인 근거는 이체(理體)로서의 태극이었다.

주희는 태극을 『중용(中庸)』의 '천명(天命)'과 연결하여 성(誠) 또는 실리(實理)의 단서(端緒)로 지고무상(至高無上)하며 절대적인 선(善)으로 판단하였다.

이후 청대(淸代)의 정주학자(성리학자)인 육롱기(陸隴其)는 이것을 "태극은 만리의 총명이니 하늘에 있으면 명(命)이 되고, 사람에게 있으면 성(性)이 된다"(大極論)라고 표현했다.

4) 태극도설(太極圖說)

태극도설은 송대(宋代)의 성리학자 주돈이(周敦頤)가 우주론(宇宙論)과 인생론(人性論)을 일관되게 설명한 도설(圖說)로서 1권도(圖)와 이것을 설명한 본문(本文)249자(字)로 되어있다.

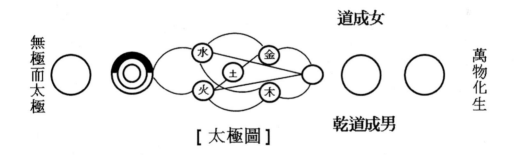

[太極圖]

도설(圖說)은 다섯 문단으로 되어 있고, 도(圖) 역시 다섯으로 나누어져 있다.

첫째 층은 무극이며, 둘째 층은 음양을 품고 태극으로 검은 색은 음을, 흰색은 양을 나타낸다.

셋째 층은 오행(五行)을 나타낸 것이며 또 하나의 작은 원은 오행의 묘합(妙合)을 의미한다.

넷째 층에 있는 원은 천지의 이기(二氣)를 나타내며, 다섯째 층의 원은 만물의 화생(化生)을 의미한다.

도설은 '무극이태극(無極而太極)'이라는 말부터 시작한다. 유교경전에서 '태극'이라는 용어가 처음 쓰인 것은 『주역(周易)』 '계사전(繫辭傳)'에 있는 역유태극 시생양의 (易有太極 是生兩儀)이다.

2. 근대 이론

근대에 들어 손문(孫文)도 원시(原始)(여기서는 시간의 발생점發生點을 의미함) 때에 태극이 동(動)하여 전자(電子)를 낳고 전자가 원소(元素)를, 원소가 물질로서 지구를 만들었다고 하여 태극을 만물생성(萬物生成)의 제1원인으로 파악하였다.

이는 우주생성론 또는 진화론이라고도 할 수 있는데, 유물론(唯物論)적 관점에서 볼 때 태극이 우주만물의 원기(元氣)로서 전자를 생산한다는 것은 소박한 유물론의 범주(範疇)에 속하는 것이다.

우리나라에서 태극에 대한 논변을 벌인 학자는 이언적(李彦迪)이다. 그는『여조망기당한보서(與曺亡機堂漢輔書)』에서 주리론(主理論)적인 관점에서 태극을 정의하고 있다.

이언적은 주희의 입장에서 조한보를 비평하고 주돈이의 '무극이태극(無極而太極)'은 도(道)의 극지(極至), 시원(始原)으로서 만물의 기틀이며 결코 노장철학에서 말하는 허무(虛無)의 의미가 아니라고 주장했다.

퇴계 이황(李滉)은 태극천리관(太極天理觀)을 근간으로 하는 주리설(主理說)을 제시했다. 이에 따라 태극은 조선 성리학의 우주론 및 본체론을 구명(究明)하는데 있어서 가장 중요한 관점이 됐다.

제3절 효봉삼무도에서 본 도(道)의 개념

1. 도(道)란 무엇인가

"도(道)에 대해 아십니까?"

길거리 포교에 나선 특정 종교 신도들이 던지는 질문을 한번쯤은 들어보았을 것이다. 그들의 입을 막는 방법은 역으로 질문을 던지면 될 것이다.

"당신은 정말 도를 아십니까?" 횡설수설한다면 그는 도를 모르는 사람이다.

진실로 안다면 그렇게 길거리를 헤매고 다니지 않을 것이다. 진실은 언제나 단순하다. 그러면서도 명쾌하지 않다. 인간의 언어나 글로서 명쾌하게 정의가 된다면 그것은 본질과는 거리가 멀다.

진리란 속 시원하게 증명되지 않을 수 있다. 불교 선가(禪家)에는 불립문자(不立文字)라는 말이 있다. 선가에서는 참된 불법(佛法)으로서의 정법(正法)은 마음에서 마음으로 전해지는 것(以心傳心)이지 문자로 전해지는 것이 아니라는 것이다.

도(道)라는 것도 그와 같지 않을까? 도는 우주의 기(氣)가 흐르는 자연조화의 이치(理致)이며 하늘(天)과 땅(地)을 이어 사방(四方)에 펼쳐져 있으며 자연적인 삶과 자기정화(自己淨化)를 터득하고 깨달음을 통해 이를 지킬 줄 아는 것이라 할 수 있다.

도라고 하면 우리에게 주는 교훈은 참으로 뜻이 깊고 크다 하겠으나 **도를 말하는 사람은 쉽게 말할 수 있지만, 정작 도를 깨달은 사람은 보기 드물다.**

도를 터득하기 위해 심산유곡이나 조용한 산사(山寺)를 찾아 속세와 인연을 끊고 사는 사람을 이따금 볼 수 있다. 하지만 억울한 일을 당하는 많은 것들을 내려놓기 위해 수행(修行)의 문(門)을 찾는 이들도 있다. 하지만 갈고 닦는 길은 참으로 어렵고 힘든 일이다.

동양에서 말하는 도(道)에 관한 문헌들을 살펴보면 도가에서 말하는 도, 공자가 말하는 도, 맹자가 말하는 도를 여러 면에서 이렇게 설명하고 있다.

2. 동양 철학사상 속의 도(道)

도(道)는 사물의 당연한 이치로서 영원무궁한 것이므로 사명이 있을 수 없다. 도는 진리의 본원으로, 철학에 있어서는 보편적 무상(無上)의 진리이며 모든 인간에게 있어서는 실천해야 할 최고의 선(善)인 것이다.

그러나 공자는 "사람이 길을 넓힐 수 있는 것이지 길이 사람을 넓힐 수 있는 것은 아니다(人能弘道非道弘人인능홍도비도홍인)"라고 하면서 도가 인간에 의해 창조되어 이루어질 수 있는 것으로 보았다. 도(道)가 최고의 것으로서 어디에도 통할 수 있는 것이라면, 아무런 제한도 있을 수 없다. 하지만 그것이 어떤 제한을 받게 되면 이 제한 때문에 일정한 의미를 지니게 된다. 이 때문에 도(道)는 천(天) 또는 인(人)으로 규정하여 천도(天道)와 인도(人道)의 구별이 생겼다. 도가(道家)에서 말하는 우주의 본체, 우주의 원리, 즉 천지자연의 도를 말한다면. 공자를 대표로 하는 유가(儒家)는 주로 인간이 걸어가야 하고 실행해야 하는 바른 길, 인륜의 도를 말한다.

공자는 "도에 뜻을 두었다(志於道지어도)"라고 하고 "아침에 도를 들으면 저녁에 죽어도 좋다(朝聞道夕死可去조문도석사가거)"라고 할 정도로 도의 궁극적 진리 탐구에 열성을 가졌다.

또 공자는 도를 말할 때에 '오도(吾道)'라고 하여 다른 사람들이 말하는 바, 도의 개념과 구별해서 강조했고 제자들도 '부자의 도(父子之道)'라 했던 것을 보면 그 당시의 일반적으로 도라는 용어를 사용하는 것과 그 내용이 달랐음을 알 수 있다.

『중용(中庸)』에서는 "충서(忠恕)는 도(道)를 나타내는 가까운 길이라고 했다. 충(忠)은 성실한 자기 인간성의 지각이며, 서(恕)는 충의 확장을 의미한다. 그것은 결코 고독한 개인의 자각(自覺)이 아니라 인간의 사회적 관계에 대한 자각이다. 충서는 바로 인(仁)의 구체적인 실천방법이라고 할 수 있다.

『논어(論語)』에는 70여회에 걸쳐 '도(道)'자가 나오지만 그 의미가 다양하여 하나로 정의하기 어려운데, 그 중에서도 고차원적인 의미로 사용한 것은 '일이관지'(一以貫之: 하나의 이치로써 모든 것을 꿰뚫음)라고 하는 도이다.

주희(朱熹)는 이러한 도(道)를 주석하기를 "도라는 것은 인륜일상(人倫日常)의 사이에

마땅히 행하여야 할 것"(道則人倫日用之間所當行者是也도즉인륜일용지간소당행자시야)라 하고, "도란 모든 사물의 당연한 이치를 이름이요. 사람들이 공통으로 말미암아야 할 것"(凡言道者智謂事物當然之理八之所共者也범언도자지위사물당연지리팔지소공자야)이라 하였다.

맹자(孟子)는 인간의 착한 마음(仁心)에 의한 행위를 하였을 때 정도(正道)라 하고, 그렇지 않으면 비도(非道)라고 하였다. 맹자는 인간이 짐승과 구별되는 것으로 인간만이 고유하게 가진 인의예지(仁義禮智)의 본성을 들고 있다. 이 본성은 인심(人心)으로 드러난다. 그래서 맹자는 "인(仁)이란 바로 사람됨이며 합해서 말하면 도(道)"(仁也者人也 合而言之道也인야자인야 합이언지도야)라고 하였다.

공자(孔子)는 '중용의 도(道)'를 지상(至上)의 미덕으로 제시하기도 하였다. 공자와 맹자는 인도(仁道)가 우리 자신 속에 내재하는 것이라 보았다. 그래서 맹자는 "도(道)는 둘이다. 인과 불인일 뿐이다"(道二仁興不仁도이인흥불인)라고 하고 인도(仁道)에 표준을 세워놓고 이단(異端)을 배척하였다. 인도(仁道)가 정치에 응용되면 '군신의 도(君臣之道)'가 되고, 가정에 적용되면 자도(慈道), 효도(孝道)가 되며 사회에 활용하면 '붕우의 길(朋友之道)'이 되는 것이다.

이러한 도(道)의 개념이 『역전(易傳)』에서는 자연 질서와 사회법칙으로 되어 있다.

도(道)를 자연 질서로 본 태괘(泰卦)는 '하늘과 땅이 교접하는 것'이다.

순자(荀子)는 도(道)를 만물의 보편 규율로 보았다. 『순자』31편 '애공(哀公)'에서 순자는 "도란 만물을 변화시키고 수성(遂成)하게 하는 것이다."라 하고, '천론(天論)'에서는 "만물은 도(道)의 한 귀퉁이가 되며 일물(一物)은 만물의 한 귀퉁이가 된다"라고 했다.

도(道)는 만물을 변하게 하고 수성하게 하는 소이연(所以然)이라고 보고, 또 만물의 보편규율로 보아 도(道)는 만물 가운데에 있다고 하였다. 송(宋), 원(元), 명(明), 청(淸) 시대에 이학사조(理學思潮)가 흥기하고 발전함에 따라 도에 관한 서로 다른 해석이 나왔는데, 이는 크게 세 가지로 나뉜다.

첫째, 정이(程頤), 주희(朱熹) 등은 이(理)로써 도를 해석하였고 둘째, 육구연(陸九淵), 왕수인(王守仁) 등은 심(心)으로 도를 해석했다. 셋째, 장재(張載), 왕정상(王廷相), 왕부지(王夫之) 등은 기(氣)로써 도를 해석했다. 장재는 『정몽(正蒙)』 '태화(太和)'에서 '기화(氣化)가 있으면 도의 이름이 있다'고 했다. '태화의 기(氣)'를 도로 보기도 한다.

왕안석(王安石)도 장재와 같이 체용(體用) 방면으로부터 도(道)는 기(氣)라고 설명하였다. 그러나 정이, 정호(程顥) 등과 소옹(邵雍)은 장재와 왕안석의 도론(道論)을 극렬하게 반대했다.

소옹은 『관물외편(觀物外篇)』 등에서 도를 신(神)으로 해석했다. 정이와 정호는 이(理)로써 도를 해석했다. 정호는 『하남정씨유서(河南程氏遺書)』 1권에서 "상천(上天)의 일이란 냄새도 없고 소리도 없다."고 했다. 그 본체를 역(易)이라 하고 그 이치를 도(道)라고 한다.

호굉(胡宏)도 정이, 정호의 관점을 이어받아 태극(太極)으로써 도를 해석하여, 도를 무형(無形) 무진(無盡)한 태극이라고 보았다. 그는 『지언(知言)』 5권에서 "한번 음(陰)하게 하고 한번 양(陽)하게 하는 것을 도"라고 했다.

주희는 이정(二程)과 호굉의 학설을 계승하고 발전시켜 이(理)로써 도를 해석하였다. 그는 『답황도부(答黃道夫)』에서 "이(理)라고 하는 것은 형이상(形而上)의 도이며 만물을 낳는 근본"이라며 "기(氣)라고 하는 것은 형이하(形而下)의 기(器)이며 만물을 낳는 기구이다"라고 했다. 도와 기(器)의 관계에 대해 주희는 이중성을 나타낸다.

육구연陸九淵), 왕수인(王守仁) 등과 같은 학자로서 이들은 '도기불상리(道器不相離)의 입장을 포기하고 더욱 진일보하여 도를'물(物) '중에서 유리(遊離)시켜 마음(心)가운데 안치하여 주관유심론의 도론으로 나아갔다.

육구연은 '심즉리(心卽理)'의 입장에서 도는 우주만물의 본원이라는 관점을 승인하였다. 그러나 그는 도가 물(物)가운데 있다는 것은 승인하지 않고, 도는 마음 속에 있는 것이라고 보아 도와 심(心)을 동의어로 보았다.

진현장(眞賢章)도 도와 마음의 분립을 반대하고 도는 마음에서 생(生)하는 것이라고 보았다. 그는 도는 천지(天地)의 근본이나 도는 물질성의 실체는 아니며 마음(心)에서 생하는 정신실체로 보았다.

왕정상은 '유물주의 원기론'에 입각하여 도를 "기를 떠난 도는 없다" "형태가 있어도 기가 있고, 형태가 없어도 기가 있다. 도는 그 가운데에 깃들어 있다"라고 하여 도는 결코 기를 떠나 독립적으로 존재하는 신물(神物)은 아니며 유형 또는 무형의 기(氣) 가운데 깃들어 있는 규율로 보았다.

유종주(劉宗周)는 "천지 사이에 가득한 것은 일기(一氣)일 뿐이다"라는 관점에서 "기

(氣)를 떠나서는 도를 볼 수 없다. 그러므로 도와 기(器)는 상과 하, 선과 후로 말할 수는 없다"고 했다.

황종희(黃宗羲)도 "천지에 가득한 것은 모두 기(氣)"라는 관점에서 출발하여 도는 기에 깃들어 있는 것이라고 했고, "음과 양의 기를 버리고서는 도를 볼 수 없다"고 했다.

이러한 도에 관한 다양한 학설은 중국 사상가들의 세계 본원과 규율에 대한 인식이 심화과정에서 나타난 것이라고 할 수 있다.

도(道)가 말해 주는 진리성(眞理性)은 결국 하나이다. 그러나 이를 구현하는 법이 여러 가지로 다를 뿐이다.

① 하나인 진리의 도를 따라 집안을 잘 다스리는 사람은 한 집안의 가장(家長)이라 할 수 있다.
② 하나인 진리의 도를 따라 마을(鄕)을 잘 다스리는 사람은 한 마을의 향장(鄕長)이라 할 수 있다.
③ 하나인 진리의 도를 따라 나라를 잘 다스리는 사람은 한 나라의 군주(君主)라 할 수 있다.
④ 하나인 진리의 도를 따라 천하를 잘 다스리는 사람은 온천하의 천자(天子)라 할 수 있다.
⑤ 하나인 진리의 도를 따라 만물이나 만사를 바르게 자리 잡고 안정시켜주는 사람은 천하를 다스리는 천자를 보필할 자격이 있는 군자(君子)라 할 수 있다.
⑥ 하나인 진리의 도를 버린 임금에게는 백성들이 따라 오지 않는다.
⑦ 반대로 하나인 진리의 도를 지니고 실천하는 임금에게는 백성들이 떠나지 않는다.

하늘이 만들어 낸 만물은 사람에게 공평무사(公平無私)하게 쓰이게 마련이다. 사적으로 가까울 것도 없고 멀 것도 없다. 따라서 공평무사한 만물을 잘 활용하면 남음이 있게 마련이고 잘못 쓰면 부족하게 마련이다.

제4절 기(氣)와 인간

1. 기(氣)와 인간 그리고 자연

1) 기(氣)란 무엇인가

과학자들이 말하는 에너지, 우리가 말하는 기(氣), 성직자들이 말하는 정신이라고 칭하는 것은 본질적으로 같다고 볼 수 있다.

하지만 그것의 근원에 대한 문제는 여전히 해결되지 않고 남아있다. 실제로 에너지는 육안으로 볼 수 없다. 다만 에너지가 발현되는 현상만 볼 수 있을 뿐이다. 에너지의 근원은 언제나 우리의 감각이 미치지 않는 영역에 머물러 있다.

어떤 사람이 전구를 발명한 에디슨에게 물었다. "선생님, 도대체 전기란 무엇입니까?" "전기는 실존하고 있소. 그러니 쓰시오."

모두가 알다시피 전기란 현상은 분명 존재한다. 전기가 뭐냐고 따져봤자 아무런 소용 없다. 의심하지 않고 그냥 쓰면 된다. 기 에너지도 의심하지 말고 그냥 쓰면 된다. 과학적으로 측정하지 못한다고 해서 없다고 한다면 그것이야말로 어리석은 일이다.

기를 첨단과학 장비로 측정하여 우리가 알고 있는 에너지 형태로 말한다면 전계(電界), 자계(磁界), 원적외선(遠赤外線), 마이크로파, 초저음파(超低音派), 광자(光子) 등이라 할 수 있다.

서울대 이충웅 교수는 자신의 저서 『한반도에 기가 모이고 있다』에서 다음과 같이 밝혔다. "오늘날 과학이 아무리 발달해도 과학은 아직 초보단계에 있다. 천기(天氣 : 햇빛, 전파, 우주선 등 하늘에서 내려오는 모든 에너지)와 지기(地氣 : 땅, 수분, 지열 거름 등)가 어떻게 서로 작용하여 감자가 되고 쌀이 되고, 사과가 되는지 우리는 아직 구체적으로 잘 모른다.

우리는 광합성이 어떻게 이뤄지는지 모른다. 따라서 우리는 공장에서 광합성을 이용하여 감자, 고구마, 땅콩을 생산할 능력이 전혀 없다. 사람이 죽거나 나무가 죽으면 기가 흩어져 우주공간으로 돌아가 다른 형태의 기로 변한다. 따라서 우주공간에 들어있는 에너지의 총량, 즉 우주공간에 차 있는 기의 절대량은 일정하다.”

그럼에도 불구하고 기 에너지가 무엇인가에 대한 사람들의 관심은 변하지 않고 있다. 사실 서양에서도 기에 관해 오래전부터 연구를 해왔다. 최면술의 시조라고 불리는 메스머(1734~1815)는 동물자기 개념을 주창했고, 라이헨바흐(1788~1869)는 ‘오드 힘(Od Force)’, 라이히(1897~1957)는 ‘오르곤 에너지’에 대해 언급했지만 체계적인 연구로 이어지지는 못했다.

기에 관한 연구가 가장 활발했던 나라는 중국이다. 중국에서 기(氣)과학을 연구하는 학자들 사이에 정신적 지주가 되고 있는 첸쉬센(錢學森) 박사는 다음과 같이 말하고 있다. “기공(氣功)은 이제 부인할 수 없는 사실이다. 이로써 물질과 접촉하지 않고서도 물질에 영향을 줄 수 있으며, 그 물질 분자의 성질과 형태를 변화시킬 수 있다는 점을 증명했다. 이것은 역사적인 사업이다. 즉시 세계에 중국의 성과를 알려야 한다.”

첸 박사는 중국 인체과학연구원에서 명예 이사장과 중국과학기술협회 주석을 지낸 석학이다. 그렇다고 첸 박사가 기공에 빠진 사람은 아니다. 첸 박사는 세계 최고의 핵물리학자 가운데 한 명이다. 대륙간탄도미사일(ICBM)과 핵기술을 개발하는데 지대한 공로를 세웠다.

1999년말 미국과 중국 간에 핵 기술 유출 문제로 시비가 일어났을 때 중국은 자기 나라에 첸 박사가 있다며 핵기술을 훔치지 않았음을 강변했을 정도이다. 첸 박사는 중국 최고의 기공사로 알려진 엄신(嚴新)과 협력하여 여러 가지 실험을 했고, 기공에 대해 확신을 가졌다고 한다.

그는 “21세기에는 20세기 초에 있었던 상대성이론이나 양자물리학에 버금가는 혁명이 기공에서 일어날 것이다. 또한 중의학(中醫學), 기공, 인체과학의 3자는 하나의 온전한 독립된 과학영역”이라고 했다.

엄신은 기에 대해 이렇게 말했다 “기공은 심신을 단련하는 양생술, 장수술, 치료술, 기격술, 증공술, 개혜술일 뿐만 아니라 자연과학, 사회과학과 연관된 과학으로서 현대 첨단기술 중 최고의 기술이다. 기공법은 인류가 수천년 전부터 실천해온 과학이다.”

오히려 과거 과학의 잣대로 현대의 기 에너지를 재단하려다보니 오류를 범하는 것은 아닌지 우리 스스로에게 물어야할 때이다. 과학이 고도로 발달함에 따라 자연현상들에 대한 새로운 지식이 쌓이면서 과학의 영역도 넓어지고 있다. 기의 개념도 과학적인 설명이 가능할 정도로 정립돼가고 있는 상황이다.

2) 기(氣)와 인간 그리고 자연현상

기(氣)는 본래 공기(空氣) 상태를 지칭하는 말이다. 옛날에는 구름, 비, 안개, 증기, 바람 등의 모든 자연현상을 설명하는 개념으로 기를 사용했다. 그밖에 현대 의학, 과학, 철학, 천문학, 정치, 병법, 예술, 무도, 요가, 명상, 스포츠 등에서도 중요시 하는 개념이다. 특히 송대(宋代)의 성리학(性理學)이 성립된 이후 기는 이(理)와 더불어 존재론, 인성론, 수양론을 설명하는 필수개념이다.

기(氣) ⟨ 좋은 기 → 정기(正氣) → 원기(元氣)
        나쁜 기 → 사기(邪氣) → 탁기(濁氣)

기는 에너지, 모든 힘의 근원이며 생명의 원동력(原動力)이다. 그래서 기가 통하지 않으면 아프고 피(血)가 통하지 않으면 허약하거나 붓는다.

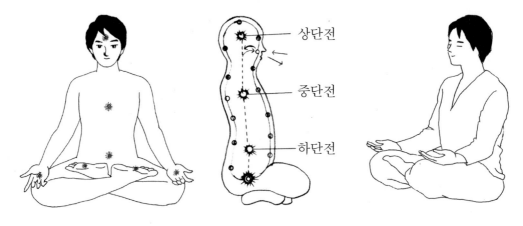

상단전
중단전
하단전

● 내공(內功) ← 와공(臥功): 누운 자세 →의념(意念) 명상음악 →정공(靜功)
           좌공(坐功): 앉은 자세
● 외공(外功) ← 입식(立式): 선 자세 →근육, 골격 단련 →동공(動功)
           행공(行功): 걷는 자세

현대적 체력단련은 근육을 위주로 한 웨이트 트레이닝과 육체의 미(美)를 추구하는 유산소운동으로 구분할 수 있다. 무술의 수련방법에 따라 구분하면 신체단련을 강하게 하는 것을 위주로 하는 차력술과 파괴력을 위주로 하는 강한 기술법이 있는가 하면 자신을 보호하기 위한 호신술 등이 있다.

현대에는 과학적 방식에 따라 스포츠로 구분하여 자신에게 맞는 운동법을 연구하고 있다. 영감을 얻기 위한 침묵과 명상을 통해 기(氣)를 느끼고 정신력 강화를 위한 명상을 통해 인격을 수양한다. 육체의 건강을 위해 운동능력을 개발하고 체력이 강화된 신체를 바탕으로 질병을 예방하는 등의 노력을 해야 한다. 한의학적으로는 그러한 기(氣)로 경락을 열어주고 긴장을 완화시키며 기를 촉진 시키는 등의 활동도 하고 있다. 이러한 단련은 자신과 가족을 위해서도 중요하며 몸과 마음이 조화가 되면 신이 밝아지고 우주등(단전)에 광명을 이루어 무병장수를 꾀할 수 있다.

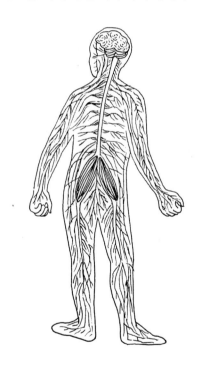

우리 주변에서는 인간이 느끼거나 또는 느끼지 못하는 사이에 여러 가지 물리적 현상이 끊임없이 일어나고 있다. 이러한 자연적인 현상은 인간의 의지나 시간과 공간에 구애됨이 없이 일어나는 매우 보편적인 현상이다. 이렇게 자연작용이 일어나는 방법에는 수만 년 전의 옛날이나 지금에나 조금도 변함이 없다. 예를 들면 어느 한 곳에 고기압이나 저기압이 발생하면 대기가 이동하면서 바람이 일고, 물이 열을 받으면 증기로 변하고 식으면 다시 물로, 또 차가워지면 얼음으로 변하는 것이나, 어두운 밤하늘에서 별똥별이 떨어지는 현상, 또는 계절의 변화에 따라 자연 생태계의 모습이 바뀌는 것 등이 모두 그러한 성격의 것이다.

자연계에는 자연의 법칙이 있어서 그 법칙에 따라 현상계에 변화가 반복해서 일어나기도 한다. 이런 상황은 자연계의 현상 사이에 성립을 되풀이하게 되는 하나의 필연적인 관계이다. 자연의 질서에는 '자연의 제일성(齊一性)'이라는 원칙이 존재한다. 곧 생물 번식의 경우에 나타나는 동식물의 종(種) 또는 유

(類)에서 보는 것처럼 일정 범위 안의 것들이 똑같은 특색을 지니는 성질이 있는데 이를 '공존(共存)의 제일성'이라고 하며, 또 같은 원인이 똑같은 결과를 가져오는 경우가 있는데 이를 가리켜 '계기(繼起)의 제일성'이라고 말한다. 이와 같은 자연적 현상을 벗어나는 일이 생겨나는 것을 초자연적 현상이라고 한다.

3) 동양의 전통적 우주관에서 본 기(氣)

기(氣)의 존재는 눈에 보이지도 않고 만질 수 없는 것이 기의 속성이다. 동양의 전통적인 우주관에서 본 기에 대한 내용을 보면 다음과 같다.

오늘날까지 약 1,900여 년간 중국의 문자학을 대표하고 있는 『설문해자』(說文解字:저자는 동한東漢시대의 허신許愼)에 "기(氣)를 운기(雲氣)라고 보았다."고 했고, 『춘추좌씨전(春秋左氏傳)』(공자(孔子)가 편찬한 것으로 전해지는 역사서인 『춘추』의 대표적인 주석서 중 하나)희공(僖公) 5년(기원전 655년)에 "대(臺)에 올라 운기를 바라본다"한 것 등에서 구름을 가리킨 예가 보인다. 또 직접 공기를 가리키는 경우도 있다.

『열자(列子)』(『노자(老子)』, 『장자(莊子)』 등과 함께 도가(道家)를 대표하는 3대 경전 중 하나로 전국시대戰國時代 열어구列禦寇가 지었다고 전해지는 책 제1편 '천서(天瑞)'에 "하늘은 기가 쌓인 것일 뿐이다"라고 한 것이 여기에 해당한다. 또 『춘추좌씨전』소공(昭公) 원년(기원전 538년)에는 "하늘에 운기가 있다"고 하고, 주(註)에 "음, 양, 바람, 비, 어둠, 밝음을 말한다."고 하였다. 지금도 우리가 사용하는 용어들 가운데 기운, 기후, 기상, 기압 등이 여기에 해당한다.

2. 기(氣)와 생명

자연 상태의 기는 우주에 가득 차 있으면서 여러 가지로 변화하는 현상이고 인간을 포함해 모든 동식물의 호흡을 통해서도 드나들 수 있는 존재이다. 그래서 기의 뜻이 변하여 호흡하는 숨으로 이해되기도 하였다. 이러한 예는『장자(壯者)』'제물론(齊物論)'에서는 "큰 땅덩이가 기(氣)를 토하는 것을 이름하여 바람이라고 한다."고 해서 바람을 대지의 숨결로 이해한 경우도 있다.

『논어(論語)』의 '향당(鄕黨)'에서 "숨을 죽여 숨 쉬지 않는 듯한다"고 한 것처럼 인간의 호흡으로 이해한 경우도 있다. 우리가 사용하는 용어 가운데 기관지(氣管支), 기식(氣息) 등이 여기에 해당한다.

생명력 또는 활동력의 근원으로 사용되는 경우를 더욱 확대해서 우주에 가득 찬 존재인 기(氣)가 바로 생명의 근원이고 활동력의 원천이라고 생각했다.

『맹자(孟子)』의 '공손추상(公孫丑上)'에 '기(氣)는 몸에 가득한 것'이라 했고 "나는 호연지기(浩然之氣)를 기른다"고 한 표현이나『관자(管子)』의 '심술(心術)'에서도 '기는 몸에 가득한 것'이라 했으며『회남자(淮南子)』의 '원도훈(原道訓)'에서 '기는 삶의 충만함' 등이 여기에 해당한다. 이러한 생각은 한편으로는 밝음. 동적(動的)임, 높음, 강함 등으로 상징되는 양기(陽氣)와 어두움, 정적(靜的)임, 낮음, 약함 등으로 상징되는 음기(陰氣), 그리고 좀 더 세분화된 오행(五行)의 결합과 분리를 통해 만물의 같음과 다름을 표현했다.

기는 시간의 흐름에 따라 생성과 변화를 설명하는 현상 중심의 이론으로도 발전해 나갔고, 또 다른 한편으로는 그러한 생성 · 변화의 근원으로 원기(元氣)를 설정하여 만물을 생성시키는 근원자에 대한 탐구로도 발전해 갔다. 지금도 우리가 자주 사용하는 용어들 가운데 기력(氣力), 기세(氣勢), 기진(氣盡), 정기(精氣) 등이 여기에 해당된다.

모든 존재를 생성케 하는 구체적인 진로를 의미하는 경우, 이 개념은 특히 송대(宋代)의 성리학(性理學)에서 발전한 개념으로서 이(理)가 모든 만물을 생성하는 형이상(形而上)의 원리에 의한 존재가 기이며, 이 기(氣)의 맑음과 탁함, 순수함과 잡박함에 따라 만물의 구체적인 다름이 생기게 된다고 설명하고 있다.

우리가 사용하는 용어 가운데 형기(形氣), 기질(氣質), 기풍(氣風), 심기(心氣) 등이 여기에 해당한다.

3. 중국에서 기(氣) 개념의 변천 과정

위에 설명한 기의 개념은 변화의 순서에 따라 논한 것이며 이를 자세히 살펴보면 가장 고대에 나타나는 '기(氣)'자의 원형은 갑골문(甲骨文)에 보이는 '☰'이다. 그러나 이 경우는 '이르다 지(至)', '미치다 급(及)', '마치다 종(終)' 등의 의미로 쓰이며 금문(金文) 등에서도 거의 다른 뜻이 발견되지 않는데, 다만 대체로 자연의 바람이나 대지에 대한 신앙을 나타내는데 쓰인 것으로 보인다.

춘추시대 말기와 전국시대 초기에 생명 현상으로서의 기(氣)의식이나 자연의 운행, 에너지 등을 상징하는 개념들이 나타나기 시작했다. 즉, 음양이기(陰陽理氣)의 근원에 기의 시원으로서 원기를 상정하기 시작했는데, 한대(漢代) 말기의 『백호통의』(白虎通義: 중국 후한시대 반고(班固:32~92)가 편찬한 경서經書.)에서는 '건착도(乾鑿度)'를 인용하면서 "태초(太初)는 기(氣)의 시작이며 태시(太始)는 형(形)의 시작이며 태소(太素)는 질(質)의 시작이다."라고 하여 태초, 태시, 태소로 설명하는 이른 바 '삼기설'이 나오게 되었다. 다시 태초의 앞에 태역(太易)을 덧붙이는 '오운설(五運說)'로 발전하게 됐다.

서한(西漢) 때의 관리이자 철학자 양웅(揚雄)은 음양이기로 나누어지기 전 혼돈 상태를 '현(玄)'이라고 했으며 운동 변화를 설명하였다. 후한 시대의 유물론자 왕충(王充)은 도가류(道家類)의 자연 이해의 영향으로 기(氣)는 자연의 운행을 포함하는 우주의 운동으로서 자연, 필연의 개념을 담는다고 생각했다.

한대(漢代)의 상수역(象數易)에서는 전자의 경향을 띠었다. 이러한 우주생성론적 이해의 발전을 다른 한편으로 특히 『황제내경(皇帝內徑)』 등을 중심으로 한의학에 많은 영향을 주기도 하였다.

그러나 후한 이후 종교적인 형태로 발전한 도교가 『주역(周易)』 계사상전(繫辭上傳)에서 태극→양의(兩儀)→사상(四象)→팔괘(八卦)라는 생성론과 『노자(老子)』의 성성론을 절충하여 원기를 기본으로 삼아 기(氣)를 형이상학적 양생론(養生論)의 중추로 삼으면서 중요시했다.

이와 달리, 기에 대한 이해가 도교 수련의 태식복기법(胎息服氣法)과 마찬가지로 좌선(坐禪) 등의 호흡이론에서 매우 중시되기도 했다. 하지만 동진(東晉) 이후에 크게 발전한 불교에서는 반야(般若)를 해석함에 도(道)의 본체를 이(理)로 보는 화엄학(華嚴學)에서 이사무애(理事無礙) 또는 이법계(理法界) 등의 좀 더 논리적이고 분석적인 이해를 바탕으로 진여(眞如)를 이(理)의 세계로 해석하면서, 형이학(形而學)의 존재를 배척하게 되었다.

특히 종밀(宗密)을 중심한 유교와 도교에 대한 비판은 바로 이러한 이해를 바탕으로 하고 있다.

이와 같이 기(氣)를 이(理)의 하위개념으로 이해하는 불교의 영향과 도교의 생성론적 이해 속에서 성립된 이론적 변화와 동시에 기(氣) 개념의 이해에서도 새로운 전환을 맞게 됐다.

송대(宋代)의 신유학(新儒學: 중국 송나라 때 발흥한 유가의 새로운 학풍을 일컫는 말로, 이전 중국에 유행하던 불교의 선禪사상과 도교의 자연사상의 영향을 받았음)에서는 이(理)는 기(氣)와 더불어 중심적 위치에 있으며 따라서 송대 이후 청대(淸代)까지의 철학은 모두 이(理)와 기(氣)를 어떻게 이해하느냐에 따라 달라진 것으로 볼 수 있다.

기는 우주에 가득한 존재로서 생명력과 활동성을 갖기 때문에 변화하고 활동하는 모든 것이 기의 작용에 의한 것이다. 즉, 기는 변화운동의 주체이면서 동시에 변화운동을 하게 하는 힘의 근원인 것이다.

이러한 송대의 기(氣) 개념은 태극에서부터 음양오행, 건곤(乾坤) 남녀를 통해 만물의 발생을 생성론적으로 이해한 주돈이(周敦頤), 기의 모임이 흩어짐으로 만물의 변화를 설명한 장재(張載), 일기(一氣)를 건제하고서 음양의 소장(消長)으로 만물의 변화를 설명한 소옹(邵雍), 만물일체(萬物一體)의 입장에서 성(性)과 기(氣)를 상합시킨 정호(程顥), 이(理)와 기(氣)를 이원화시킨 정이(程頤)를 거쳐 주희(朱熹)에서 완성되었다.

특히 주희를 중심으로 한 성리학에서는 이(理)와 기(氣)는 우주 만물을 일관하는 원리이며, 이(理)가 물질적 요소가 전혀 없는 존재인데 비해 기(氣)는 물질적 의미를 강하게 담고 있다.

결국 인간의 차이는 기의 질적인 차이에 의해 생기는 것이므로 수양이란 어떻게 그 기를 바로 잡음으로써 본연성이 제대로 드러날 수 있게 하느냐의 문제가 된다.

1840년 아편전쟁이후 반(反)제국주의, 반봉건주의가 확장되는 근대에 이르러 기(氣)의 개념은 크게 변하게 되었다. 특히 외세와 지배계층의 부패 및 착취가 민족정신과 사회성을 눈뜨게 하면서 기(氣)의 개념도 전통적인 생성론적 이해를 떠나 개체보다는 사회적 힘의 동력으로 이해하는 생명의 원리로서 중시되었다.

또한 반제국주의, 반봉건주의의 민중적 표현이었던 '태평천국(太平天國)의 난'(1850년에서 1864년까지 중국 대륙에서 벌어진 대규모 내전. 교전 상대는 만주족 황실의 청나라 조정과 기독교 구세주 사상을 기반으로 한 종교국가 태평천국이었음)을 일으킨 홍수전(洪水全)도 기의 보편성을 바탕으로 평등사상을 주장하기도 했다. 그러나 1916년 신문화 운동 이후에는 기(氣)의 개념을 미신적 관념이라 하여 부정하기도 했다.

4. 우리나라에서 기(氣) 개념의 변화

우리나라에 유학(儒學)의 전래가 오래되었지만 성리학(性理學)이 도입되기 이전에는 기(氣)의 개념이 거의 중시되지 않았다.

그럼에도 불구하고 독창적으로 기를 이해한 학자들이 있었다. 그 **첫번째**로 화담 서경덕(徐敬德)을 들 수 있다. 그는 선천(先天: 물질 이전의 근원 세계)과 후천(後天: 물질 이후의 경험세계)을 모두 기(氣)로 설명하는 기일원적(氣一元的) 사상을 기본으로 하고 있으며, 이(理)는 후천에서만 문제로 삼음으로써 기를 근원 존재로 보았다.

서경덕이 논한 기(氣)는 허정(虛靜)한 상태를 체(體)로 하고, 모이고 흩어지는 형상을 용(用)으로 하여 끊임없이 변화하는 것을 '기자이(機自爾)'라고 하였다.

기를 중시한 이러한 사고는 율곡 이이(李珥)에게서도 잘 나타난다. 양명학자로 불리는 정제두(鄭齊斗)의 이기일원론적(理氣一元論的)인 사유가 강하게 나타나면서, 기의 근원자로 **천지지기(天地之氣), 원기(元氣), 순기(純氣), 대기(大氣) 등을 말하고 있다.**

그밖에 성리학자로서 기를 강조한 인물은 임성주(任聖周)이다. 그는 인물성동이(人物性同異) 논쟁에서부터 출발하여 인간과 만물의 차별성을 설명하면서 유기론(唯氣論)의 입장에서 '기일분수(氣一分殊)'를 주장하였다.

그러나 개념에 있어서는 성리학적 범주에서 벗어나지 않았다. 근대에 이르러 최한기(崔漢綺)의 경우에 서구와 중국의 영향을 많이 받으면서 우주와 세계, 인간과 사회의 질서를 기(氣)의 운화(運化)로 이해하고 그에 대한 적응 물질적인 성격을 기(氣)의 개념에 강하게 투영하기도 했다.

5. 기(氣)의 현대적 평가와 영향

서양학자들이 기(氣)를 이해할 때 쓰는 용어들은 다양한데 영어의 경우에는 대기 이외에 매개물의 성격을 중시하는 ether(에테르), 물질적인 힘을 의미하는 material force(머티리얼 포스), vital force(바이탈 포스), energy(에너지), 공기를 의미하는 air(에어), 숨을 의미하는 breath(브리드) 등이 있다.

독일어에는 활동력 또는 영향력을 의미하는 Winkungskrraft(워킹어크래프트), 생명력을 의미하는 Lebenskraft(레벤스크래프트), 물질을 의미하는 Materie(마테리), 기식을 의미하는 odem(오뎀) 등이 있고, 프랑스어의 경우는 천기(天氣)를 상징하는 Air atomospherique(에어 아토머스쉐리키), 기식을 상징하는 Haleine(아렌), 물질적인 힘을 상징하는 energie(에네르기) 등이 있다.

현대에 들어와 중국혁명 이후 중국학계나 북한 학계를 중심으로 형성된 기(氣)의 두 가지 흐름이 있다. 음ㆍ양의 대대적 변화를 변증법적 관점으로 이해하거나 또는 기가 물질적 속성이 강함을 근거로 기를 물질에, 기 철학을 유물론(唯物論)에 대입시키는 경향이 있고, 노장(老壯)철학이나 불교와의 연관 속에서 시대에 따라 또는 학자들에 다른 개념으로 이해되기도 하였다. 이는 현대 철학의 이해에도 바르게 적용시킬 수 있을 것이다. 이를테면 기일원론, 기철학, 원기, 유기론, 이기론, 일기, 주기론 등이다.

또한 '기'라는 글자에는 한자로 보면 다양한 의미가 있다. 나이가 많고 덕이 높다는 뜻의 기(耆)는 60세를 가리킨다. 『예기(禮記)』의 '곡례상(曲禮上)'에 나오는 말이다. 인생을 나이에 따라 구분한 것 중 60세에 해당하는 말로, 『예기』에서는 이 나이가 되면 자신이 직접 일을 처리하지 않고 사람을 부리어 시켜야 하는 것으로 설명하고 있다.

기(器)는 그릇을 나타내는 도기 또는 도자기를 말한다.

기(期)는 100세를 가리킨다. 『예기』 '곡례상'에 나오는 말로서 사람의 수명은 100세를

일기(一期)로 하기 때문에 기라고 한 것이다. 이 나이가 되면 음식, 거처, 동작 등 어느 것 하나 부양(扶養)에 의존하지 않을 수 없기 때문에 '이'라고도 한다.

기(機)는 고대 중국에서 군자(君子)가 목욕한 뒤에 마시던 술을 말한다. 『예기』 '옥조(玉藻)', '소의(少義)'에 나타난다.

기(機)는 사물의 발생과 변화의 원인이 되는 계기(契機) 또는 동기(動機)를 가리키는 말이다. 이는 『장자(莊子)』의 '천운(天運)', '지락(至樂)'에서, 『대학(大學)』의 9장 등에서 사물의 변화 자체의 필연성 또는 그 변화의 동기라는 의미로 사용되었다.

제2편

大 스승과 효봉삼무도

제1장
大 스승의 뜻과 효봉삼무도

앞장에서 설명한 것과 같이 무술에 남달리 관심이 많았던 나 자신은 서울 세검정 소림사내(內) 한풀무술을 배우게 되었고 (사범)무술인으로서의 긍지와 자부심을 가지면서 大 스승의 수행경호 책임을 맡고서부터 내 인생의 대전환기를 맞게 되었다.

2016년 9월 2~8일 충청북도 청주에서 열린 제1회 청주세계무예마스터십에는 세계로 뻗어나가는 대한민국의 무예들이 있다. 합기도와 용무도, 통일무도 등이다.

합기도(合氣道)는 체술(體術)로서 인간의 신체에 대한 이해를 기반으로 한 정련된 호신무예로 알려져 있다. 합기도는 '기(氣)를 모으는 무예'라는 의미로서 동양무예 문화의 정수인 기(氣)를 중요시하는 고급무예이다.

용무도(龍武道)는 세계적으로 유명한 용인대학교 무도대학의 유도, 태권도, 합기도, 씨름, 레슬링, 검도, 복싱 교수진에 의해 정립된 종합무예체계이다. 이러한 이유로 해외에서는 군인과 경찰에 실전적인 무예로 보급되고 있으며 기존 일본무도의 획일화된 기술을 뛰어넘어 급속하게 보급되고 있는 무예이다. 특히 인도네시아에서는 국기로 용무도가 보급되고 있다.

統一武道는 文鮮明 總裁에 의해 1979년 미국에서 무예의 통일과 인격완성을 위해 무예의 정수(精髓)를 모아 새롭게 창시된 심신단련 자생무예로 시작됐다. 통일무도는 살수(殺手)의 무예가 아니라 제압의 무예이고, 공격보다는 방어가 목적인 평화를 위한 무예이다.

특히 大 스승께서는 1973년 정도술 등 우리의 전통무술을 하나로 모아 통일무도로 체계화하고 수련할 것을 말씀하셨다. 그 당시 나는 경기도 구리시 수택동에 있었던 통일산업주식회사(이후 통일중공업으로 바뀜) 임직원들에게 태권도 수련을 지도하면서 체력단련을 하고 있었다. 大 스승의 말씀에 따라 정도술을 배우고 싶어 하는 태권도 관원들을 각자의 취미에 따라 정도술을 배우게 하면서 사내 태권도 운동은 중단하게 되었다.

◎최고 무술인들과의 인연

1. 정도술세계연합 회장 안일력, 안길원 총관장과의 만남

태권도 수련을 지도해온 나도 정도술(正道術)을 배우기 위해 별도로 수련지도를 받게 됐다. 그 당시 정도술의 창시자 안일력(安一力), 안길원(安吉源 · 호해) 관장을 만나 인사를 나누게 되었고 서울 보문동에 있던 정도술 체육관 개관식에도 참석했다.

정도술은 안일력 선생의 조부, 안복용(安福用)옹으로부터 1941년부터 1948년까지 7년간 전북 고창군 선운사 뒷산 장군봉을 중심한 일대를 수련장으로 하여 일제하에서는 왜경(倭警)의 눈을 피해 가면서 비술(秘術)이 전수 되었다.

정도술은 우리나라 전통무술로써 안일력 선생이 사회에 보급하기 시작했으며 크게 신술, 봉술, 검술로 나누어져 있다. 정도술은 사람이 태어나서 죽을 때까지의 과정을 무술로 표현했으며 그 속에 닭과 호랑이의 싸움 동작을 가미시킨 실전적 고유 무술이다. 정도술의 술명 계급은 유, 인, 월, 월유, 월인, 성, 성유, 성인, 인, 대명술의 10단계로 나뉘며 태양, 별, 달을 보고 수련하는 방법과 이것을 신성시하고 숭배하는 우리 민족의 정신이 그대로 남아 있다. 신술, 봉술, 검술은 수련 과정상으로 기초술, 자세술, 응용술, 명술, 명전술, 대전술로 이행되며 이를 총괄적으로 위계 순위를 표현하는 술명으로서 유, 인, 월, 월유, 월인, 성, 성유, 성인, 일, 대명술로 구분된다. 이는 동시에 무인으로서의 수련 과정과 성장과정을 상징적으로 표현하고 있다. 정도술에는 민족의 고유사상인 천지인(天地人) 합일의 삼합(三合)사상을 근간으로 하며 맨손으로 수련하는 동작에 검이나 봉

같은 무기가 주어지면 자연스럽게 활용할 수 있게 되어있다. 정도술에는 몸 풀기, 기초 자세술, 유술 자세술, 인술 자세술이 있다. 몸 풀기에는 상체술 9개, 하체술 9개, 전체술 3개가 있으며, 태생과정 10개월로 아기가 태아 속에서 상체가 생성되고, 하체가 생성되며 몸 전체가 생성되어 태어나기 전까지를 몸푸는 동작의 무술로 표현하였다. 기초자세술에는 기본술 3개, 수족술 3개, 도보술 3개, 자전술 5개, 회전술 1개, 좌우술 1개, 방어술 5개, 공격술 5개, 반격술 1개, 가적술 5개, 정도술 5개가 있으며 아기가 세상에 태어남을 기본적으로 알리게 됨을 기본술에 표현하고 아기가 잼잼을 하듯 손과 발을 흔드는 동작을 수족술에 표현하였다. 걸음마를 배우게 되는 동작을 도보술로 표현했고, 아기가 여러 방향으로 힘을 쓰지 못하고 한쪽으로 치우치는 힘과 지구가 자전하는 것을 이용해 자전술로 표현했다. 걸어가다가 돌 뿌리나 장난감 따위 또는 기타 여러 가지에 걸려 넘어질 때에 다치지 않게 몸을 보호할 수 있게 회전술이 있으며 좌측과 우측을 알게 하고 동서남북의 방향을 알게 하여 길을 잃지 않게 하고 엄마가 동쪽에서 "이리와라"하면 동쪽으로 갈수 있고 아빠가 서쪽에서 "이리와라"하면 서쪽으로 갈수 있으며 모르는 사람이 "이리와라"해도 엄마 쪽으로 갈수 있듯 사리분별하며 움직이는 것을 무술로 표현한 일명 방향술인 좌우술이 있다. 사람이 살아가며 시비에 의해 싸움이 일어나면 몸을 방어할 수 있게 하는 방어술이 있으며 내 몸의 최대 방어는 공격이라는 말처럼 공격술이 있다. 내 몸을 방어하기 위해 무작정 상대를 공격하기만 하면 안 되기에 상대의 공격이나 시비를 적당히 방어하며 공격 할 수 있는 반격술이 있고 여기(반격)까지 할 수 있을 때에는 가상의 적을 놓고 혼자서도 운동할 수 있는 것을 무술로 표현한 가적술(假敵術)이 있다.

또한, 이 모든 동작을 배우고 끝마치게 되면 '하나의 정도술인이 될 수 있다'라는 정도술이 있다. 유술 자세술에는 기본 유술 3개, 수족 유술 3개, 도보 유술 3개, 자전 유술 5개, 회전 유술 1개, 좌우 유술 1개, 방어 유술 5개, 공격 유술 5개, 반격 유술 1개, 가적 유술 5개, 정도 유술 5개가 있으며 봉술, 타파격술, 출하술을 병행해 수련한다. 닭의 동작을 기초자세술에 가미시킨 것으로 기초 자세술이 뼈대라면 유술 자세술은 살을 입힌 것이라 할 수 있다. 유술 자세술에도 기본 유술 3개, 수족 유술 3개, 도보 유술 3개, 자전 유술 5개, 회전유술 1개, 좌우 유술 1개, 방어 유술 5개, 공격 유술 5개, 반격 유술 1개, 가적 유술 5개, 정도 유술 5개가 있으며 검술, 혈순환술, 출상술과 병행하여 수련한다. 인술 자세술은 호랑이의 동작을 기초 자세술에 가미시킨 것으로 기초 자세술이 뼈대이고 유술 자세술이 살이라면 그 위에 갑옷과 투구를 입힌 것이라 할 수 있다. 인술은 고도의 수련을 쌓으면 맹수와도 겨룰 수 있게 된다. 사람이 늙으면 지팡이를 짚게 되는 것을 무술로 표현한 것이 무기술이라고 한다. 무기술은 가장 뒤에 수련하게 되며 여기까지의 과정을 인생 과정 100년으로 놓는다. 사람이 늙어서 죽게 되면 육체와 혼이 분리 되어 육체는 움직이지 않고 혼만 움직이는 것을 무술로 표현하여 영생과정 영원으로 두고 있다.

이렇게 정도술이 알려지면서 인기가 높아지자 정도술 사범들이 한국에서 일본으로 진출하면서 세계적으로 뻗어나가고 있었다. 정도술을 중심으로 국내 최초 대한민국무술 총연합회가 창설되었고, 각종 무술단체가 참여하게 됐다. 이를 바탕으로 매년 무술 시범 대회를 개최하면서 무술동지회로 발전하는데 뿌리의 역할을 하게 됐다.

하지만 어느 한순간 정도술이 하늘이 세운 바른 길(正道)과 멀어지면서 빛을 잃고 쇠락하게 됐다. 그래서 또다시 나는 1978년 회사 동료 김성렬(현재 국회의원 보좌관)의 소개로 서울 세검정에 있는 소림사의 한풀 무술에 입문하게 됐다.

2. 한풀의 창시자 김정윤 원장과의 만남

한국의 태권도가 일본 가라테(空手道)의 도움을 받은 반면, 일본의 대동류(大東流) 및 합기도는 한국의 택견에서 그 원류를 찾을 수 있다. 바로 '테고이(手乞)'라는 것이다. 일본의 테고이 무예의 전통을 오늘에 되살려 1965년 재창조한 것이 '한풀'이다.

한풀은 1985년 택견을 만나면서 우리 고유의 정통성을 확보하게 된다. '한풀'은 한민족이 잃어버린 고무예(古武藝)를 되살린 오늘의 무예이다. 이것을 두고 법고창신(法古創新), 온고지신(溫故知新)이라 할 수 있다.

한풀의 뜻은 '크고 바른 하나 되는 기운의 무예'이다. 크고 바르게 되자면 하나가 되지 않을 수 없고, 따라서 '하나 되는 기운의 무예' '한 기운의 무예'이다. 한풀은 '랑(郎)의 무예'라고도 한다. '랑의 무예'는 쉽게 말하면 '화랑도의 무예'라는 뜻이다.

한풀은 대중적으로 보면 합기술(合氣術)의 일종으로 볼 수 있다. 합기도(合氣道)라는 말이 일본에서 만들어졌기 때문에 덕암(德庵) 최용술(崔龍述 · 1899~1986) 도주의 무예를 순우리말로 새롭게 만들 필요가 있었고, 그래서 한글학자 최현배 선생의 고견을 들어 '한풀'(1965년 4월)이라는 이름이 탄생했다.

일제 식민시절에는 선진 일본문화가 물밀 듯이 한반도에 역류(逆流)해 들어왔는데 그 가운데에는 오래전 우리에게서 흘러갔다가 다시 돌아온 것들이 많다. 물론 그 옛날 흘러간 것이 조금도 변하지 않고 고스란히 있다가 그대로 우리에게 다시 돌아온 것은 없다. 그동안 일본이 자신의 문화로 갈고 닦은 것이다. 문화란 결국 사용하는 자가 주인이라는 점에서 현재의 소유를 무시하지 못하지만 그래도 원류는 추적할 만하다. 그 속에 문화의 원형이 숨어 있기 때문이다.

흔히 우리 고대문화의 원형은 천지인(天地人) 사상이라고 한다. '랑의 무예'는 영(靈 · 넋)과 혼(魂), 몸뚱이(魄)가 하나 되는 것을 지향하는, 무예의 '인중천지(人中天地)'를 실천하고 있는 무예였던 것으로 짐작된다. 신(神)은 예전에 '검'이라고도 했는데 이 '검' 자도 범상치 않다. 왜 검이 신이고, 칼의 옛 이름이 검(劍)이고, 왕을 왜 임금(임검)이라고 하는가. 임금은 실은 '검임'의 말바꿈이다. '검'자에 '이다' '되다'의 서술어가 붙어서 '검이 된'의 뜻에서, 다시 그것이 명사화되어 '검이 된 자'의 뜻이다. '검이 된 자'는 '임금'이고 바로 '랑이 된 자'를 말한다. 그 옛날의 지도자는 바로 '랑'이 되는 것이 필수 과정이었던 것이다.

'랑'이란 결국 오늘날 문무(文武)가 겸전된 자를 말한다. 그 무예의 전통이 가장 타락해 구한말에는 '화랭이'가 되었고, 그래서 결국 나라가 망했던 것이다. 그런데 아이로니컬하게도 그 일제 식민지 시절에 일본으로부터 '랑의 무예'가 조상을 찾아온다. 문화의 흐름에도 눈에 보이지 않는 DNA(유전인자) 같은 것이 있어서 제 조상을 찾는지도 모른다. 일본인의 이름에 유독 '랑(郎)'이라는 글자가 많은 것은 한국문화의 정수(精髓)를 일본이 갖고 있는 것의 상징인지도 모른다.

합기유술이 처음 우리나라에 상륙할 때는 이름이 '대동류' 또는 '대동류유술(大東流柔術)', '야와라(柔術)'였다. '한풀'이라는 이름을 지을 때 최현배 선생은 고민이 컸다. 주시경 선생이 훈민정음을 '한글'이라고 지은 기억을 되살려 '크고 바른'의 의미를 되살려 '한'자를 쓰고 나머지는 '기운'을 뜻하는 순우리말의 '풀'이라는 말을 보태 '한풀'이 탄생했다고 한다. 기운의 순우리말은 '풀'이다. 우리는 지금도 '풀이 죽었다'라는 말을 쓴다.

바로 기운을 뜻하는 우리말이다. '기'라는 말도 순우리말인데도 한자말로 '기(氣)'자를 많이 쓰기 때문에 '풀'자를 선택했다. '한풀'이 후일 동아시아에서 우리 문화의 독자성이나 차별성을 줄 것으로 짐작했음은 물론이고, 그때 소유권을 주장하기 위해서다.

결국 한풀은 대동류의 전통 위에 새롭게 정리 · 개발된 '전통적 창시무술'이 된다. 한풀은 최용술 도주가 가장 오랜 기간 수련을 했고, 그의 수제자 김정윤(金正允 · 1936~) 원장에 의해 탄생했다. 김정윤 원장은 한풀을 창시하고 을지로에 '한풀수련소(밝터)'라는 간판을 내건 1965년 5월부터 2000년까지 신현배 · 이승희 · 이상근 · 김성열 · 최명환 · 박대삼 · 주인호 · 이성규 · 유병호 · 정영태 등 100여명의 사범을 배출했다.

1950년대까지 최용술 도주의 대동류는 야와라(柔術) · 합기유술 · 유권술 · 유은술 · 기도 (氣道) 등 다양한 이름으로 불리다가 1960년대 들어 그의 제자들에 의해 합기도 · 국술 · 한풀 등이 탄생한다. 이 가운데 합기도는 대한합기도 · 국술원 · 국제연맹합기도 등 큰 단체에서부터 수도관 · 용술관 · 정기관 등 작은 단체까지 다양하게 분파(分派)된다.

이러한 제(諸)유파의 수장들이 공통적으로 인정하는 인물이 바로 김정윤 원장이다. 김원장은 1960년대 초반 20대의 나이로『합기술』,『기도』라는 책을 펴냈으며, 또한 2000년대에는 택견의 무형문화재 기능보유자였던 송덕기옹의 시연을 담은『태견원전』(한풀에서는 택견을 태견이라고 함)이라는 책을 펴냈다. 당시 이 책은 한국 무술의 뿌리를 알려주는 것으로 무예계에선 저마다 전범(典範)으로 삼았다. 한 가지 분명한 것은 한풀이 택견을 만나면서 한 단계 진화했고, 민족무술과 그 원류에 대해 확신을 가졌다는 점이다. 이것은 택견과 한풀이 만나서 이룩한 문화 확대재생산의 일종이고, 이는 택견과 한풀의 공동의 공일 것이다.

택견의 대명사인 품밟기는 상대를 어르는 기술이다. 공격하는 듯하면서 물러나고, 물러나는 듯하면서 공격하는, 상대를 종잡을 수 없게 하여 상대를 제압하는 기술이다. 택견의 여러 기술은 대동류와 통하는 것이 많았다. 택견의 과시(꽈시, 꺽과시)는 대동류의 야추노바쿠(野中幕)라는 관절기를 통칭하는 것이었다. 한풀의 화려한 관절기는 이것을 원류로 한다. 대동류의 혈(신경)차단기는 택견의 '물주', 힘빼기(力의 拔발)는 품밟기, 활갯짓에 해당하는 것이다. 대동류의 매발톱수(다카노쓰메카타)는 월정(月挺)이었고, 미키리(見切)는 택견의 눈재기였다.

'합기'라는 이름을 쓰지 않는 대동류계통의 무술로는 '한풀' 이외에도 '국술' 등 여러 창시무술이 있다. 이 가운데 대동류의 전통에 가장 충실한 무예가 한풀이다. 그러나 김정윤 원장은 한풀을 창제하면서 대동류와의 결별을 선언했다. 이는 우리 무예로의 재탄생을 주창하는 것이었다. 김정윤 선생은 최근(2010년 2월)에 낸 저서에서 덕암의 무예이름을 '大東武대동무'(밝터)라고 명명하여, 한풀과 차별화를 기했다.

한풀의 기술은 참으로 방대하다. 최용술 도주의 방대한 기술을 일정한 원리와 공식을 찾아내 정리한 기술이다. 흔히 격투기술이라고 말할 수 있는 기술인 손파람을 12기본기법으로 정리했다. 12기본기법은 기본형 · 이동기술 · 공격기술 · 방어기술 · 공격방어기술로 나뉜다. 기본형은 몸맨두리라고 하는데, 공격과 방어를 위해 취하는 기본자세로 겨룸새 · 투그림새 · 몸한새가 있다.

이동기술에는 걸음새 · 뜀새 · 구르기가 있다. 공격에는 지르기 · 후리기가 있고, 방어에는 걷어내기 · 비켜나기 · 채기 · 받아내기 등이 있으며 공방에는 몸풀어나기 · 태질(태지기) 등이 있다. 손파람은 대표적인 맨몸기술이며 이 중에서 맨손으로 하는 기술을 손따수라고 한다. 맨몸기술에는 그밖에도 다리로 상대를 차고, 넘기고, 꺾는 다리수와 가장 기술의 양과 폭이 큰 꺾과시(관절기술)가 있다. 꺾과시 기술만도 이루 헤아릴 수가 없을 정도이다.

한풀에는 맨몸기술 외에 무기를 사용하는 무기술과 던지기를 하는 팔매가 있다. 무기술에는 목검을 사용하는 빌랑대와 검을 사용하는 검랑대, 막대기를 사용하는 지팡대가 있다. 팔매에는 사슬(쇠 · 가죽 · 천)과 활, 태(칼 던지기)가 있다. 한풀에 현전(現傳)하는 대동류에는 보이지 않는 이런 폭넓은 기술이 있다는 것은 놀라운 일이다.

한풀의 기술은 마치 한글이 자모음을 조합하여 글자를 만들 듯이 그렇게 무술을 만들어갈 수 있다는 점에서 '무술의 한글'이라고 할 수 있다. 한풀의 기술은 줄잡아 보면 손파람 · 꺾과시 · 빌랑대 · 다리수 · 풀달기술(기운을 닦달해서 상승 · 집중시키는 수련) 등 크게 5가지로 분류된다.

김정윤 원장은 대동류가 신라에서 일본으로 건너간 고대무술이었고, 일본의 다케다 쇼카쿠(武田忽角源正義 · 다케다 소카쿠 미나모토노 마사요시) 선생를 징검다리로 다시 한국의 최용술 도주에게 넘어온 것이라는 점, 이에 앞서 신라 화랑의 후예 '시라기(신라) 사부로 미나모토노 요시미쓰(新羅三郎源義光)'를 시조로 하고 있다는 점에 착안해 대동류가 우리의 전통 무예와 어딘가에 연결점이 있을 것이라는 데에 초점을 두고 연구해왔다. 그것이 바로 한국의 택견이었다.

김 원장은 후쿠시마(福島) 아이즈(會津)를 비롯해 일본 전역을 탐방하면서 '웅야'(熊野·구마노) 또는 '우흑'(羽黑·하구로) 등 일본 신사(神社)에서 일본을 대표하는 무인상 '테고이'(手乞)상이 있음을 보게 됐다. 일본에서는 '테고이'를 일본 무술과 씨름의 원류로 보고 있다. '테고이'라는 일본 발음은 한국의 '택견'과 크게 차이가 없다. 그는 일본 탐방에서 도리어 우리의 신선교(神仙敎)의 전통을 그들이 잇고 있으며, 그들의 신도(神道)가 바로 그러한 전통의 연속임을 알았다. 말하자면 일본에는 우리가 잃어버린 고대 문화가 남아 있었다. 테고이는 일본에서 발견한 '잃어버린 택견'이었다.

오늘날 택견은 그 옛날 우리 화랑무술의 일부가 남아 있는, 마치 구한말에 놀이처럼 취급된 일종의 유실된 형태였는데, 그나마 무형문화재가 됨으로써 기사회생하는 계기를 마련하였다. 이것이 무예의 본능이다. 끊어질 듯하면서도 끊어지지 않는 끈질긴 것이 무예이다. 이는 또한 기(氣)의 전통이기도 하다. 기는 책으로 전해지기 어려운 측면이 있고, 반드시 실기로서, 실천으로서 전해지는 것이기 때문이다.

그래서 나는 무용과 같은 춤, 체조 같은 요가, 이 한 가지 기술 속에는 검술, 발차기(비각술), 꺾기기술(호신술), 유도와 같은 태질(태기질이라고도 하며 택견에서 상대를 손으로 밀거나 끌어당기고 발질로 걸거나 밀어서 넘어뜨리는 기술들, 그리고 발질과 손질을 복합적으로 이용해 쓰러뜨리는 기술을 말함. 보통 손과 발을 한꺼번에 이용해서 넘기는 기술을 태질이라고 하며 손으로만 넘기거나 발질로만 넘길 때는 따로 구분함), 손파람, 팔매 등 다양한 무술을 배우면서 몇 년 동안 혹독한 체력단련을 해야만 했다. 그렇게 해서 사범이 되어 들은 이야기들을 간략히 정리해 보면 다음과 같다.

하늘은 무술의 섭리적 사명을 일본으로 옮긴 것은 일본 민족이 동양 삼국 중 어느 민족보다 보존과 전통의 정신이 가장 강한 민족이기에 역사적 사명을 주신 것 같다고 했다. 그러나 하늘은 무술의 섭리노정을 여기서 끝내지 않고 1908년 일찍이 조선의 천애 고아 한 분(덕암 최용술 도주)을 미리 준비하셨다. 그를 일본에 보내어 1200년 무술역사의 역대 사범 중 최고의 실력자라고 하는 대동류합기유술의 다케다 쇼카쿠(武田惣角, 1860~1943) 선생의 양자로 들어가게 했고, 그로 하여금 33년(1912년~1945년) 동안 양자의 입장에서 스승을 부모로 모시면서 1200년 비전(秘傳)무술을 모두 전수받게 했다. 조선이 해방을 맞이하자 다케다 선생이 어느 날 덕암 도주에게 "너는 한국으로 가서 전하라"라고 명하자 그는 스승의 말씀에 따라 1945년 일본에서의 생활을 모두 정리하고 37년 만에 고국으로 돌아오게 되었다.

김정윤 원장은 덕암 도주의 문하에 들어가서 떠날 때까지의 수업기간 4년(1959~1963)과 한풀의 기술완성 기간이 6년(1973~1979)이 걸렸다고 했다. 한 가지 중요한 사실은 한풀을 만드는 21년이라는 긴 세월동안 하늘(영계역사)은 단 한번의 계시나 몽시도 내리지 않았다고 한다. 다만 복잡한 환경 속에서 때때로 느낌과 깨달음과 믿음만을 주셨다고 했다.

그는 명산 깊숙한 곳으로 들어가서 무예를 도인에게 배웠다. 결국 영적인 계시가 내려 배웠다느니 하는 것은 하늘(영계)을 속이고 이용하여 자기 자신을 나타내고자하는 무지에서 오는 타락성의 발로이고 자기 양심을 속이는 것이라 하였다.

3. 대한민국 합기도의 원조 덕암 최용술 도주와의 만남

김정윤 선생의 스승, 덕암 최용술 도주는 지상에 있을 때에 합기도 계통의 도주(道主)로 숭앙받았다. 실제로 그가 한국 무예계에 끼친 영향은 대단하다. 덕암은 한국의 무예, 기도, 합기도 무술 발전에 기초가 된 것이다. 그래서 최용술 도주는 한국 현대무술의 중흥조라고 할 수 있다.

우리나라 합기유술의 지도를 보면, 일본의 우에시바 모리헤이(植芝盛平)의 '아이키도'(合氣道) 계통이 있고, 일본의 대동류유술 계통이 있고, 그리고 가장 폭넓은 제자와 지지지층을 거느리고 있는 최용술 선생을 도주로 삼는 합기도가 있다. 그럼에도 불구하고 합기(合氣)라는 이름의 사용은 마치 합기도 계통 전부가 일본의 '아이키도'에서 전수된 것처럼 오해를 불러일으켰다. 일부 합기도인들 가운데 합기도의 이름아래 전해진 대동류의 무술이 다른 이름을 가져야 한다는 주장이 일찍부터 제기돼 왔다.

나는 한풀을 수련하면서 덕암 최용술 도주의 무술과 일대기를 김정윤 원장을 통해 전해 들었다. 1980년 어느 날 대구에 계시는 덕암 도주의 자택에 김정윤 선생과 함께 방문하게 되었다. 그 당시 나는 김성열, 최명환, 조인호, 박대삼 사범과 함께 동행했다.

덕암 선생은 많이 연로했고, 제자 김정윤 선생을 '김장군'이라고 불렀다. 덕암 도주는 그의 계대(繼代)를 김정윤 선생이 이어받을 것을 권하였으나 조건이 붙었다. ○○○만 원이 있어야 전수 받을 수 있다고 했다. 그래서 사범들끼리 모여 의논하였으나 그 당시 ○○○만원이라는 거금을 마련한다는 것은 무리였다. 결국 김정윤 선생은 덕암 스승에 게 아들(복렬)에게 대를 물려줄 것을 간청했다.

그당시 빌려드린 돈은 있었지만 결국 받을 길이 없어, 다니던 회사를 사직하고 퇴직금 에서 빌린 돈을 청산해야만 했다. 빌린 돈의 이자를 감당할 길이 없어서 그렇게 할 수 밖 에 없었다.

1981~82년에 나는 덕암 최용술 도주를 2번째 만나 뵙는 기회가 있었다. 서울 인사동 어느 호텔에 덕암 도주께서 와 계신다는 아들 복렬의 연락을 받고 김정윤 원장과 한풀 사범 몇 사람이 함께 인사차 방문했다.

덕암 도주는 미국에 있는 제자의 초청을 받아 출국하기 위해 서울에 왔다고 했다. 그 자리에서 김정윤 원장은 덕암 스승에게 미국에 가시면 승단과 계대에 관하여 상세하게 조언하는 것을 들을 수 있었다.

4. 원화도 창시자 한봉기 원장과의 만남

나는 1981년 광화문 교보문고가 들어있는 교보생명 건물의 신축공사장 주변에서 국제 승공연합 임도순 국장의 소개로 한봉기(韓奉基) 원장을 처음 만나 인사를 나눴다. 그 당 시 나는 서울 세검정에 있는 소림사에서 한풀 무예를 수련 중에 있었다. 그래서 한 원장 을 소림사에 있는 한풀 도장으로 안내했다. 그 자리에서 나는 한봉기 원장에게 무술 전 반에 관한 이야기와 그동안 한풀이 만들어진 배경과 과정 등을 자세히 설명해 주었더니 한풀을 소개한 책을 보고 원화도에 관한 책을 발간하고 싶다고 말했다. 그리고 원화도의 기술 체계를 정리하는 과정에 있다는 것이었다. 나는 그때 원화도(圓和道)에 관해 처음 이야기를 들었다.

그 이후 나는 국제승공연합 최용석 이사장을 찾아가 면담하면서 한풀을 소개했더니 승공연합 간부들도 세검정 소림사 한풀 도장을 방문하여 '무술섭리'에 많은 관심을 나타냈다. 이렇게 해서 김정윤 원장도 원리수련을 받음으로써 한풀이 '통일무도'로 출발하는 발판을 마련하게 됐다.

원화도는 특별히 어느 누구 한 사람, 또는 어떤 집단에만 은밀하게 비전(秘傳)된 것은 아니다. 원화도는 원(圓)의 회전(回轉)이라는 간단한 동작으로 여러 가지 무술적 행위를 표현하는 무예이다. 한봉기 원장에 의해 창시되었고, 삼무의 도를 강조한다. 여기서 도란 하늘의 길, 사람의 길, 땅의 길에 대한 깨달음을 말한다. 이것의 기본모양은 원이며 정신은 '비손'(비는 손)이다. 예로부터 우리 조상들이 하늘에 공(功)을 드릴 때 두 손을 가슴 앞에 모으고 정성껏 비비는 제행(祭行)동작이다.

한 해와 한 달과 하루의 무사와 안일을 이 비손으로 기원했다. 어쩌다 실족한 삶에 대해서도 비손으로 용서를 빌었다. 뿐만 아니라 나라의 평화와 안녕, 화합과 결속 그리고 반성과 다짐도 이 비손으로 축수(祝手)했으며, 삶과 죽음에도 비손으로 풀었으니 실로 비손이야말로 오랜 옛날부터 한민족에게 있어 길흉화복(吉凶禍福)과 생노병사(生老病死)뿐만 아니라 인생사의 모든 문제를 맺고 푸는 열쇠요 믿음이며 신앙이었다.

비손은 '인간의 자연적 근원에 대한 이해의 표현'이고 '인간의 탄생과 성장의 의미를 자연 질서로서 이해하고 이 생성의 과정이 자연 질서에 따라 순조롭게 진행되기를 생성 질서의 근원에게 요구하는 것'이다. 비손행법은 손의 모양과 동작의 크기, 방향에 따라 공격과 방어라는 무도(武道)로도 쓰인다. 기술체계는 360도 각(角)의 동작으로 수행하는 무술이다.

우리 조상이 언제 어디서든지 해오던 아주 간단하고 작은, 그러나 긴요한 '삼무(巫, 舞, 武)' 동작을 말하며 그 시원은 비손에 있다. 일상의 삶 속에서 기쁘면 기쁜 대로, 슬프면 슬픈 대로 '오직 감사'하는 마음으로 두 손을 비비며 살아온 한민족. 지구상에서 가장 평화를 사랑하는 민족이 한민족이다. 그래서 한민족은 문명권에서 살면서도 한 번도 먼저 남의 나라를 침공한 적이 없다. 그러한 수비적 자세는 때로는 역사에서 온갖 어려움을 불러오기도 했다.

수많은 외세의 침공, 그리고 가장 최근세사에서 일제의 강점과 식민통치, 남북분단 등으로 이어지는 역사의 질곡 속에서 우리 문화의 정수는 부분적으로 크고 작은 차이는 있지만 단절의 아픔을 맛보았다. 무예에서도 예외는 아니다. 가장 한국적인 무예, 원화도의 부활은 한봉기 원장을 통해 이뤄졌다. 원화도는 한봉기 원장이 정리하기 시작해 어언 45년에 이르고 있다. 원화도는 원의 회전과 공격과 방어를 하나의 동작으로 구현하는 전통 창시무술이다. 원화도는 1972년 3월에 출발했고, 1976년 3월부터 본격적으로 개발되기 시작했다. 한 원장은 大 스승을 비롯해 수많은 영계의 선인들로부터 전수를 받았다고 한다. 한봉기 원장은 명상수련 도중 한 사람 앞에 4수씩 3000명의 선인으로부터 1만 2000수를 전수받았다고 한다.

　호랑이 담배 피우던 시절의 이야기 같지만 아마도 한 원장의 열성에 감복하여 신선들이 도왔거나, 아니면 한 원장이 스스로 연구에 열중하다 보니 꿈에서도 스스로 현몽하게 되었을 것이다. 한봉기 원장은 원화도를 다 배우고 개발하는 데 약 6년이 걸렸다고 한다. 원화도의 기술은 본래 공격수 6000수, 상대수 6000수 등 총 1만2000수로 추정하고 있으나 현재는 8방향 5가지씩 총 40개(8×5)의 기본형을 유지하고 있다. 현재의 기본형 이전에 팔괘(八卦)의 원리를 기본으로 한 기본형이 있었다. 팔괘를 기본으로 하는 기본형은 한 가지 기술로 짧게 구성됐고, 방향은 다시 3방향으로 나누어 총 24방향(3×8)이었다고 한다. 우리 민족은 예로부터 신바람의 민족이었다. 천지신명(天地神明)을 믿는 소박한 믿음의 동작이 어깨를 타고 온몸으로 흐를 때 희열을 이기지 못해 드러내는 것이 몸짓이요 신바람인 것이다. 어쩌면 오늘을 사는 우리는 그것을 까마득히 잊은 듯하지만, 언제라도 바람이 불기만 하면 '소리를 내는 갈대처럼' 우리는 저절로 신바람을 일으킨다. 신바람은 더러는 춤으로(평화로운 때), 더러는 무도로(위급할 때) 나타났으며, 더러는 어울려 노는 놀이로 나타났다. 예로부터 가무(歌舞)를 좋아하던 우리 민족이 아닌가. 원화도는 춤추고 노래하고 하늘에 빌고 하던 우리 한민족의 자연스러운 몸짓이 무도로 정리된 것이다.

　그래서 원화도는 무당 무(巫)자 무도(巫道), 춤출 무(舞)자 무도(舞道), 그리고 호반 무(武)자 무도(武道)로 구성된다. 이른바 '삼무'다. 삼무는 제1의 무도(巫道), 제2의 무도(舞道), 제3의 무도(武道)를 한꺼번에 이르는 말이다. 원화도의 동작은 여럿이지만 실은 '비손'에서 시작한다. 비손은 바로 원무(圓巫)이다. 비손에서 다스리기와 다스려 치기로 발전한다. 다스리기란 생기를 일으켜 신체상의 결함 부위를 바로잡아 기능과 순환을 잘되게 하기 위한 비손은 '쓰다듬기와 비비기'를 말한다. 다스려치기라 함은 '다스림과 치기'의 두 동작을 말한다. 치기란 손으로 두드림, 동물이 새끼를 나아 퍼뜨림, 식물이 가지를 내돋게 함과 같이 생육의 의미를 지닌다. 다스리기와 다스려치기를 하기 위해서는 비손으로 '정심(正心)'하여 생긴 마음의 힘을 비손에 모아 '생기(生氣)손'이 되게 하여 신체상 필요로 하는 부위에 보내어 생기를 보내어 정기(精氣)를 북돋운다는 뜻이다. 이는 원화도의 몸 풀기의 기본 동작이다.

5. 활무도 문병태 회장과의 만남

1973년 직장동료 선, 후배로 만나 사내에서 태권도 수련을 지도하면서 활무합기도와 함께 무술지도를 겸한 것이 인연이 되어 지금까지 45년 동안 변함없이 평생을 함께하여 온 무술인 이며 무술연구와 발전을 위해 함께하고 있는 무술인 동지라 하겠다.

활무합기도 이론이 정립된 것은 1976년경 문병태회장은 무술 고수들의 조언과 무예도 보통지 등의 고서를 통해 체계화 하였으며 기존에 전해지는 무예를 새롭게 정립된 것이며 세계활무합기도 연맹은 2003년 사단법인을 발족했다.

활무합기도의 기술은 다양하다 상대방의 힘을 역으로 이용해 제압하는 것으로는 공방술,관절기술,회전공방술이 있으며 차력술,신체교정술은 신체의 체력 한계를 최대한 끌어 올려주는 기술이다. 또,일상의 도구를 무기화 할 수 있는 기술로는 낫권술, 지팡이술, 투기술, 단검술, 진검술 등이 포함된다.

활무도(活武道)의 어원은 《살다. 살리다.살리는 무술,세상과 인간을 이롭게 살리는 활무도의 길》이라는 뜻으로써 활(活)자와 무(武)자 그리고 도(道)자를 합성한 합성어이다.

현대를 사는 무술인들의 자아를 확립하고 물질지상주의에 길들여져 윤리와 도덕성 등 정신적 가치를 경시하는 세태를 개탄하며 인간본연의 도덕성도 살리고 무술의 진정한 가치를 드러내어 인간관계의 덕목인 화(和)의 성품으로 응하고 단결하여 상실되어 가는 공동체 문화를 되살려 개인 이기주의를 막고 인간 세상을 이롭게 하는 활무도를 통하여 심신을 갈고 닦는 수행의 무술이라 하였다.

지금은 해외지부를 포함한 30여개의 지관에서 후진 양성과 활무도(活武道)전수에 노력을 경주하고 있다.

6. 도봉술 박종률 회장과의 만남

1997년 3월 미국워싱턴 D.C에서 세계평화무술연합창설세계대회에 참가한 계기가 되어 도봉술 박종률 회장과의 그때 맺어진 인연이다. (원력도 회장 김용석,궁중무술 기술심의 위원회 의장 이종민)박종률 회장은 도봉술뿐만 아니라 태권도 9단 이기도한무술인에 자타가 공인하는 무술 인이다.

2008년도 중남미 대륙에 위치한 벨리즈(Belize)에서 한국인 강회장(선교사)초청으로 박종률 회장과 함께 벨리즈시티에서 무술지도를 하였다.

지금도 그때를 생각하면 함께 생사의 갈림길에서 고생하고 힘들었던 박종률 회장께 미안하면서 잊을 수 없는 무술동지로 기억에 남기고 싶다.

7. 통일무도를 중심한 하늘의 섭리

1) 신문로 공관에서 무술시범과 大 스승의 격려말씀

내가 존경하고 오랜 기간 직접 모셨던 大 스승께서는 우리의 전통무술(무예)을 되살리고 많은 사람들에게 올바르게 전파하길 원하셨다. 그래서 무술계가 처한 어려운 입장을 직시하시고 이에 대한 많은 투자와 지원을 아끼지 않으셨다. 大 스승의 말씀 속에서 그 깊은 뜻을 읽을 수 있다.

오늘날 무술을 하는 사람들을 역사적으로 볼 때 전부 다 깡패가 되고 정치의 이
용물이 돼가지고 사탄세계의 화살 노릇을 하고, 악마의 방어선이 돼가지고 선한

것을 파괴시키는 제물의 역사를 하고 있습니다. 이거 왜 그러냐? 먹고 살 수 있는 기반이 없어서 그렇습니다.

함부로 무술을 쓰는 것이 아닙니다. 비상사태가 났을 때, 마을이 망하고 이럴 때, 나라가 망하고 이럴 때, 세계가 망하고 이럴 때에 대중의 공격을 지키기 위해서 써야 하는 것입니다. 자기 방어는 자동적으로 되는 것입니다. 그렇게 되면 누가 오지도 않아요. 이런 관점에서 볼 때에 그 인격적 정신자세가 결여되어 있기 때문에 흘러가는 사탄세계의 구렁텅이에 빠져가지고 악당의 제물로 사라져가는 것이 무술하는 사람들 생애의 말년이에요. 〈세계통일국개천일 말씀 중에서〉

나를 포함해 무술 유단자 몇 명이 서울 중구 신문로 공관에서 大 스승의 경호를 담당하고 있었다. 1982년 10월 세계지도자 회의가 열리고 있었는데, 大 스승을 모시고 1982년 9월 신문로 공관의 정원 잔디밭에서 한국의 대표적인 무술인들이 모여 시범을 보였다. 한풀 원장 김○○, 사범 김성렬·이상근·조○○·최○○·박○○·유○○, 태권도 사범 박○○, 합기도 관장 정○○, 원화도 원장 한○○, 정도술 총관장, 안○○ 등을 포함해 기타 무술인들이 참석한 가운데 1시간 30분 동안 시범대회가 열렸다.

시범이 끝난 후 大 스승께서는 '통일무도(統一武道)'의 필요성과 무도인이 해야 할 의무와 책임을 역설하시면서 한풀 무술 원장 김정윤 원장을 중심으로 이를 강력히 추진해 나갈 것을 당부하셨다. 특히 大 스승께서는 참석한 무술인들에게 김 원장을 '큰 형님'으로 모시고 각종 무술에서 좋은 기술을 개발해 '통일무도'를 완성하라고 말씀하셨다.

그 이후 大 스승께서는 1983년 4월9일 '통일무도' 사범들을 서울 신문로 공관에 별도로 초청해서 많은 말씀을 해주셨다. 이 자리에서 大 스승께서는 "실력을 키워라"라고 말씀하시면서 일일이 사범들에게 "정도(正道) 무술을 하려면 몇 년 정도 하면 되느냐?"고 물으셨다.

그때 나를 포함해 각 무술 사범들은 이렇게 답하였다. 태권도의 박성근 사범은 "30년 정도 수련해야 합니다."라고 했고, 원화도의 한봉기 원장은 "저는 20~30년 수련해야 합니다."라고 말했다. 이어 합기도 정춘택 관장은 "저도 30년을 수련해야 합니다."라고 했다. 마지막으로 한풀의 이상근 사범은 "저는 30년 수련할 것을 15년에 할 수 있고, 그것도 줄여서 5년에 할 수 있어야 합니다."

그때 大 스승께서 나의 보고(한풀의 이상근 사범)를 들으시고 무릎을 탁치시며, "이 사범의 말이 맞다"며 "2~5년 안에 마스터해야 한다"고 강조하셨다.

그러면서 大 스승께서는 "무술기술은 오랫동안 하려 하지 말고 1단계, 2단계, 3단계로 나누어 빨리 기술을 습득해야 한다. 1~3년으로 하라. 기술이 몸에 배이면 평생 건강하게 살 수 있다"고 말씀하셨다.

그러면서 大 스승께서는 "단체인 협회, 재단 등에서 여기에 있는 무술단체장들에게 무술운동을 잘 할 수 있도록 최선을 다해 협조해야 한다."고 지시하고, 무술 수련생들에게는 하루에 원리 2시간짜리 비디오 교육과 함께 무술수련 훈련을 하게 하셨다. 또 大 스승께서는 "20일, 40일, 120일 특수훈련 교육을 포함해 무술 체력단련의 수련이 필요하다. 여기에 있는 무술고수들이 필요하다. 무술 고수들의 책임이 크다. 열심히 연구하고 개발하면 태어난 보람이 있을 것이다"며 적극적인 지원과 격려를 아끼지 않으셨다.

2) 통일무도 도장 개관과 무술훈련 지도

그렇게 해서 통일무도 '한풀' 도장(道場)이 드디어 문을 열게 됐다. 나는 1982년 11월 경기도 구리 수택리에서 종교단체의 지원을 받아 무술체육관을 개관하고 통일무도 체육 본부장 김정윤 원장의 지도하에 본격적인 체력단련과 무술수련이 시작됐다. 사범으로는 김성열, 김태희, 박대삼, 유병호, 이상근, 조진기, 조인호, 최명환 등 총 9명이 무술수련 훈련에 참여해 적극 뒷받침했다.

이어 1983년 4월 15일에는 경기도 남양주시 구리읍 수택리 505번지에서 통일무도체육관 구리도장 개관식을 성대하게 가졌다.

이날 개관식은 오후 2시 30분에 시작해 5시 30분까지 진행됐다. 참석한 외빈으로는 구리가정교회 김명대 목사를 비롯해 관계자들 다수 참석하였다.

그 당시에 통일무도 '한풀' 도장 인근에 통일신학교(선문대학교 신학대학 전신)가 자리 잡고 있었다. 1983년 5월 25일 통일신학교 교장 이요한 목사와 최정창 교수가 신학생 13명(남학생 6명, 여학생 7명)을 인솔해 가지고 와서 통일무도에 입문시켜 줄 것을 요청함에 따라 신학생들을 지도하면서 한풀 사범들과 함께 운동을 실시하게 되었다.

그 당시 신상득이라는 학생도 한풀 무예를 배우게 되었다. 이후 그 학생은 26년이라는 긴 세월이 흘러 다시 만나게 됐는데, 세계일보 기자 등을 거쳐 언론인으로서 사회 활동과 한풀의 사범이 되어 있었다. 2010년 내가 무술지도를 위해 해외로 출국하기 전에 신 사범을 만났는데, 그는 자신이 직접 쓴 장편소설『랑의 환국』(3권)을 선물로 주었다. 2005년 출간된『랑의 환국』은 무예인 덕암 최용술(1899~1986) 도주의 파란만장한 일대기를 그렸다. 7년의 세월을 딛고 나온『랑의 환국』은 합기도를 비롯해 궁중무예, 국술원, 회전무술 등 현대 한국무예에 큰 영향을 미치며 일생을 바람처럼 살다간 무예인 덕암 선생을 다룬 장편소설이다. 책 제목의 '랑'에 대해 저자는 너랑 나랑과 같이 더불어 하나된 사람을 뜻하는 말로 신라 화랑의 마지막 모습으로 보고 있다.

그는 '랑'으로 상징되는 우리 고유의 무예가 가야시대 이후 일본으로 전승됐다가 덕암에 의해 다시 본국으로 돌아오는 과정을 흥미진진하고 박진감 넘치는 문장으로 묘사했다. 특히 사실에 근거한 실존인물과 실제 이야기가 덕암의 제자 김정윤 원장으로부터 20여년 간 무예를 배워 한풀의 무술사범으로 직접 활동 중인 그의 글을 통해 한국의 근현대사가 액자소설로 펼쳐진다. 신상득 사범은 현재 '파람'이라는 무술을 새로 창안하여 경기도 일산에서 도장을 열어 운영하고 있다고 들었다.

그런데 한풀을 배운 사범 중에 '한풀'이라는 이름으로 도장을 운영하는 사범이 거의 없다는 것이 안타까운 일이 아닐 수 없다. 나도 건강 100세 시대에 걸맞게 현대인을 위한 운동요법과 음악명상을 통한 정신수련을 병행하는 효봉삼무도(曉峯 三武道)를 중심삼고 나의 길을 갈 수밖에 없다는 게 냉엄한 현실이다. 이제 무술도 사회·경제적 수준의 향상과 함께 단순히 싸움의 수단 등에서 벗어나 승화시켜 나가야 한다.

3) 大 스승의 통일무도 체육관 방문 및 무술시범 참관

大 스승께서는 1983년 7월에 다시 경기도 구리에 있는 통일무도 체육관을 찾으셨다. 그 당시 大 스승께서는 통일무도에 많은 관심을 갖고 직접 여러 차례 찾으셨다. 이번에도 大 스승께서는 무술 시범을 참관하시고 많은 격려를 해주셨다. 무술시범은 한풀 김정윤 원장이 꺾기 태질의 시범을 보였고, 참석한 귀빈은 이재석 세계기독교통일신령협회 협회장, 홍성표 ㈜일화 사장, 유광열 성화사 사장 등이었다. 또 수행경호를 맡은 김성열,

정춘택, 안남식, 이상근 사범과 다수의 내빈이 참관했다.

하지만 1984년 체육관에 필요한 운동기구 제작 및 설치, '한풀' 무술 책 출판에 필요한 카메라(특수카메라의 손질)의 구입 등에 소요되는 경비의 과다한 금액 청구가 문제가 되었다. 체육관의 운영 및 경비 일체를 지원하는 의견 차이가 크게 벌어지고 불화가 날로 심해져 결국 운영 1년 만에 김정윤 원장을 비롯해 사범 등 한풀 무술인들은 자진 철수하게 되었다.

4) 무술인들을 위한 '체육인교회' 체육관 개관

그렇게 해서 김정윤 원장을 포함해 한풀 사범들이 경기 구리시에 있는 통일무도 체육관을 자진 철수해 나가자 나도 그곳을 떠나게 됐다. 그리고 얼마 후에 大 스승께서 1984년 서울 동대문구 장안동에 '체육인교회'를 만들어 체육관을 열고 무술인들을 다시 불러모아 새로운 출발을 하게 됐다. 이곳은 무술인 회관 겸 사무실을 겸용(兼用)하게 됐다.

'체육인 교회'는 무술인들에게 중요한 공간이 됐다. 여기에서 각종 무술인 대회들을 기획하고 준비했을 뿐만 아니라 통일무술 연구, 경호호신술, 체력단련, 훈련, 실무적인 업무 및 운동 등을 병행해 나갔다. 특히, 체육인교회를 중심삼고 관악구 봉천동에 원화도 체육관을 개관하고 원화도 수련도 함께 진행했다. 나도 그때에 원화도를 배우게 됐다.

5) 대한민국무술연합 창립총회 개최

서울 장안동에 있는 무술인들을 위한 '체육인교회'에서는 많은 일들을 기획하고 준비했다. 무술인들을 위한 단체를 만들고 국내외에서 대형행사들도 개최했다.

먼저 국내에 나뉘어져 있는 무술단체들을 하나로 묶어 대한민국무술연합을 발족시켰다. 1987년 5월10일 대한민국무술연합 창립총회를 개최하고 회장에 검사출신 고 (故)오제도씨를, 부회장에 이상근씨를 각각 선출하고 취임하게 됐다.

그동안 한풀, 원화도, 정도술, 합기도, 태권도, 원력도, 통일무도 창립총회를 열면서 무술고단자 모임을 결성하고, 통일무도의 발전을 위해 각기 다른 무술의 장점과 단점을 의논했다. 각자 평생 배운 무술기술들을 하나로 집중해 '통일무도'의 발전을 위해 서로 양보와 이해, 기술 정리에 적극적인 협력과 후원을 하기로 결의하였다.

장안동 체육관에서는 각 무술별로 훈련도 했으나 단체를 결성하는 등 무술인들의 권익 향상과 위상 제고, 화합과 단결을 위한 노력을 경주해 나갔다.

그렇게 4~5년간 통일무도의 발전을 위해 온갖 정성을 다해 지원하면서, 각국 선교사들을 중심삼고 우리 무술을 전세계 각국으로 하나하나 전파시켜 나갔다.

6) 통일무도와 원화도의 이질성

나는 특별히 大 스승의 지시로 미국에 건너가 스콧티방어드라이브학교에서 경호교육을 마치고 귀국했다. 내가 귀국한지 얼마 안돼서 大 스승께서는 1988년 9월 27일 서울 한남동 공관에서 열린 세계지도자 회의 도중에 원화도와 통일무도를 하나로 통합할 것을 지시했다. 그 자리에서 大 스승께서 미국 원화도의 책임자 석준호 회장에게 "한봉기 원장에게 한국 원화도를 배워야 한다"고 지시하셔서 석준호 회장은 체육인교회 장안평 체육관에서 약 40일간 원화도수련을 받은걸로 알고있다. 그 당시 체육인교회는 장안평 체육관 외에 봉천동 체육관도 운영하고 있었는데 장안평과 봉천동을 오가면서 무술수련을 실시했다.

그러나 한국 원화도를 미국 원화도에 기술 등을 접목하기란 결코 쉬운 일이 아니었다. 각자 배운 고유의 특수성과 문화적 차이 등이 문제였다. 이 때문에 나는 자존심 대결이 아니길 바랐고, 통일원리 정신에 입각해 통일무도의 발전을 위해 체육인교회의 전세보증금을 빼서 한봉기 원장에게 전달했다.

그때 한봉기 원장은 경남 창원으로 내려가 한국원화도 본부를 별도로 설립했고, 미국원화도는 통일무도로 이름을 개명해 지금까지 이어져 오고 있다.

7) 세계평화무술연합 창설 미국대회 개최

大 스승께서는 무술인들을 위한 변함없는 관심과 지원을 계속하면서 위상 강화와 개성이 강한 무술인들을 하나로 묶어 화합하는 일을 계속해 나가셨다. 이를 위해 국내에서는 대한민국무술연합을 만들었고, 나아가 국제적인 위상을 높이기 위해 미국에서 세계평화무술연합(世界平和武術聯合, 이후 세계평화통일무도연합으로 개칭)을 창설했다.

미국 워싱턴D.C 소재 힐튼타워호텔에서 1997년 3월23일부터 27일까지 5일간 '21세기를 향한 평화와 통일의 길 창조'라는 주제로 세계평화무술연합 창설을 위한 국제대회를 개최했다. 이 국제대회에는 87개국에서 700여명이 참석한 가운데 大 스승께서 주창한 '하나님주의'에 바탕을 둔 가정의 가치와 무술인들의 사명을 일깨우고 무술에 관한 학문적 연구를 뒷받침하는 주제들을 놓고 열띤 토론과 세미나 등이 풍성하게 진행됐다.

이 대회가 개최되기까지에는 통일무도의 발전을 위해 헌신 노력해 오신 고(故)임도순 회장의 노고가 크다고 할 수 있다. 고 임도순 회장은 정도술, 한풀, 원화도 등 여타 무술들을 통일무도로 연결시키기 위한 산파역할을 해왔다. 그런 면에서 통일무도의 역사에 있어 임도순 회장을 빼놓고선 어느 누구도 이의를 제기할 수가 없다.

특히 임도순 회장은 아프리카 케냐 선교활동 중에 풍토병에 걸려 생사(生死)의 고빗길을 넘나드는 가운데에서도 大 스승의 명을 받아 세계평화무술연합 창설대회 참가를 위해 대회를 며칠 앞두고 먼저 미국으로 출국했다. 나는 한국대표단 33명에게 2박3일 교육을 실시한 뒤에 스텝(staff)들과 함께 출국했다.

세계평화무술연합의 회장 겸 대회 조직위원장은 파라과이 교민 명덕선 회장이 맡아 수고하셨다. 이 대회의 명덕선 조직위원장은 '무술: 21세기를 향한 평화와 통일의 길 창조'라는 제목으로 대회사를 했다. 다음은 명덕선 세계평화무술연합 회장의 명의로 발송한 초청장의 인사말씀과 대회 참가자들의 명단이다.

　　　무술인 여러분에게

　　　무술인으로서 귀하의 고명하신 명성을 전해 듣고, 본회는 세계평화통일가정
　　연합과 워싱턴타임스의 후원을 통해 세계평화무술연합 창설대회를 실시하며, 본
　　대회에 귀하를 초청하는 바입니다.
　　　본 대회는 '21세기를 향한 평화와 통일의 길 창조'라는 주제로 1997년 3월
　　23~27일까지 워싱턴DC 소재 워싱턴 힐튼타워 호텔에서 열립니다.
　　　냉전 이후 다양한 도전 속에 어떠한 것도 최근 수년 사이에 급속도로 일어난 사
　　회 윤리와 가정의 가치 붕괴를 수수방관하는 것보다 우리의 심정을 아프게 하는
　　것은 없었습니다. 통제 불능의 사회제도의 부정적 영향을 중화시키기 위해서, 무
　　술에 대한 연구와 단련은 우리 사회를 개선시키는데 주요한 역할을 고무시킬 수
　　있다고 봅니다. 무술은 자신을 방어하기 위해 몸을 단련하는 수단으로서 알려진

것 뿐만 아니라 자기 수양과 도덕적 올바름을 고양시키기 위한 수단으로서 의미가 있습니다.

본 세계대회에 있어서 우리는 문제의 본질에 접근하여 인간 생활에 대한 윤리적인 측면을 탐구할 것입니다. '가정의 가치'라는 주제의 강연시리즈는 大 스승께서 주창한 '하나님주의'에 기초하여 이루어 질 것입니다. 더욱이 우리는 보다 고급적인 교육연구기관에서 학문적 연구와 탐구의 주제로서 무술의 학문적인 가능성을 모색할 것입니다.

본 대회는 전세계 다양한 무술지도자들이 상호 관심사에 대해 의견을 교환하고 21세기에 보다 건전하고 조화로운 사회를 창조하기 위해 새로운 길을 모색하기 위한 통일되고 진보적인 세계인의 광장을 창립할 것입니다.

귀하를 오는 3월23일 워싱턴에서 만나 뵙기를 기대합니다. 감사합니다.

1997. 2. 13
대회 조직위원장 명덕선

〈미국 워싱턴D.C 세계평화무술대회 한국대표 단체〉

1) 단장 : 임도순, 이상근

2) 대한원력도협회 : 총재 김○○

3) 합기도협회 : 회장 오○○, 사무총장 김○○

4) 한국궁중무술기술심의위원회 : 의장 이ㅇㅇ, 임원 강ㅇㅇ

5) 세계삼무도연맹 : 회장 이상근, 한풀사범 이ㅇㅇ 박사(홍익한의원)

6) 대한택견협회 : 회장 이ㅇㅇ. 사무국장 조ㅇㅇ

7) 세계도봉술연맹 : 회장 박ㅇㅇ

8) 대한합기도협회 : 회장 황ㅇㅇ

9) 국제연맹합기도중앙협회 : 회장 명ㅇㅇ, 총관장 신ㅇㅇ, 수석사범 유ㅇㅇ

10) 한국해동검도협회 : 상임부회장 김ㅇㅇ

11) 인천유도협회 : 회장 이ㅇㅇ

12) 국제통일무술연합회 : 회장 노ㅇㅇ, 관장 편ㅇㅇ

13) 세계활무도연맹 : 회장 문ㅇㅇ

14) 한국격투기복싱협회(대한타이복싱협회) : 회장 한ㅇㅇ

15) 세계차력협회 : 회장 이ㅇㅇ

16) 대한기도(氣道)회 : 회장 정ㅇㅇ

17) 민족무예기천(氣天)협회 : 대표 박ㅇㅇ

18) 대한활무도협회 : 부이사장 김ㅇㅇ

19) 합기도태극관 : 관장 류ㅇㅇ

20) 월드경호협회 : 심ㅇㅇ

21) 선정고등학교 유도부 : 교사 정ㅇㅇ

22) 국제무술경호인협회 : 회장 석ㅇㅇ

23) 한국전통무술협회 : 회장 정ㅇㅇ

24) 대한프로우슈(武術)협회 : 회장 김ㅇㅇ

25) 무술신문 발행인 : 회장 이ㅇㅇ 外 기타 무술사범

26) 스텝(협회문화국) : 남ㅇㅇ

세계 활무도 연맹 외 24 단체 참석

총 33명 참석

8) 세계평화무도연합 파라과이대회 개최

세계평화무술연합은 1997년 3월 미국 워싱턴 D.C · 소재 힐튼타워호텔에서 大 스승의 뜻을 따라 창설된 이후 전세계 40여 개국으로 기반을 확장했다.

워싱턴 창설대회 이후 남아메리카의 파라과이에서 2000년 4월28일부터 30일까지 수도 아순시온에서 세계평화무도연합(世界平和武道聯合)으로 단체 명칭을 바꿔 국제대회를 개최했다. 주최국인 파라과이를 비롯해 브라질, 우루과이, 아르헨티나, 대한민국, 프랑스, 칠레 등 7개국 대표단 850명이 참가했다.

이 대회에서는 세계평화무도연합 명덕선 회장께서 '참무도인의 길'이라는 제목으로 주제 강연을 했다. 특히 명 회장의 강연과 무술시범 등의 행사에는 파라과이의 국회의원, 장관, 검찰 간부 등 법조인, 경찰청장, 대통령경호의전실장, 각계 기관 대표 등 파라과이 주요 인사들이 참석한 가운데 대성황을 이뤘다.

명덕선 회장의 초청으로 한국 궁중무술을 처음으로 대회 행사기간에 선보였고, 각종 무술시범 대회와 함께 다채로운 행사가 펼쳐졌다. 무술시범이 끝난 뒤에는 우승한 선수들에게 금메달, 은메달, 동메달 등 메달수여식이 있었다. 메달은 한국에서 300여개를 직접 제작해서 내가 갖고 갔다.

이 대회에는 파라과이 재외동포한인회장을 역임한 명덕선 세계평화무도연합 회장, 한국궁중무술협회 이종민 기술의장, 이상근 효봉삼무도 회장 겸 세계평화무도연합 국제이사, 손숙일 세계평화무도연합 사무총장 등이 한국을 대표해서 참석했다.

　이 대회가 끝날 무렵 한국주재 초대 파라과이 대사를 지낸 어느 대사의 초청으로 자택을 방문했는데, 그의 개인 전시관에서 특히 눈에 띄는 것은 한국정부로부터 받은 대한민국 훈장이었다. 고(故) 박정희 대통령의 친필 휘호와 훈장, 사진 등이 진열돼 있어 한국인으로서의 자부심과 뿌듯함을 느꼈다. 그도 우리 일행에게 이를 자랑스럽게 생각하면서 자세히 설명해 주었다. 이렇게 해서 세계평화무도연합은 국제적으로 기반을 확장해 나갔다.

9) 중국 소림사 국제소림무술대회 참관

1997년 3월 미국 워싱턴에서 열린 세계평화무술연합(이후 세계평화무도연합으로 개칭) 창설대회에 참석했던 중국의 국제무술연맹총회(國際武術聯盟總會)와 국제소림무술연합총회(國際少林武術聯合總會)가 세계평화무도연합(世界平和武道聯合)의 명덕선 회장, 석준호 이사장, 임도순 회장, 김동운 사장, 황협주 선교사, 이상근 국제이사와 손숙일 사무총장 등 관계자들을 2001년 2월26~28일 허난성(河南省) 덩펑시(登封市) 쑹산(嵩山)에 있는 소림사(少林寺·샤오린쓰)로 특별히 초청해 제2회 국제소림무술대회를 참관하게 됐다. 이 자리에서 국제소림무술총연합회측은 나(이상근)에게 명예이사장으로도 임명했다. 그때 국제소림무술대회를 참관하면서 관계자들로부터 중국의 소림무술(少林武術)에 관해 전해들은 내용을 요약·정리해 봤다.

① 소림무술의 탄생 배경과 현황

'중국공부경천하(中國功夫驚天下) 천하공부출소림(天下功夫出少林)'이라는 말이 있다. '중국의 무술은 천하를 놀라게 하고, 천하의 무술은 모두 소림에서 나왔다'는 뜻이다. 중국 선종(禪宗)의 성지이자 무술의 발원지인 숭산 소림사를 배경으로 소림무술이 탄생했다.

원래 깊은 산속의 사찰에서는 불법(佛法)을 공부하는 것을 본질로 삼았으나 난폭한 도적떼로부터 자기방어와 사찰을 보호할 목적으로 무예를 겸하게 됐고, 그것이 발전해 애국정신을 바탕으로 형성된 것이 소림무술이다. 특히 당(唐) 태종 이세민이 황제에 등극하기 직전 적당(賊黨)들에 의해 감금되는 위기에 처했을 때 이를 구출해 준 이들이 소림사 승려들이었다.

그 이후 당 태종은 소림사와 소림사의 무예를 적극 보호하게 하였고, 모든 사찰 중에 오직 소림사 승려들에게만은 술과 고기를 먹어도 된다는 칙령(勅令)을 내렸다는 일화도 있다.

그래서 소림무술은 무엇보다도 양민보호를 우선으로 하여, 크게 민심을 얻어 유명해지게 됐다. 소림사는 기원전(AD) 495년에 설립됐고 소림무술의 수천 가지 기술 중에 지금은 필요한 600여개의 다양한 기술을 갖추고 있다. 중국무술은 곧 소림무술이라 할 수 있고 그것은 세계무술의 기원이며 근원이라 할 수 있다.

소림무술은 현재 중국 체육부 산하의 기관에서 정부 관리 하에 운영되고 있으며, 소림사에서는 순수 불교 수행에만 정진하고 있다. 다만 희망자에 한해 사찰 경내에서 승려들은 배울 수 있으나, 일반인은 절 안에 들어가 소림무술을 배울 수 없다. 실제 소림무술의 전수는 사찰 주변에 널려 있는 크고 작은 70여개의 무술학교(중국 체육부 산하 교육기관)에서 6만 여명의 학생들에게 이루어진다. 큰 규모의 무술학교는 700~800명, 작은 학교는 100~ 200명으로 구성되고, 국제소림무술연합총회가 운영하는 학교에는 약 400명의 학생들이 있다. 여기에는 중국은 물론 대만, 홍콩, 티베트 등지에서 유학하러 온 학생들도 상당수 있다.

무술학교의 허가 조건은 도덕, 문화, 무술, 컴퓨터, 운전 등이 필수로 되어 있고 일반 대학생들조차 졸업하면 일자리가 곧바로 보장되지 않는 판국이지만 무술학교 졸업생들은 상당수가 졸업 전에 취업이 보장된다. 물론 국내외 사범 등으로도 나간다.

국제소림무술연합총회가 운영하는 무술학교는 매년 30명 정도의 졸업생을 배출하고 있으며 정규 교육 과정은 6년이고, 사범들의 평균 연령은 졸업생 기준으로 18세 정도이다. 이 학교의 교훈은 '△나이가 많은 사람은 나의 부모로 △나이가 같은 사람은 형제로 △나이가 적은 사람은 동생으로 또는 자식과 같이 생각한다'를 매일 복창·암송한다. 특히 길거리에서 불량배를 만나 시비를 걸어와도 대응하지 않고, 싸우지도 않기 때문에 주변에서 이 학교에 대한 평판은 좋다고 한다.

중국에서는 무술에 관한한 국가에서 관리하고 소림사 내에서 무술을 배우는 것도 국가의 허가를 받아야 한다.

소림사는 1928년 군벌들의 내란으로 원래 건물은 소실됐다가 1983년에 다시 지어졌다. 건물이 소실됐을 때에 소림무술 자료들은 거의 전소됐다. 그런데 소림사의 한 스님이 복사본을 그의 집으로 옮겨 명맥을 유지해 오고 있다. 그 자료들을 1980년 소림사로 가져와 이 학교의 교장(국제소림무술연합총회 총회장)에게 전달됐고 1980~1990년 10년간 자료를 재편성하여 총 63권을 발간했다고 한다.

마지막으로 4권을 정리해서 모두 국가에서 인정하는 소림무술 서적으로 평가를 받았다. 1992년 국제소림무술연합총회의 총회장이 세계36개국 소림무술지부를 방문한 결과, 모두 이 책들을 교재로 사용하고 있었다고 한다. 그러나 아직 이 책들이 세계 어디에서도 자국어로 번역되어 있지 않은 실정이다.

총회장의 말에 따르면 63권중 1권이 한국어로 번역되어 사용되고 있다. 이번에 정리된 4권중 2권에는 소림무술 중 권법(拳法) 300여종이 수록돼 있고, 그 중에 1개의 권술(拳術)이 한국어로 번역됐다고 한다. 4권을 모두 영문으로 번역하는 데는 약20

만 위ⓒ안(元), 미화 25,000달러의 큰 경비가 소요돼 엄두를 못 내고 있다고 했다.

② "소림무술의 창시자는 달마대사가 아닌 초우선사"

중국 허난성 안양師大 연구팀 '달마대사 창시설' 전면 부정

소림사 무술의 진정한 시원(始原)은 누구인가. 중국 무술의 '정통'으로 추앙 받는 소림사 무술의 창시자는 그동안 달마대사로 알려져 왔다. 영화나 무협지 등 소림 무술을 다루는 모든 창작물들이 그를 창시자로 인정했고, 또 이를 중심으로 스토리가 전개되어 왔기 때문이다.

정설로 굳어진 소림권법의 '달마대사 창시설'을 부정하려는 시도들은 추종자들의 완강한 저항에 부딪쳐 근거 없는 낭설로 치부되기 일쑤였다. 이를테면 지난 1989년과 90년에도 소림사 초대 주지 '보투어(跋陀)스님 창시설'을 두고 중국 소림권법 학술회까지 열렸으나, 결국 달마대사 창시설을 뒤엎지 못한 채 막을 내렸다.

하지만 최근에는 이런 '불변의 진리'에 금이 가기 시작했다. 중국학자들이 과학적인 연구결과를 가지고 '달마대사 창시설'을 전면 부정하고 나섰기 때문이다.

2001년 3월 소림사가 위치한 중국 허난성 안양(安養)사범대학 연구팀이 발표한 보고서에 따르면 소림사 무술의 창시자는 달마대사가 아니라 소림사 2대 주지 초우(稠)선사였다는 것이다. 이 대학의 마아이민 교수가 1990년 11명의 연구원과 함께 만든 소림무술 연구팀은 그동안 소림사 무술의 기원을 10년 넘게 추적해 왔다. 이 발표는 연구팀이 그동안 모은 역사자료 및 문헌에 대한 분석과 운문사, 용천사, 북제석굴, 청량산 등 소림사와 관련이 있는 전체 지역에 대한 현장조사를 근거해 나온 것으로, 보고서 분량만 30여만 자에 이른다. 이 보고서가 발표되자마자 중국학계는 역사학 심리학 지리학 등의 각기 다른 각도에서 분석을 진행한 '역작'이라는 평가를 내렸다.

보고서는 우선 달마대사가 허난성에 머물던 시기에는 '소림사'가 존재하지 않았다는 사실을 '초우선사 창시설'의 근거로 제시한다. 인도 승려였던 보리달마대사가 소림사 일대인 허난성 송루어 지방에 머문 문헌상의 시점은 북위시대 초인 효문제 10년(486년)에서 19년(495년) 사이. 하지만 당시 송루어에는 소림사라는 절은 있지도 않았고, 따라서 달마대사는 소림사나 소림사 무술과는 아무런 관계가 없다는 게 연구팀의 주장이다. 더욱이 초대 주지인 보투어 스님 시절의 소림사는 오로지 불교경전을 익히는 데에만 몰두해 속세와는 완전히 단절된 경건한 불제자들로 가득했기 때문에 소림 무술이 탄생할 수 있는 자양분이 전혀 없었다는 것이다. 연구팀은 이로써 달마대사와 보투어는 소림무술의 창시자 대열에서 탈락했다고 주장한다.

보투어 스님에 이어 제2대 소림사 주지에 오른 스님이 바로 초우 선사. 보고서는 초우 선사의 족보와 출생지, 성장 배경, 무술유파 등을 치밀히 추적해 그를 소림사 창시자로 지목했다. 이에 따르면 초우선사는 소년 시절부터 현재의 안양현(安養縣)에 위치한 예시아 사원에서 무술을 연마해 그의 나이 33세 때인 북위 선무제 10년(512년)에 소림사 최초의 무승(武僧)이 되었다는 것이다. 그가 주지가 된 뒤 소림사는 본격적인 '무술단련의 장(場)'으로 탈바꿈했고, 이후 이것이 소림사 무술로 발전해 오늘날과 같은 소림권법으로 완결되었다는 주장이다. 즉 소림권법의 원류는 따지고 보면 소림사가 아니라 안양현의 예시아 사원이라는 설명이다.

연구팀은 소림무술이 예시아 사원에서 비롯됐다는 근거로 초우선사 이후에도 계속된 소림사와 예시아 사원과의 인적 교류를 예로 들고 있다. "곤봉만으로 수천 명의 적을 물리치고 당왕(唐王:당 태종)을 구출했다는 고사(古事)에 나오는 13명의 스님 중 우두머리 스님이 소림사 주지 지조법사인데, 그도 원래 예시아 사원 운문사 출신의 무승이었지요." 연구팀장 나아이민 교수는 이와 함께 초우선사가 입적한 후 소림사가 그의 재(灾)를 소림사와 운문사에 분산 안치한 것도 바로 예시아 사원의 '소림 무술 발원설'을 뒷받침하는 것이라고 강조했다.

8. 무술인들에게 주신 大 스승의 말씀

무술인들은 대체로 자기의 무술이 최고라고 생각한다. 그러나 창시무술인 통일무도는 통합을 위해서 낮아지고, 낮아지기 때문에 각종 무예의 장점을 볼 수 있다. 통일무도는 살수의 무예가 아니라 제압의 무예이고, 전쟁을 위한 무예가 아니라 평화를 위한 무예이다. 그래서 고난이도의 기술을 가르치지만 무술시합에서 치명적인 기술을 쓰지 못하게 하고, 쓰면 감점을 하게 되는 특이한 무예이다.

통일무도는 무예의 통일과 인격의 완성을 위해 大 스승의 지시에 따라 개발됐다. 각종 무예의 개성을 살리면서 그 장점만을 통일무도의 기술에 포함시키고, 새로운 기술을 기존의 기술에 접목해 향상시키면서 연구해야 발전할 수 있다.

또한 공격에도 비무장적인 상태로 자신을 방어할 수 있는 것을 목표로 하고 있으며, 공격보다는 방어가 목적인 평화의 무도를 강조한다. 이를테면 선수들의 안정을 위해 헬멧을 쓰게 하고 글러브를 착용하게 한다.

종래 무술이 걸어오던 길과 반대의 길이다. 전쟁의 기술로서의 무예가 이제 심신 단련과 정신통일, 건강 증진, 호신과 인격 완성에로 나아가고 있다. 이는 평화 시에 무술 본래의 목적이기도 하다. 통일무도에는 기술로서의 무술(武術), 예술로서의 무예(武藝), 깨달음의 도로서의 무도(武道)가 다 들어 있다.

그 당시 大 스승께서는 통일무도에 각별한 관심과 함께 많은 말씀을 해주시고 교육도 하시면서 통일무도인들을 위한 말씀을 하셨을 때 참석한 사범들은 **김성렬, 이상근, 안남식, 정춘택, 한봉기 등이 참석했다.**

大 스승께서는 "무술인은 정신적 면에서 맑다"면서 "통일무술의 기반을 중심삼고 남을 위해, 또 자기 몸의 보호와 방어를 위해서 방어무술을 배워야 하며 체력단련도 함께 하라. 방어 기술이 강하면, 공격해 오는 것을 이긴다" 또한 大 스승께서는 "일생동안 건강하게 살아가려면 운동(무술)을 하면서 꾸준히 자기 몸을 관리해야 한다"며 "몸이 아프면 3일 동안 먹고 일어난 것들을 생각해야 한다. 점심에 딱딱한 것을 먹었다면 무른 것, 연한 것을 먹어야 한다. 그래도 아프면 굶어야 한다."

大 스승께서는 무술 연구에도 깊은 관심을 가지시고 무술 연구가 지속적으로 이뤄지려면 "대학에는 무술 연구와 무술학과가 있어야 한다. 다양한 무술의 고수들이 모여 연구하고 개발해야 한다."면서 "운동은 대학을 중심삼고 가야 오래 지속할 수 있다. 그리고 모든 무술이 체육에 가까운 것으로 종류별로 뽑아야 한다. 무술하는 사람은 무용, 체육, 무술기술, 세 가지 이상을 배워서 특이한 것을 뽑아내야 한다." 결국 무술인도 '연구하는 무술인, 연구하는 사람' 앞에서는 질 수 밖에 없다.

특히 大 스승께서는 무술 지도자들에게 "이론과 훈련과 기술, 호신 · 방어기술이 필요하다"며 "(각 무술 사범이) 30명이면 30가지 기술이 나온다."고 했다. 그리고 "기록을 남겨서 이론의 골자를 연결시키며 무술학(武術學)으로 성립시켜야 한다."고 당부하였다.

1) 大 스승의 옥중생활과 운동

大 스승께서는 90여 생애 중에 북한의 흥남 형무소, 남한의 서대문 형무소, 미국의 댄버리 교도소 등에서 아무런 죄 없이 무고하게 여러 차례 형무소 생활을 하시면서 형극의 고난 길이었다. 어느 날 大 스승께서는 수용소 생활을 하시면서도 체력을 잘 유지·관리하기 위해 실행하신 운동을 직접 시범을 보이면서 '통일무도'의 필요성을 역설하시고 건강을 지키기 위해서는 감옥생활 중에도 교도관들의 눈을 피해 틈틈이 체조와 운동을 하였다.

또한, 무도인이 수행해야 할 의무와 하늘 뜻과의 깊은 관계에 관해 많은 말씀을 하시고 大 스승께서는 사람이 일평생 건강 유지를 위해서는 시간과 장소에 구애받지 않고 하루 5분, 10분, 30분 이내 꾸준히 자기만이 할 수 있는 운동과 운동하는 습관이 필요하다고 강조하였다. 인생을 건강하게 살아가려면 먼저 자신의 몸부터 잘 관리해야 한다는 것이다. 大 스승께서 직접 개발한 운동법은 최고의 운동이요, 건강관리법이어서 여기에 몇 가지 소개한다.

※생활체조 기(氣) 운동

大선생님 말씀과 직접 보여주신 생활 기(氣)운동

운동할 때는 머리, 손, 발은 8방을 위해 써야 한다. 선생님도 다년간 자신에 대한 체력을 보전하기 위해 운동을 하는 것입니다. 언제든지 어디에 가게 되면 그냥 있지 않습니다. 강의 할 때는 기둥 같은 데 서게 되면 각도에 따라 혈을 알아요. 골수, 척추, 살하고 연결되는 데는 신경이 통합니다. 그렇기 때문에 그걸 자극시키는 운동을 하는 거예요. 언제나 장소에 관계 없이 운동하는 것입니다. 아픈 데를 중심삼고 반대로 힘을 주면서 이렇게 운동하는 거예요. 피곤하면 옆으로 운동을 하게 되면 풀리는 것입니다. 댄버리에서도 어디 아픈 사람 있으면 내가 마사지 해 줬어요. 마사지를 세 번만 하면 다 낫거든요.

- 122 세계 통일국 개천일 말씀

· 언제든지 말씀 중에도 양쪽 다리를 번갈아 가면서 강, 약 운동하는 거예요.

· 어디를 가나 벽이나 기둥이 있으면 기둥을 붙잡고 서서 운동하는 거예요.

· 차를 타면 차 안에서 의자나 고리를 잡고 힘을 주는 밀고, 당기기를 번갈아 가면서 해봐요.

※생활체조 기(氣) 운동 사항과 요령

고혈압, 저혈압, 심장질환, 기타 평상시에 운동이 부족한 사람은 갑자기 힘을 주는 것은 무리이며 이때 단전에 힘을 줄 때 강, 약 조절을 하여야 한다.

A-1, A-2. 팔 운동 밀고 당기기(힘겨루기) / 손목 잡고 밀기

오른손은 왼쪽 손목 잡고 서로 밀고 당긴다(오른쪽, 왼쪽). 힘을 줄 때 숨을 멈추고 단전에 힘을 준다. 이 운동법은 운동기구가 필요없고 장소 구분없이 할 수 있으며 팔근력 단련에 도움을 주며 전신에 氣의 흐름이 원활하여 온몸에 에너지가 충만 하여진다.

B. 앉아서 무릎세우고 팔다리 힘겨루기 운동(힘쓰기)

앉아서 두 무릎을 ㄱ자로 굽히고 팔로 두 무릎을 감쌀 때 오른손은 왼손목을 잡고 힘겨루기를 한다. 이때 숨을 하단선에 들어쉬고 숨을 멈춤과 동시에 두 무릎은 벌리려고 하고 감싼 팔은 힘껏 힘을 온 전신에 주는 겨루기를 한다.

C.

앉아서 같은 방법으로 두 무릎은 ㄱ자로 굽힌 상태에서 양손은 두 무릎을 잡고 바깥으로 벌리려고 하고 두 무릎은 앞으로 밀어주는 힘쓰기를 한다.

 * 이때 -> 숨을--> 위와동일(참고)

D.

앉아서 두 무릎을 ㄱ자로 굽힌 무릎은 벌리려고 하고 양손바닥으로 안으로 힘껏 밀어준다. 이때 숨을 하단전에 들어쉬고 숨을 멈춤과 동시에 힘쓰기를 한다.

E. 앉으려는 자세에서 다리운동(허벅지) 힘쓰기

앉는 자세 의자없이 앉는다고 생각하고 두 다리를 어깨폭만큼 벌리고 무릎을 구부린
자세에서 양손바닥은 허벅지를 눌러 잃어서지 못하도록 힘을 주고 구부린 무릎을 일어
서기 위해 힘을 쓴다.
* 이때 -〉 숨을--〉 위와동일

· 목운동, 앞뒤, 양옆, 숨을 멈추고 목을 좌,우로 돌려준다
·눈운동 아래, 위, 좌로 우로 좌, 우 돌려준다
·입운동, 혀를 돌려준다. 좌, 우, 위, 아래
·귀 잡아 당기기. 지압
·괄약근 조이기
·타법(전신)

언제든지 어디에 가게 되면 그냥 안 있습니다. 각도에 따라서 나타나는 혈을
압니다. 골수, 척추와 근육이 연결되는 데는 신경이 통하는 것입니다. 그렇기 때
문에 그것을 자극시키는 운동을 합니다. 언제나 운동을 하는 것입니다. 차를 타
게 되면 차 안에서도 운동을 합니다. 아픈 데를 중심삼고 반대로 힘을 주면서 운
동하는 것입니다. 피곤할 때 옆으로 운동을 하게 되면 풀립니다. 마사지를 하는
것과 마찬가지로, 그래서 (댄버리) 감옥에서도 아픈 사람이 있으면 내가 마사지
해줬습니다. 마사지를 세 번만 하면 다 낫습니다. 이것이 소문이 나 가지고 못살
게 자꾸 찾아왔습니다. 가마야마씨도 다리 아프다고 그래서 운동법을 가르쳐줬
습니다.

올라가는 계단에 난간이 있고 쭉 올라가서 기둥이 있습니다. 감고서 운동하는 것입니다. 아픈 데를 감아 가지고 운동하는 것입니다. 반대로 감아가지고 안팎으로 운동하는 것입니다.

〈말씀선집 181권 312쪽〉

건강을 위한 운동 중에 최고의 운동이 큰 컵에 물을 가득 담아 가지고 숨을 안쉬고 한꺼번에 쭈욱 마시는 것입니다. 운동 중에 그 이상 (좋은) 운동이 없습니다. 폐 운동이 됩니다. 그럴 때는 저 밑창까지, 항문과 대장까지 올라갔다 내려갔다 하는 것입니다.

내가 그 운동을 했기 때문에 옥중에서 살아남은 것입니다. 아침에 일어나서 물을 그렇게 마시는 것입니다. 얼마만큼 큰 그릇에 숨 안 쉬고 물을 담아 마시느냐는 것입니다. 이렇게 위를 키우면 아무리 큰 그릇에 담은 물이라도 숨 안 쉬고 한꺼번에 마실 수 있습니다. 그렇기 때문에 이렇게 건강한 것입니다. 폐활량이 커지게 됩니다.

매일같이 물 먹을 때 그런 놀음을 하기 때문에 건강한 것입니다.

〈말씀선집 220권 239쪽〉

물 먹을 때는 어떻게 먹느냐 하면, 한꺼번에 먹습니다. 숨을 쑤욱 내쉬고 쭈욱! 그것이 폐 운동입니다. 선생님은 운동을 그렇게 합니다. 이것을 먹을 때 숨 안 쉬고 쭈욱 한컵 두컵 세컵 이상 먹는데 그것이 폐활량을 좋게 하는 운동입니다. 그거 절대로 필요한 것입니다. 선생님의 건강은 그런 데서 기인한 것입니다. 지금 산에 올라가더라도 숨 안 차는 그런 운동을 했습니다.

〈말씀선집 222권 292쪽〉

아침에 변을 보는 것이 큰 운동입니다. 선생님은 감옥에서 그런 것을 통해서 건강법을 배웠습니다. 어린애들이 힘을 주는데 그럼으로써 속에 있던 피가 바깥으로 흘러서 순환하는 것입니다. 늙으면 변이 굳어져요, 묽어져요? 어떤 박사가 늙어지면 변이 굳어져야 된다고 합니다. 힘을 줘가지고 그것을 짜내는 데 있어서 혈관이 운동을 하게 됩니다. 내가 그 수수(授受)운동법을 개발했는데 나를 보고 "고희를 맞은 저 할아버지가 청춘을 잡아먹겠다"고 하는 평을 들은 적이 있습니다.

〈말씀선집 216권 171쪽〉

2) 무술은 기술이다

무술(武術 · Martial Art)의 사전적 설명은 무기 쓰기, 주먹질, 발길질, 말달리기 따위의 무도에 관한 기술. 즉 기술의 실전적 측면을 강조하여 생사를 건 대인(對人)격투술이라는 본질적 가치를 강조한다.

무술을 용어해설과 내용을 구분해서 살펴보면, 무(武)는 군사기법, 군사기술, 군사체계이고 술(術)은 기법, 기술을 이른다. 내용은 기술의 측면에서 싸움기법이 목적이 된다. 즉 기술적인 성질, 전략적인 작용, 수단적인 방법 등이다. 그 가운데 힘이 1/2이고, 기술도 1/2이다. 따라서 1대1로 시합할 때 우리의 기술로 된 우리의 무술로 승리해야 한다.

> 여러분은 운동을 해서 몸을 건강하게 유지해야 됩니다. 지금도 나는 항상 운동을 하고 있습니다. 내가 연구 · 개발한 운동법으로 운동을 하면 보통 사람들이 3시간 이상 운동을 해야 얻을 수 있는 효과를 3분 이내에 볼 수 있습니다. 그런 운동법을 가지고 있습니다. 여러분에게 그냥 가르쳐 줄 수 없습니다. 내가 다 시험해 가지고 복스럽게 사는 사람들에게 가르쳐 줄 것입니다.
>
> 〈말씀선집 39권 51쪽〉

결국 무술의 본질은 일차적으로 기술이다. 문화상품이니 스포츠니 하는 것을 떠나 무술은 내 몸 잘 보존하는 방법을 궁리하는 기술이다. 현대의 태권도, 검도, 펜싱, 레슬링 등이 무도 내지 스포츠가 되는 이유는 그러한 본질적 목표를 버리고(현대의 법률 및 정서상의 이유로) 인격수양이니 육체 단련이니 하는 것을 표방하고 있기 때문이다. 물론 그 방편으로 여전히 다른 사람을 잘 치는 방법을 수행하고 있다는 것이 다른 유희를 위한 스포츠와의 차이점일 수는 있다. 아무튼 무술을 오랜 옛날에 정립되어 절대 불변하는 문화유산 내지는 한민족의 얼이 스민 비의체계 같은 것이라고 보는 사람들로 인해 무술에 대한 오해는 확대 재생산되고 있다.

무술에 대한 수많은 논쟁들을 여기서 일일이 들 수 없으니 간단한 예를 들겠다. 과거의 우리 조상들 중 대부분은 아마도 짚으로 새끼줄을 꼬는 방법을 알고 있었다. 그리고 그것은 자연스럽게 세대를 이어 내려왔을 것이다. 양반들 몇몇 가운데서 할 일이 없는 사람이나 농민들과 가까운 배경을 가진 사람들도 아마 체면 차려가면서 몰래 새끼줄을 꼬았을지 모를 일이다. 그렇게 꼰 새끼줄로 아무개는 짚신을 만들고 아무개는 단지나 소쿠리를 만들고 아무개는 길게 늘여 꼬아 지붕을 동여매는 데 이용했다. 그리고 때로는 마을 전체가 합심해 줄다리기를 위한 거대한 새끼줄을 꼬기도 했다. 농촌이라면 어디서든 볼 수 있는 광경이었다.

그런데 시대가 바뀌었다. 합성 섬유를 이용한 밧줄이 굵기 별로 공장에서 쏟아져 나오기 시작했고 농촌은 점점 텅 비어갔다. 새끼줄을 꼴 줄 아는 사람도 정작 그것을 가르칠 자식들이 도시로 나가 결국은 자기 집의 소를 붙들어 맬 때나 쓰곤 했다. 오늘날 그 노인은 소 대신에 경운기와 콤바인을 이용한다.

무술의 역사도 이와 비슷하다. 단지 오늘날 전통문화 체험행사나 민속박물관의 전수자들이 부스 한켠에 앉아 짚으로 실을 꼬는 것이 무술계에서는 준비된 도장에서 지도자가 관원들에게 먼저 건강과 인격적으로 사람됨을 지도하는 것이 아니라 돈을 받고 기술을 가르칠 뿐이고 후자가 더 폼 나는 것이라고 사람들이 생각했을 뿐이다. 또한 그 본질과 활용에 있어서도 무술이 다른 기술과 다른 범주에서 이해되리라고 볼 수는 없다. 오늘날 진짜 '실전' 무술가를 보고 싶은가? 군대에 가 보라. 군대는 진정한 의미에서 살인 기술을 가르치는 집단인가? 그렇다면 검술이나 창술, 궁술 등은 살상이 불가능한가? 이것은 순전한 경제논리이다. 자신이 짚을 베어다가 새끼줄을 만들어 쓰는 것과 시장에서 나일론줄 100m짜리를 사와서 쓰는 것 중에 어떤 것을 선택할 것인가? 새끼줄이든 나일론이든 동여맬 수 있으면 다 같은 줄이다. 그러나 그 줄에 투입되는 자원과 노력의 생산비를 보아 살아남은 것이 오늘날의 나일론이다. 물론 새끼줄은 더 친환경적이고 향수를 자극하고 때에 따라 더 저렴할 수 있다. 그러나 더 좋은 것이 더 필요한 것은 아닐 수도 있다. 역사적인 무술의 변천도 결국은 이 궤도를 따르는 것이다.

3) 무술은 방어와 보호가 목적

무술(武術)과 무예(武藝)는 같은 개념인데 선호하는 경향이 다르게 나타나고 있다. 무술은 예로부터 사람을 상하게 하기 위해 발전해온 것이다. 어떻게 하면 다른 이를 더 손

쉽게 제압할까? 하는 착안에서 만들어졌다. 하지만 무예는 심신을 단련하기 위해 만들어진 것이다. 그 예로서 무술은 사람을 상하게 하기위한 박투술(搏鬪術)이 있지만 무예는 그저 한판의 춤사위처럼 너울대며 움직이는 듯이 보인다.

무예는 사람을 상하게 하기위한 것이 아닌 사람을 정신수양과 겸양(謙讓)하게 하기 위해 만들어진 것이다. 이것이 차이점이다. 자연스럽게 율동과 힘, 기술, 여기에 제일 가까운 무술이 한풀이다. 앞으로 체육이 계속 발전하고 살아남으려고 한다면 무술과 무예가 함께 조화를 이뤄야 지속적으로 발전해 나갈 수 있다.

大 스승께서는 평소에 상대방을 살상(殺傷)하기 위해서가 아니라 내 몸을 방어하고 보호하기 위해서 무술을 배워야 한다고 강조하셨다.

> 여러 가지 일을 하다 보니 내 자신이 신변 보호를 하지 않을 수 없었습니다. 20대에는 하지 않은 운동이 없습니다. 운동(무술)을 했기 때문에 내 몸 어디가 아프면 치료할 수 있는 방법을 알아 오늘의 건강을 유지한다고 말씀드릴 수 있습니다. 그 운동법이 있습니다.
>
> 〈말씀선집 121권 9쪽〉

> 선생님이 감옥생활을 하면서 다 죽어가던 자리에서 살아남은 것도 그 운동법을 연구했기 때문입니다.
>
> 〈말씀선집 134권 93쪽〉

> 선생님이 손이 매우 작습니다. 그런데 이 손으로 안 해본 것이 없습니다. 노동도 해봤으며, 농촌에 가면 농민입니다. 김매기를 해도 못하나 밭을 갈면 못가나, 못하는 것이 없습니다. 산판에서 나무를 심는데도 남들한테 뒤떨어지지 않습니다. 내가 힘도 무척 셉니다. 학교에서는 씨름 챔피언이었습니다.
> 빠르기도 무척 빨랐습니다. 지금도 바쁘면 높은 담도 쓱 넘어갑니다. 혁명을 해야 되기 때문에 자기 일신을 보호하고 자기 종족을 보호할 수 있는 보신술을 배웠습니다. 자주적인 능력을 갖지 않고는 아무것도 못하기 때문에 배운 것입니다.
>
> 〈말씀선집 167권 268쪽〉

大 스승께서는 특히 불의한 자가 공격해올 때, 또 습격이 있을 때에는 80% 이상은 방

어해야 하지만 불가피하게 공격해서 제압을 할 때에 무술능력을 발휘해야 한다고 했다.

그러면 방어기술에 강한 무술은 어떻게 하는가. 방어기술은 공격기술과 직결된 무술로서 올바로 배워야 한다. 그리고 방어 무술을 입체화시켜야 한다고 大 스승께서 말씀하셨다. 우리가 살면서 크게 싸움하는 것은 일생에 몇 번 있느냐 하면, 극히 드물다. 그래서 직접적인 공격 대신 방어기술이 중요하다. 예고 없이 닥치는 갑작스런 사고나 적이 언제든지 공격해 들어올 수도 있다. 결국 무술은 방어기술이 강해야한다. 무술인들은 영감도 빠르고, 기술은 최고 수준이다. 그래서 무술인은 정신세계가 일반인들 보다 차원이 높다고!

9. 大 스승께서 건강에 관해 주신 교훈

1) 大 스승께서 건강에 관해 주신 교훈의 말씀

• 모든 것이 3층 구조, 3단계로 되어 있습니다. 이것을 보게 되면 땅에도 우리 몸뚱이가 사는 생명의 요소가 있고 공기에도 생명의 요소가 있습니다. 또 영계도 우리의 영원한 생명이 호흡할 수 있는 생명의 요소가 있습니다.

• 여러분은 밥도 먹어야 되지만 숨을 쉬기 위한 공기도 먹어야 합니다. 그러나 이들만 먹어서는 안됩니다. 생명의 요소(영계의 생명의 요소)를 먹어야 된다는 것입니다. 그렇기 때문에 음식을 먹는 것이 소생이오. 공기를 마시는 것이 장성입니다. 그 다음에 영원한 생명을 호흡할 수 있는 이 생명의 요소를 여러분이 받아야 합니다. 그래서 전부가 3단계로 되어 있다는 것입니다.

• 사람은 두 눈과 사물이 삼각점을 이루었을 때 정확하게 볼 수 있습니다. 이러한 원칙은 관상에서도 적용되고 있습니다. 가령 입을 다물고 있을 때는 일직선의 모양이기 때문에 조화가 벌어지지 않지만, 웃을 때는 원형운동이 벌어져서 누구나 웃는 것을 좋아합니다. 둥근 것은 걸리는 것이 없기 때문에 어디든지 하나될 수 있습니다. 그래서 사람도 옆으로 볼 때 둥글고 큰 사람이 건강합니다.

• 하나님께서는 둥근 것일수록 오래 존재할 수 있기 때문에 둥글게 피조물을 지었습니다. 또 온 우주가 원형운동을 할 수 있게 지었습니다. 그래서 사람이 웃을 때 눈, 코, 입 등 얼굴 전체를 활짝 펴서 웃는 사람은 모든 것이 조화를 이루기 때문에 어디를 가든지 잘 어울릴 수 있습니다. 웃는 것이 계속되면 오페라와 같은 예술이 시작되고 미적 감각이 발전하게 됩니다.

• 어떠한 향기보다도 공기의 맛이 더욱 좋습니다. 내가 야목(경기 화성시 매송면)에 가서도 이야기했지만 사람이 공기의 맛을 알고, 햇빛의 맛을 알고 물의 맛을 알면 병나는 법이 없습니다. 이러한 심정으로 살면 누구나 건강체가 될 것입니다.

• 성신을 거쳐 나가는 데에는 통일이 안되는 것이 없습니다. 또 조화가 안 되는 것이 없습니다. 어떠한 경우가 닥치더라도 호호거리며 좋아한다는 것입니다. 마찬가지로 기름이 그런 것이에요. 다리가 아픈 사람들에게는 기름을 발라 주어야 합니다. 사람이 건강해지면 힘이 생겨 납니다. 그 힘이 생겨나가 위해서는 몸에 기름이 있어야 합니다. 우리의 몸에서 기름은 절대적으로 필요한 요소입니다.

• 아주 짧은 시작이라도 선생님에게는 모두 심각한 시각이다. 어느 순간 죽지 않는다고 누가 장담할 것인가? 아주 짧은 한 순간이 내가 생명을 얻고, 또 내가 생명을 잃어버릴 수 있는 기점이니 얼마나 심각하겠는가? 공기, 음식 모두가 우리들의 생명에 절대적인 조건을 갖고 있다.

• 원리를 개인, 가정, 사회, 국가에 적응시켜야 한다. 모든 존재는 주고받는 원칙으로 되어 있다. 그래서 인체 조직으로부터 지구, 태양, 우주에 이르기까지 모두 주고받는 작용을 하고 , 또 그 원칙에 의해 원형운동을 한다.

• 밥보다도 해보다도 물보다도 더 위대한 것은 공기다. 그런데 그것은 안보인다. 그와 마찬가지로 양심도 안보인다. 양심을 벗 삼아 주인으로 삼고 그 말을 들어야 한다.

• 사랑해주고 위해 줄 수 있는 주체, 그렇게 되면 태양도, 물도, 공기도, 모든 것이 그 주체에 소유되기를 원할 것입니다. 그렇게 되면 물 한 모금이 약보다 더 우리 인간에게 유익함을 줄 것이고 태양빛이 약보다 나을 것입니다. 그런 사람들은 일생동안 건강하게 살 것입니다.

• 인간은 살아가면서 만물로부터 영양소를 공급받고 있습니다. 그런데 만물이 가만히 있는 사람 입으로 마냥 들어가는 것은 아닙니다. 하나님께서 인간으로 하여금 왜 입으로 밥을 먹게 만들었겠습니까? 또 음식물이 입안으로 들어가면 꼭꼭 씹어서 먹게 되어 있습니다. 그것은 모든 것이 주고받는 가운데 협력하게 하기 위해서입니다. 몸의 부위는 높은 곳은 낮은 곳, 좌측은 우측에 있는 신체의 부위와 주고받으며 운동을 하게 만들어 지기 때문입니다. 이러한 신체 부위의 운동들도 서로 주고받는 사랑을 중심하고 운동하게 되어 있습니다.

• ○○군의 건강이 벌써 몇 개월째 지극히 나쁜 상태인데, 건강이 좋아지기 위해서는 다른 방법이 없고 신앙으로 고빗길을 넘겨야 합니다. 신앙이 아니고는 어떠한 방법으로도 건강이 좋아지지 않는다는 것을 선생님은 알고 있습니다. 그것은 효진군이 치러야 할 탕감법이 있기 때문입니다.

• 지난 6회에 걸친 옥고에서도 선생님이 건강하게 살아남은 것은 특별운동, 호흡운동법을 적용하여 건강을 지켜 나왔기 때문이다. 화장실에 가 있는 동안에도 운동을 하고 있다. 무료하게 서 있는 동안도 운동하고 있다. 아버님은 대소변의 횟수와 걸리는 시간을 가지고도 건강을 체크하곤 한다. 마시는 물의 양을 조절하면서 건강을 유지한다.

• 선생님이 매점에서 사다놓은 과일들을 래리(Larry)와 그 측근의 사람들이 자유자재로 꺼내어 먹곤 한다.

◎ 사랑의 특권

• 아내가 꽁보리밥에 간장이 놓인 밥상을 들고 왔을 경우, 남편은 사랑하는 아내가 얼마나 미안해 가슴 조일까 하는 염려의 마음으로 차려온 음식을 맛있게 먹으면 사랑의 샘물을 먹는 것과 같습니다. 그렇게 사는 남자는 일생동안 병이 나지 않고 건강할 것입니다. 사랑에는 모든 것이 굴복하게 되어 있습니다. 병균도 사랑을 보호하게 되어 있습니다.

2) 병의 정의 그리고 원인과 증상

• 여러분이 가는 데는 어떻게 가야 되느냐? 스토브를 피우는 방에 들어가면 열의 감각을 느끼는 것과 마찬가지로 교회 내에는 그러한 스토브 감각권에 미쳐지는 것이기 때문에 명령대로 행할 때는 양심의 가책을 받지 않습니다. 그것을 안하고 양심의 가책을 받지 않는 것은 교회 교인이 아닙니다. 그것을 오랫동안 안하게 되면 병이 나는 것입니다. 그렇기 때문에 오래된 교회 교인들이 끝까지 가야할 텐데 못 가게 되면 병이 나는 것입니다. 이렇게 보는 것입니다. 중심이 자꾸 기울어지니까 그 짐을 벗어나야 합니다. 벗어놓지 않으면 안 됩니다.

• 세상은 원형을 닮아 있습니다. 얼굴도 둥글고 상하부도 있습니다. 전부 완전히 주고받아야 합니다. 정맥·동맥도 주고받습니다. 병은 뭐냐하면 주는 길은 있는데 받는 길이 없으면 병이 나는 것입니다. 그렇기 때문에 움직이는 존재물은 위할 수 있는 작용의 원칙을 세우지 않고는 영원히 존재하는 물건은 없다 이것입니다. 여러분은 이것을 알아야 합니다.

• 병이 나면 아프게 되는데, 왜 아프냐 하면 우주는 플러스 마이너스가 완전히 주고받아(수수작용) 보호를 하게 돼 있는데 우주의 원칙에 불합격하게 되니 보호해 주지 않고 추방하게 되어 고통을 느끼게 된 것입니다. 플러스 마이너스가 하나되면 우주와도 주고받을 수 있습니다.

여러분의 마음은 플러스입니다. 플러스의 마음은 마이너스의 몸과 하나되려고 항상 노력합니다. 사실은 몸과 마음이 자동적으로 하나되게 돼 있는데 타락 때문에 그렇지 못하고 있습니다. 마음과 몸이 타락으로 말미암아 플러스 마이너스가 아닌, 전부 플러스가 되었기 때문에 몸은 마이너스로 만들어가야 합니다. 본래 마이너스였던 몸을 마이너스로 만들기 위해 몸뚱이를 치는 생활을 종교는 가르치고 있습니다.

• 하나님께서 환경을 만드신 후에 아담 해와를 지으셨기 때문에 먼저 환경을 화평으로 이끌지 않으면 안 된다. 슬픔을 가슴에 품고 있으면 병이 된다. 이 슬픔을 버려야 한다.

• 하나님이 주관하는 사람은 하나님이 직접 그에게 징계를 주어 탕감함으로써 그것이 후손에게 미치지 않게 하지만, 사탄주관권 내에 있는 사람은 그렇게 할 수 없기 때문에 계시를 주어 그것을 조건으로 끌고 나간다. 이러한 의미에서 볼

때 징계는 하나님이 사랑하시기 때문에 주신다는 것을 알아야 한다. 교회에서는 뜻 앞에 자기를 중심한 사람들이 많이 자연도태 되었고 병으로 징계를 받았다.

• 선생님은 여러분들에 대해서 욕을 많이 합니다. 그래도 여러분은 "욕도 좋을 때가 있습니다. 음식에는 매운 것, 짠 것, 쓴 것, 이것이 다 양념이 되는데 제가 양념이 되지요." 해야 합니다. 그렇다고 사람들이 맛좋은 것만 먹으면 되겠습니까? 그렇게 입맛에 맞는 것만 먹다가는 병이 나고 맙니다. 여러 가지 섞어서 먹어야지요.

• 여러분 중에는 아무도 인류 역사가 어떻게 변해가고 있는가를 전혀 예측하지 못하고 있습니다. 또 여러분은 언제 병이 생겼는지 어느 때에 병이 생길지 언제 죽음이 닥칠지도 모르고 있습니다. 그렇지만 그런 일들은 역사상에 끊임없이 계속되어 왔습니다.

• 어떤 사람에게 성공한 일이 있다 하더라도 그에게 성공이 있게 된 시간이 언제부터인지 알지 못합니다. 어떤 사람이 실패가 당장 오는 것이 아니기 때문에 언제 실패하는 날이 올지 모르는 것입니다.

• 질병은 여러 가지가 있습니다. 육체적인 질병도 있고, 정신적인 질환도 있습니다. 아무리 육체적으로 건강하다 해도 정신이 건전하지 못하고 퇴폐에 빠졌다면 결국은 육체에도 병이 들어 죽게 마련인 것입니다. 이런 건강문제는 인간에게뿐 아니라 국가나 문화권에도 적용되고 있다는 사실을 알아야 합니다.

• 일생을 살아가려고 하면 자기 몸을 관리하여야 합니다. 몸이 아프면 3일 동안 지나온 것을 3일 동안 생각해야 한다. 딱딱한 것을 먹고 아팠다면 죽을 먹어야 하고, 죽 중에서도 멀건 죽을 먹어야 한다. 3일 전에 먹은 점심으로 원인이 되어 아팠으면 그때의 그 점심을 굶어야 한다.

• 여러분 지금까지는 악한 도깨비(靈)들이 활용할 때는 몸이 소스라치고 무섭지만, 선한 영(靈)들이 활동할 때는 괜히 좋다는 것입니다. 그래, 사탄이 활동할 때는 추운 방에 들어가는 것같이 싫지만 이런 하늘편 선한 영들은 전부다 놓아주는, 해방하는 놀음(역사)을 하기 때문에 좋다는 것입니다. 그것을 우리 교회에서의 사탄세계에서 느껴야 된다는 것입니다.

- 별다른 이유 없이 교회에 오면 좋고 자유롭다는 것입니다. 이건 아무렇게나 해도 자유롭지만, 자기 집에 가게 되면 오싹해짐을 느끼는, 자기 집에 가도 그렇다는 것입니다.

- 끝날에는 복을 치는 때이므로 병이 많이 나게 된다.

- 지금은 영계의 지상공격시대입니다. 그렇기 때문에 오늘날 이름 모를 신경증이니 하는 신경계통의 병이 많이 발생하는 것입니다. 약으로는 안됩니다. 이것은 천지 쌍화탕을 먹어야 됩니다.

- 이제 우리 앞에는 영적, 세계적 침공 시기가 가까워 오고 있습니다. 오늘날 지상에서 우리들이 이해하지 못할 기이한 현상이 많이 벌어지고 있습니다.

- 말세가 되면 사랑의 윤리를 세울 수 없고, 부모, 부부, 부자의 사랑에 혼란이 일어남으로 정신적인 병이 많아진다. 이것은 선진국에서 먼저 시작된다. 그러나 민주 세계의 이념으로서는 이를 수습할 길이 없다.

- 선생님의 형님은 신앙생활을 하면서 영계와 통했습니다. 우리나라가 해방될 것을 알았고 다년간 고생한 병도 약 한번 안쓰고 영적으로 치료받은 분입니다.

- 하나님을 사모하기를 아픈 것을 잊어버릴 정도로 사모하고 생각하면 병도 낫는다.

- 외과의사가 병이 나서 썩어 들어가는 환자의 다리를 놓고 수술은 하지 않고 '다리가 수십년 동안 이만큼 자라기 위해서 얼마나 힘들었을까? 참 불쌍하구나. 지금까지의 세월을 생각해서라도 손대면 안 되지.'하고 썩어 들어가는 다리를 그냥 놔둔다면 그 환자의 생명까지 잃게 되고 맙니다. '다리가 썩어 들어가는데 그냥 두었다가는 몸뚱이마저 썩어 버리겠다.'하면서 환자가 아무리 아파하더라도 무자비하게 병든 다리를 자를 수 있는 의사가 좋은 의사입니다.

- 우리 교인들은 무슨 일이 있다하여 정신과 의사를 찾는 등의 어리석은 짓은 하지 마라. 하나님을 믿고 기도하라.

- 병원에 있는 사람은 집에 재물이 있고 권력이 있고 지식이 있고 하는 것이 문

제가 아니라 어떻게 병을 치료하느냐가 문제입니다.

• 무슨 약이 필요하냐? 사랑이라는 약이 필요합니다. 사랑이라는 약을 주어 병을 낫게 하고, 그리하여 부모를 사랑할 줄 알게 하고, 아들딸도 사랑할 줄 알도록 해야 합니다. 아울러 세계를 사랑하도록 해야 합니다. 사랑이 없었던 사탄의 힘을 터뜨려 버리고 사랑의 세계에서 살아가는 인간이 되게 하자는 것입니다.

• 예수님은 무엇 하러 오셨느냐? 가정을 찾으러 오셨습니다. 구원의 역사는 복귀역사입니다. 병이 났으니 병을 낫게 해야 되는 것입니다. 예수님은 타락한 인간을 구원하시기 위하여 오셨습니다. 그러면 구원은 무엇이냐? 가정을 잃어버렸기 때문에 그것을 다시 찾는 것입니다. 다시 찾으려면 어떻게 해야 되느냐? 잃어버린 본래의 자리로 돌아가지 않으면 찾지 못하는 것입니다. 그러면 어찌하여 인간이 가정을 찾아야 되느냐? 예수님은 어찌하여 가정을 찾으러 와야 되느냐? 이것은 본래의 가정을 잃어버렸기 때문입니다. 병이 났으니 병을 고쳐야 됩니다. 즉, 타락을 했으니 복귀를 해야 된다는 것입니다.

• 360집이란 무엇이냐? 자신의 사랑의 문을 전부다 열고 사랑의 길을 정상적인 궤도에 올려놓기 위한 수련장이라는 것을 알아야 되겠습니다.

• 어떤 사람이든지 사랑하고 그들을 지도할 수 있는 주체가 되어야 하겠습니다. 이 세상이 모두 병이 나서 병원의 신세를 지고 있는데 여러분이 형제가 되어 고쳐주어서 천국으로 가게 해야 된다는 것입니다. 이것이 모든 사람의 희망이요, 소원임을 알아야 하겠습니다.

◎ 우리는?

• 병이 나면 아프다고 합니다. 그렇다고 그 아프다는 것이 나쁜 말이 아닙니다. 존재세계에서도 주체와 대상이 원만히 주고받을 때에 존재가 인정되지만 한 방향이 결여될 때는 주체나 대상권에 합격자가 못됨으로 말미암아 우주존속완성권이 이루어지지 않는 것입니다. 그래서 우주력은 이 주체 대상의 합격자가 되도록 보호하게 되어 있기 때문에 불합격자가 나오지 않도록 하기 위해 내몰아 친다는 것입니다. 그 우주력이 내모는 작용에 의해서 아프다는 것을 알아야 합니다. 이론적인 내용입니다.

• 타락이 원상태로부터의 이탈이므로 원상태로의 복귀를 위해서는 타락이 정반대되는 방향으로 돌아가야 합니다. 그러기 위해서 우리는 지도자와 안내자가 필요합니다. 여러분도 아시다시피 병을 치료하기 위해서는 병의 원인을 진단할 수 있고, 적절한 약을 처방할 수 있는 의사가 필요합니다. 마찬가지로 우리의 목표가 타락 이전의, 원래의 상태로 복귀하려는 것이므로 우리는 타락의 원인을 정확히 알고 있는, 그리하여 치료를 위해 해결책을 마련하여 처방할 수 있으며, 인간을 구제할 수 있는 지도자가 필요합니다. 타락의 원인과 내용을 진실로 알고 있는 분은 하나님 뿐입니다. 그리고 그는 인간이 원래의 상태로 복귀할 것을 원하십니다. 이러한 하나님의 욕망은 개인, 가정, 사회, 국가 그리고 세계의 모든 수준에서 수행되어져야 합니다. 이 과업을 완수하기 위하여 하나님은 지도자들을 선택하셔야 하며, 인간의 복귀는 의사의 치료업무와 비교될 수 있으므로 하나님은 그가 유능한 의사들을 훈련시킬 수 있는 병원을 세우셔야 할 필요를 느끼셨습니다.

◎ 역사적인 전환점

• 흔히 사람들은 종교를 가지면 구원을 받는다고 말합니다. 누구나 메시아를 믿으면 구원을 받는다고 말합니다. 사실 인간이 신앙생활을 하는 근본 목적은 구원을 얻기 위해서이며 구원을 얻기 위해서는 신앙생활이 불가피하게 됩니다.

• 문제는 인간에게 왜 구원의 역사가 필요하게 되었느냐입니다. 그것은 병으로 건강을 잃었을 때 의사가 필요하듯이 우리 인간이 타락으로 인하여 죄악의 세계에 빠졌기 때문입니다. 인간의 타락으로 죄악의 역사가 시작되었으므로 이로 인하여 창조본연의 세계로 복귀시키기 위하여 구원섭리가 필요하게 되었습니다.

• 그런데 구원은 인간 스스로의 힘에 의하여 이뤄지는 것이 아닙니다. 병에 걸려 건강을 잃은 사람은 의사의 진단에 따라 투약과 치료를 받아야 합니다. 어떤 경우에도 환자의 행동이 의사보다 우선되어서는 안될 것입니다. 이렇듯 인간이 타락으로 인하여 병에 걸렸으므로 치료해 줄 의사가 필요하게 되는데 그 의사가 누구냐 하는 것입니다. 인간을 구원해 줄 의사는 하나님인 것입니다. 역사이래 오늘날까지 수많은 종교가 있었는데 그 종교를 세우고 인간을 지도하셨던 분들은 누구이겠는가. 그들은 타락한 인간들에게 처방에 따라 조제한 약을 전달하는 사람들인 것입니다. 그렇다면 최후의 인간 구원의 완성은 어디서부터 이루어

지겠는가? 인간이 병에 걸렸을 때 약을 복용하고 치료를 받아 건강이 회복된 것 같이 보이더라도 그것은 병으로부터 완전히 박멸되지 않는 한, 또다시 병에 걸릴 수 있기 때문입니다.

• 섭리역사 가운데 나타났던 종교는 시대적인 구원을 담당했던 것입니다. 의사가 환자를 직접 진료하고 치료하기 전까지 건강이 악화되는 것을 예방하는 간호부의 역할과도 같은 것입니다. 그러므로 구원의 완성은 하나님께서 이루시는 것입니다.

• 수술(手術)을 하는 경우에다 견준다면 하나님은 외과의(外科醫)의 입장에 있다. 지금 화농처(化膿處)가 커서 정신을 잃고 뒤넘이치는 환자(患者)가 있다. 이것이 한국이다. 우리 한국 사람은 보통 하루에 세 번 이상은 '죽겠다.'는 소리를 말한다. 이러한 말은 틀려먹은 것이다. 말은 마음에서부터 솟아 나오기 때문이다. 그래서 한국은 하나님의 수술을 받아야 하게 되어 있다.

※ 위의 말씀은 말씀선집, 통일세계, 史報(사보),'성화'영인본 38호 1면, 미국 벨베디아 수련소에 하신 말씀 등에서 발췌 · 인용했습니다.

"참 武道人의 길"

여러분 반갑습니다

제가 "世界平和武道聯合會"會長으로써 이 자리에 참석한 武道人(무도인 여러분에게 드리고 싶은 메시지는 "참된 武道人의 길"에 관한 것입니다. 참된 武道人이라고 말하면 "가되지 않은 무도인"도 생각하게 되는 것은 당연합니다. 우리는 全世界 모든 武道人 늘 참된 武道人이 될 것을 바라고 또 참된 무도인 들이 이 世界를 위하여 가치 잊는 일을 할 수 있다는 趣旨(위지)에서 世界平和武道聯合을 ≪創設(창설)≫하였으며, 또한 그 활동에 적극 참여하고 있는 것이 아니겠습니까?

이러한 의미에서 지난 1997년 3원 워싱턴에서 世界平和武道聯合을 創設할 당시 본 연합의 創設者이신 文鮮明 先生님께서는 그 창설의 메시지를 "우주의 기원을 찾아서"라는 제목으로 말씀하신 것을 상기하게 됩니다.

文총재님의 메시지는 한마디로 짐 된 武道人은 宇宙의 起源(기원)을 創立 알고 宇宙의 生成(생성)과 그 存在(존재)의 原理를 깨달아서 이 社會와 世界의 平和를 위해 살아야 한다는 것을 역설하신 것 이었습니다. 참으로 뜻 깊은 가르침이 아닐 수 없습니다. 우리는 지금까지 武道人으로 살아오면서 많은 생각을 하지 않을 수 없었습니다. 나 한 사람이나 家族의 牛界手段(생계수단)으로 武道를 하고 있는 것인지? 또는 내 自身이나 家族의 安寧(안녕)을 지키기 위해서 武道를 한 것인지? 또는 이 社會나 國家(국가), 世界에 무엇인가 보람 있는 일을 해야겠는데 나 혼자 만의 힘으로는 무엇을 어떻게 해야 할지를 도무지 알 수 없었던 것은 아니었습니까? 그런데 이제는 世界平和武道聯合을 創設하신 文鮮明 총재님께서 世界各國의 武道人들을 위하여 제시해주신 그 秘傳(비전)은 정말 우리武道人 모두가 가슴깊이 받아 새기고 나가야 할 근본적인 가르침이 틀림없다고 생각됩니다.

나는 本聯合의 會員들이 참 武道人으로서 나가야 할 길을 몇 가지 말씀드리고자 합니다. 우선 우리는 참된 武道人이기 전에 참된 한 人間이 되어야 한다는 지극히 당연한 말씀을 드리지 않을 수 없습니다.

우리는 이 세상에 나의 父母님으로 말미암아 태어난 子息으로서 人生을 出發하였습니다. 내가 태어나고 보니 이 世界와 宇宙가 있었고 또 나를 태어나게 하신 아버지와 어머니가 계신 것을 알았습니다. 내가 내 마음대로 選擇해서 태어난 것이 아님을 인정하지 않을 수 없습니다.

다시 말하면 나를 태어나게 하신 어떤 存在가 따로 있었고 나는 그 存在에 의하여 이 세상에 태어나도록 準備가 되었다는 사실을 말하지 않을 수 없습니다. 나는 태어날 때 내가 이 세상에 태어나면 빛이 있고, 공기가 있고, 또 먹어야 할 음식물이 필요한 것이라는 사실을 생각조차 못해 보았고 따라서 빛이나 공기가 있는 것이란 것을 전혀 모르고 태어난 것이 아니었습니

까? 그런데 이렇게 아무것도 모르고 내어난 나는 놀랍게도 마치 내가 모든 것을 이미 알고, 그러한 것과 관계를 맺어야 살 수 있다는 것을 알기나 한 것처럼 모든 準備를 다해 가지고 나온 것은 어떻게 된 것입니까?

다시 말하면 빛이 있다는 것을 알고 거기에 맞는 눈과 시각기관을 가지고 나왔고, 공기가 있다는 것을 알고 코와 호흡기관, 귀와 청각기관을 가지고 나왔습니다. 우리 몸이 가지고 있는 오관(五官;耳目口卑身)은 이 宇宙의 모든 것을 미리 알고 거기에 맞춰서 우리 身體를 기막히게 設計하고 맞추어 만들어 왔다는 것을 어찌 부인할 수 있겠습니까? 이 모든 宇宙의 存在世界의 法則을 미리 알고 거기에 내가 딱 맞추어 살아갈 수 있도록 나를 만들어 놓은 어떤 存在가 있었다는 결론이 안 나올 수 없습니다.

우리는 이런 宇宙의 根本이 되고 기원이 되는 存在를 宗敎에서 말하는 '神' '하느님', 또는 '근원자' '제1원인' 등 여러 이름으로 부를 수 있음을 인정하지 않을 수 없습니다. 이는 모든宇宙의 根本存在의 原理와 法則을 다 아시는 분이니 "全知"한 存在요, 또 이 宇宙를 이런 原卑와 法則으로 있게 만드신 분이니 전능한 存在로 말하지 않을 수 없습니다. 이러한 관점에서 본다면, 우리는 이 宇宙의 根本에 대하여 지난날 共産主義者들처럼 無神論, 唯物論의 입장에 설 수 없다는 결론을 내리지 않을 수 없습니다. 神이나 하느님 같은 存在는 없고 있는 것은 物質뿐이며 그들은神이나 宇宙의 超越的 存在를 가르치는 宗敎의 가르침을 人間의 장신을 병들게 하는 아편이라고 말하면서 모든 宗敎를 반대했던 것입니다.

여기에서 우리는 대단히 중요한 깨달음을 얻지 않을 수 없습니다. 내가 사람으로 태어

나서 一生을 살아가는 공적은 얼마나 귀중한 것인지 알아야 할 것입니다. 이러한 根本的인 存在가 있는 것을 알고 살아가는 사람으로서의 一生의 目標와 그 반대의 경우를 상상해 보면 人間은 그저 우연히 태어난 物質的인 存在로서 一生을 살아가는 것이 아니라는 이야기입니다.

그러면 이제 이 宇宙의 根本이 되는 存在인 曲이 나 하느님은 어떤 성품의 내용을 가진 存在일 것인가 하는 점입니다. 그것은 말할 것도 없이 이 宇宙를 創造한 분으로서 神은 이 모든 存在世界의 원인자와 같이 神이 創造한 이 宇宙世界 상품입니다. 보이는 결과를 통해서 보이지 않는 凍囚를 볼 수 있는 것처럼 이 宇宙에 나타나는 普遍的인 共通 事實을 추부해보면 우리는 이 宇宙를 創造한 神의 神性에 대해서도 미루어 알 수가 있는 것입니다. 그것이 바로 이宇宙와 自然界에는 모두 存在物들이 陽性과 陰性을 뜻하는바 그것이 바로 動物界와 植物界의 수컷과 암컷, 수술과 암술로 나뉘는 것이며,鑛物界에는 양이온, 음이온 또는 양자, 전지 등으로 분류되어 있다는 것입니다. 이 宇宙의 모든 존재 중에 사람 이상의 存在는 없습니다. 人間이 겨우 男子와 女子로 存在한다는 이 사실은 바로 宇宙의 根本 創造原璋에 따른 천리법노익운 확인하는 것이 아닐 수 없습니다.

성경 創世記에 하나님이 하나님의 形象대로 사람을 만드시고 한 男子와 한 女子로 創造하셨다는 말은 바로 이런 原理를 뒷받침 해주고 있는 것입니다. 또한 東洋哲學에서 말하는 宇宙의根太으는 太陽은 읍과 양으로存在 한다는 말도 이와 같은 것입니다.

그러므로 우리가 한 男子 또는 한 女子로 태어났느는 것은 단순한 事物學的(생물학적) 의미만을 가진 것이 아니고 宇宙學的인 의미로 받아 들여져야 한다는 것입니다. 하나님이 宇宙萬物을 다 創造하신 다음 마지막으로 그 아들과 딸로서 인간의 시조인 아담과 해와를 창조하셨다고 했습니다. 즉 父母되시는 하나님이 그 子女 되는 人間을 낳았다는 것이며, 또한 子息은 父母를 닮게 되어있으므로 人間은 하나님을 닮도록 지어진 存在라는 것입니다. 그러면 하나님이 人間을 創造하신 目的은 무엇이겠습니까?

그것은 말할 것도 없이 人間을 사람의 대상체로 創造 했다는 것입니다. 이 宇宙의 모든 萬物 중에 다른 모든 것인 動物, 植物, 鑛物로 人間의 生活環境으로 創造하셨지만, 人間은 하나님에 사람의 대상체인 아들딸로 지으셨다는 말입니다.

여러분 父母는 왜 子息을 낳습니까? 자기를 닮은 對象을 사랑하면서 느껴지는 기쁨과

幸福을 위해서인 것입니다. 子息을 사랑하는 父母의 마음이 이 宇宙의 根本이라는 말입니다. 父母가 子息을 사랑하고 子息이 父母를 사랑하는 것이야말로 宇宙의 根本질서요 法則이 아닐 수 없습니다. 子息을 사랑하지 않는 父母나 父母를 사랑하지 않는 子息은 이미 人間으로 제1의 관문을 통과하지 못하게 된다는 점을 알게 됩니다.

世上에 어떤 父母도 子息이 不幸하게 되는 것을 바라지 않습니다. 子息이 幸福하여야 父母도 기쁜 것입니다. 하나님이 人間을 創造한 것은 이러한 原則에서 볼 때 人間이 幸福하고 기쁨에 넘쳐 살도록 해주려고 한 것이었습니다. 그렇기 때문에 성경 創世記에 보면 하나님은 人間을 創造한 直後에 그들에게 生育하고 번성하여 後孫을 地上에 번성시키고 모든 萬物을 주관하며 살도록 祝福을 내리셨습니다.

이 祝福의 내용은 하나님이 人間의 福을 빌어주셨다는 말입니다. 무슨 福 입니까? 쉽게 풀어서 말하면 잘 자라서 成熟한 인격체가 夫婦의 인연을 맺어 후손을 繁榮시키고, 地球상이나 大洋이나 宇宙에 있는 모든 萬物을 다스리고 開發하면서 잘 살고 幸福한 平和의 世界를 이루라는 말입니다.

이와 같은 하느님의 人間에 대한 祝福이야 말로 우리 세상의 모든 父母들이 子息을 낳고 품에 안아 기르면서 또는 새록새록 잠들어 있는 어린 子息들의 얼굴을 들여다보면서 福을 비는 마음과 완전히 일치되는 내용이 아닐 수 없습니다. '부디 心身이 健康하게 잘 자라고 좋은 敎育을 받으면서 成熟한 人格體가 되어 훌륭한 배필을 만나 또 幸福한 家庭을 이루고 훌륭한 後孫들을 낳아서 기르며, 가난하게 살지 말고 潤澤하고 여유 있는 生活을 할 수 있고 나아가서 이 社會와 世界를 위해서 보람 있는 일을 하게 하여 주십시오.'하고 기도하는 것이 父母의 심정이요 소원이 아닙니까?

이와 같은 父母된 자의 심정과 소원은 그 뿌리가 어디에서 왔겠습니까?

그것은 물어 볼 필요도 없이 人類의 第一父母 되시는 하느님께서 人間을 創造하실 때 품었던 그 사랑의 祝福의 심장과 소원에서 연유한 것이 틀림없는 것입니다. 그러므로 人間은 이 세상에 태어나서 이와 같이 福을 빌어준 하느님의 사랑을 이루어 나가는 일이 가장 基本이 되는 人生의 길이 되어야 하는 것입니다.

"1) 잘 자라나서 훌륭한 人格을 이루어 2) 좋은 배필을 맞이하여 자녀를 낳아 기를 수 있는 부모의 자격자가 되고 3) 이 社會나 世界를 위하여 보람 있는 일을 할 수 있는 사람이 되는 것은" 참으로 간단한 것 같은 세 가지의 句節이지만 이것을 제대로 실천하는 데는 아주 중요한 하나의 條件이 있음을 우리는 깨닫지 않으면 안 됩니다.

그것이 무엇이겠습니까? 그것 또한 子息을 키우는 父母의 마음에 들어가 보면 답이 저절로 나옵니다. 心牙(심신)이 성숙해져서 結婚하게 될 때, 즉 結婚 前에는 절대로 男女問題에서 失手 말아라! 하는 것이 父母의 뜻이 아닐 수 없습니다.

未成年者 時節에 脫線하거나 방종하게 되는 것을 세상에 어느 父母가 바라거나 생각이라도 하고 싶은 사람이 어디 있겠습니까? 純潔한 사랑을 고이 간직한 채 心身을 성장시켜 理想的인 配匹을 맞이하여 結婚으로 이 純情의 열매를 거두게 하는 것이 야 말로 모든 父母들이 子息에 대한 한결같은 소망 아닐 수 없습니다. 이러한 父母들의 마음은 東西洋古今을 막론하고 다 같은 것입니다. 이러한 父母의 心情은 어디서 인유한 것이겠습니까? 말할 것도 없이 우리의 人類의 始祖를 創造하시고 그들에게 歸을 빌어주신 하느님이 아버지가 아닐 수 없습니다.

아담과 이브 둘을 創造하시고 위에서 말한 3대 祝福을 내리시고 곧이어(창세기 1장) 동산 가운데 있는 善惡을 알게 하는 나무의 열매를 따먹지 말라. 만약 먹는 날에는 장님이 되어 죽으리라는(창세기 2장) 기록이 나옵니다. 이것은 바로 人間의 始祖가 生育하고 번성하여 萬物을 다스리기 위해서는 善惡果를 따먹지 말아야 한다는 제명을 人間의 責任으로 주신 것을 뜻하는 것입니다.

이 善惡果를 따먹지 말라는 것은 무슨 나무의 열매를 따먹지 말라는 것이 아니라 아담과 이브가 하나님의 祝脑로 夫婦의 인연을 맺는 結婚前에는 男女間에 사랑의 열매 즉性的인 관계를 맺으면 안 된다는 뜻인 것입니다.

이것이야 말로 오늘날 모든 靑少年과 性敎育의 중요한 核心事項이 아닐 수 없는 것입니다. 家庭敎育이나 社會敎育이나 學校敎育을 막론하고 이 婚前純潔(혼전순결을 保護하고 강조하면서 자라나는 世代를 育成해야 하는 것이 敎育의 根本이 되어야 한다는 것입니다.

그런데 실제 일어나는 일은 人間의 始祖인 아담과 이브는 이 原則을 어기고 墮落했었다는 사실입니다. 하나님의 계명을 어기고 善惡果를 따먹은 人類의 始祖 아담과 이브는 原罪를 짓고 하나님을 바로 대할 面目이 없고, 하나님은 그들을 직계의 子息으로 인정할 수가 없어서 에덴의 동산에서 追放했다고 성경에 기록하고 있습니다.

이는 하나님이 幅을 빌어주신 세 가지 중에 어느 것 하나도 이을 수가 없었던 것입니다. 선한 新郎, 新婦(신랑신부)가 되어 선한 父母가 되고 선한 子息을 번성시켜서 이 宇宙를 이상적인 선한 世界天國의 建設하며 살기를 바라셨던 하나님의 創造의 이상은 깨져 버린 것입니다.

그 후 아담과 이브는 에덴에서 쫓겨 나와 子息들을 낳기 시작하였는데 그들 가운데 첫 아들 가인은 둘째아들 아벨을 돌로 쳐서 죽이는 끔직한 殺人事件을 저지르게 되는 일이 벌어집니다. 이 얼마나 기막힌 일입니까? 하나님 입장에 서 한번 생각해 보십시오. 있는 힘을 다하여 이 宇宙를 創造하시고, 이 宇宙의 主人公으로 정성을 들여 하나님 대신 자녀로서 아들딸인 人間始祖 아담과 이브를 창조하셨는데 그 귀한 자식들이 淫亂罪를 저지르고 하나님의 子息 結婚理想이 破綻이 나고, 그렇게 해서 태어난 後孫은 첫 대에서 殺人罪를 저지르게 되었다니! 이는 참으로 기막힌 노릇이 아닙니까?

子息들은 殺人罪를 父母는 淫亂罪를 祖上家庭에서 人類의 첫 죄를 지었다는 것은 너무도 큰 사건이 아닐 수 없습니다. 淫亂罪와 殺人罪야말로 그 以後오늘날까지 人間社會가 있는 곳에는 가장 뿌리 깊은 犯罪가 되어, 계속 저질러지고 있는 것이 아닙니까?

이와 같은 정황에 비춰볼 때 人間始祖가 墮落하였기 때문에 오늘날과 같은 이런 淫亂과 頹廢, 殺人과 戰爭, 가난과 秩柄, 獨裁와 같은 인류의 고통이 끊이지 않고 있다는 사실을 인정하지 않을 수 없습니다.

타락한 인류는 個人家庭種族民族國家世界를 이루어 나오면서 선한 世界的인 罪惡의 세상이 이 지상에 번성해 왔다는 말입니다.

이런 罪惡의 人間과 世界를 그대로 두거나 그 속에서 收蕩하면서 살아가는 것이 人生의 길이라고는 말할 사람이 아무도 없을 것입니다. 그렇기 때문에 많은 先覺者들이나 宗教家들, 偉人·성인들이 나타나서 한결 같이 가르치고 깨우치려는 것은 罪를 짓지 않고 이루어 진 理想的인 世界가 아니었겠습니까? 그核·나이 바로 宗教的인 가르침일 것입니다.

孔子,釋迦, 마호메트, 예수와 같은 사람들이 인류의 스승으로 이 地上의 각각의 地域이나 民医文化 즉 背景으로 하여 儒教, 佛教, 回教, 基督教와 같은 위대한 가르침을 전파한 것입니다. 이 모든 宗教의 가르침을 한마디로 요약한다면 人間始祖가 墮落되기 以前의 創造本然의 人間의 가치를 회복하고, 거기서 새로운 善한 個人家庭種族民族國家世界를 찾아 세우자하는 갓이 아닐 수 없습니다.

그렇기 때문에 보는 高等宗敎에서는 道를 닦는 사기 수양을 墨太로 가르치고 禁慾生活과 克己의 실천·慈悲와 희생봉사, 溫柔와 謙遜과 복을 기원하고 실천하고자 하는 가르침을 공유하고 있는 것입니다.

이 타락한 罪惡世界를 어떻게 벗어날 것인가? 하는 것이 많은 先覺者와 道人들이 언제나 고심했던 主題인 것입니다. 그것이 여러 가지 宗敎로 또 수양의 길로 나나났을 것입니다. 우리武道人들의 武道 단련도 결국 이와 같은 精神的 수양과 이상을 실현하기 위한 克己의 道로써 開發되었을 것임을 두말할 필요도 없습니다.

肉體的으로 언제나 힘쓰고 享樂에 없이는 誘惑과 같은 것이 克己 武道수 여러 가지의 대한 들어오는 基本的으로 기능한 것 아니겠습니까?

이와 같이 본다면 우리는 이 宇宙의 기원이나 理想世界, 华和의 世界에 대한 기원도 복잡할 것 같지만 사실을 간추려 알고 보면 먼데 있는 것이 아니고 나 자신과 우리 家庭으로부터 具體的으로 연결되어 있음을 알게 됩니다. 다시 말하면 나 자신과 우리 家庭부터 問題旨 풀어나가는 것이 出發이 된다는 것입니다. 그 어떤 偉大하고 힘센 人物이 나와서 世界問題를 한꺼번에 풀어 나가는 것이 아니고, 個人과 家庭이 기본이 되어 풀어나가야 한다는 말입니다. 왜냐하면 結者鮮之 해야 하기 때문입니다.

子女문제, 男女문제, 家庭문제 이브가 아담과 人間 始祖인 하지 못한 결과가 오늘날과 같이 하대되어 전 世界의 問題로 되어 있기 때문입니다. 世界를 바꾸기 전에 國家를 國家를 바꾸기 전에 民族거l 社會를 民族과 社會가 바꾸기 전에 먼저 家庭과 個人들이 참된 變化를 이루어낼 수 있을 때 社會와 國家도, 나아가 世界變化가 오는 것이 아니겠습니까?

이런 면에서 우리는 오늘날의 이 어지러운 세태를 보고 큰 충격을 받지 않을 수 없습니다. 무엇보다도 혼란한 성도덕의 頹廢問題를 지적하지 않을수 없습니다. 우리 旣成世代들이 먼저 솔선수범하여 성도덕을 바로 잡는 일에 模範(모범)을 보이지 않으면 안 되겠다는 것입니다.

소위 후리섹스니 호모섹스 같은 짓은 人類를 망치고 이 世界를 滅亡의 구렁덩이로 끌고 가는 惡魔의 놀이임을 확실히 알고 이 問題를 바로잡지 않으면 안될 것입니다.

우리 旣成世代들이 頹廢的인 붙들리어 이와 같은 짓, 享樂에 계속하면서 우리의 자식

들인 靑少年들은 바로 인도한다는 것은 不當한 것입니다. 오히려 더 나쁜 영향만을 줄 것입니다. 오히려 旣戒世代들이 순전히 商業的인 방향으로 청소년들을 유효 시킬 수 있는 享樂産業 아닙니까?

廢(퇴폐)産業을 조장하는 것이 저 거리의 아들이요, 彷徨하는 젊은이들이 내 딸이라고 생각한다면 우리는 저들을 保護하고 가꾸어 나갈 수 있도록 하는 일이 우리의 일이 되어야 할 것입니다. 이 세상에 있는 모든 어린 靑少年들은 내 아들 딸로 여기며 사랑하고 염려해주는 어른들만 있다면 우리 社會에서 뻗어지는 모든 問題旨의 대부분은 이미 解決의 실마리를 찾게 된 기나 마찬가지 입니다. 이런 건전한 의식을 가진 旣成世代들이 社會 곳곳에서 빛을 발한다면,靑少年들도 그 만큼 더 건전해 질 것이고, 문제의 靑少年들의 수도 급격히 줄어 들 것입니다.

하나님이 創造하신 자녀로서의 人類의 모습을 생각해 본다면 우리는 이 지상에서 내 주위에서 만나게 되는 모든 사람들을 어떻게 대하여야 하는가가 답이 나옵니다. 나이든 분들은 나의 무보님과 같은 분들이요, 또 어떠한 분들은 나의 兄弟姉妹와 같은 분들이 아니겠습니까? 이렇게 모든 인간관계를 가족처럼 할 때에 거기 어디에 淫亂한 짓을 하고 죽이고 빼앗는 殺人强盜 짓을 할 수가 있겠습니까? 平和의 世界란 바로 이런 마음가짐에서 비롯되는 것이 아닙니까? 그런 면에서 서로 위하고 돕는 일이 아마도 일상의 生活 태도가 될 것입니다. 個人이나 集團만이 그럴 것이 아니라 民族이나 國家간에도 이런 관계로 發展되어 나아가야할 것입니다. 거기에 진정으로 우리 人類 모두가 오랜 동안 기다리던 理想的인 세상의 出現이 이루어 질 것입니다.

本人이 序頭에서 말한 武道人의 길도 결국 이런 世界를 구현하기 위한 우리 武道人들 개개인의 價値觀과 사세를 가다듬자는 의미에서 말씀드린 것이라 할 수 있겠습니다. 우리 武道人들 이야말로 이 社會 곳곳에서 많은 사람들을 指導하고 특히 靑少年들을 올바르게 지도할 수 있는 입장에 설 수 있다고 봅니다. 그러기 위해서 우리는 우리 스스로가 먼저 분명한 世界觀과 價値觀을 정립해야 되겠습니다. 그런 관점에서 볼 때 文鮮明 총재님의 "世界平和武道聯合" 創立 메시지인 "宇宙의 기원을 찾아서"라는 말씀은 우리에게 매우 중요한 메시지가 된다고 봅니다. 여러분들이 指導하는 후배들이나 혹은 함께 武道를 연마하는 同僚 눈에 우리 "世界平和武道聯合" 會員들은 이와같이 확실한 人午觀과

世界觀에 입각한 價値觀를 가진 인격자들이라는 평가를 받지 않으면 안 된다고 봅니다. 우리의 武道를 더욱 연마하면서 우리는 이와 같은 훌륭한 價値觀을 우리 주변의 사람들에게 힘께 나누어 가지게 할 수 있도록 할 때 世界平和武道 聯合의 참 武道人 運動은 더욱더 큰 活躍과 發展이 기대되리라 봅니다.

감사합니다

會長 明德善

제3편

경호와 테러 예방. 방어운전

경호와 테러 예방

1. 경호와 테러 예방

오늘날 세계 도처에서 얼굴 없는 적으로부터 각종 테러가 증가하고 있는 가운데 정치·종교적 이념 또는 개인의 원한 등에 의한 정치인, 외교관, 사업가, 연예인 및 불특정 다수 민간인에 대한 IS(이슬람국가)와 같은 극단주의 무장단체들에 의한 무차별 살상행위가 끊이지 않고 있어 지구상에 테러의 안전지대는 없으며 누구나 테러 대상이 될 수 있다.

특히 정치, 경제, 종교, 사회단체 등 각계 주요 인사들은 언제 어디서든 테러의 표적이 될 가능성이 있으므로 각자 스스로 신변안전을 위해 각별한 주의가 요구된다.

1995년 '신변보호에 관한 법률'이 제정돼 있어 이제는 국민 모두가 자신의 신변에 위험을 느낄 때에는 사설 경호원을 고용할 수가 있다.

사설 경호원은 변호사, 의사 등과 같이 의뢰인에 대한 개인비밀 보호의무가 있다.(경비업법 제7조4항). 직무상 알게 된 비밀을 누설하거나 부당한 목적을 위해 사용한 자는 법에 따라 처벌을 받게 된다.

국가가 정하는 V.I.P 외 일반 V.I.P경호는(도로통제) 무기를 소지할 수 없기 때문에 항상 육탄방어를 해야 한다. V.I.P에게 위기상황발생시 위해자를 일경에 제압할 수 있는 무술실력과 힘 투철한 사명(使命)감이 있어야 하며 V.I.P 안전은 물론 신변보호를 하는 데는 정보 및 고도의 경호기법과 꾸준한 체력단련 교육과정에서 충성심, 예의, 규칙, 용기, 인내가 필요하며 이러한 정신교육은 경호훈련 과정에서 얻을 수 있고 무엇보다 각자

(各自)의 노력이 필요하다. 경호원의 자격은 다방면(多方面)에 조건이 갖추어져 있어야 한다.(신체적 조건, 정신적 결함이 없는 자, 무술유단자, 기타 등)

- 충성(忠誠) — 참마음에서 우러나는 정성 ~바치다(다하다) "나를 희생시켜 V.I.P를 보호하는 경호"
- 예의(禮儀) — 예절과 의리, 사람이 행하고 지켜야 할 예절이 중요하다.(예도, 예법)
- 규칙(規則) — 다 같이 지켜야 할 법칙(의전, 보안)
- 용기(勇氣) — 씩씩하고 굳센 기운, (경호에 대한 기술 수준이 있다하더라도 상대방에 대한 두려움이 있다면 경호 업무에 치명적인 영향을 줄 수 있기 때문에 항상 용기 있는 정신력이 필요하다.
- 인내(忍耐) — (괴로움이나 어려움을)참고 견딤, 경호원은 자신의 솟구치는 분노, 기쁨, 자유, 감정을 스스로 통제할 수 있어야 한다.

저자는 평생 무술인으로 살아왔으며 V.I.P 경호를 오랫동안 했던 경험과 전문 경호를 하기 위해 1988년도 미국에서 '스콧티 방어 드라이브 학교(Scotti School of Defensive Driving)'에서 요인테러 방어운전 경호 교육을 받았다. 모든 공격은 손에서부터 시작된다.
각종 행사나 수행할 때 주변 사람의 손부터 살피면서 가방이나 손에 물건을 들었거나 (흉기) 손을 주머니에 넣고 있거나 상대방의 눈과 자세 행동을 잘 관찰해야 하고 기타 의심될만한 행위가 나타날 때 즉각적인 조치를 하여야 한다.

- 경호원의 활동과 위치
- 예비 점검의 사전 현장 답사(踏査) 경호(선발경호팀)
  행사장주면 V.I.P 대기실 점검, 차량이용도로(교통혼잡)
  비상구, W.C, 엘리베이터, 창문 확인

- V.I.P 자택, 사무실 사전 계획에 따라 2중 3중으로 근접
  밀착경호(내부), 중간경호(내곽), 외곽경호(외부)
  경호원이 착용하여할 장비(무전기) 기타 등 항시 휴대하여야 한다.

1) 경호원의 책임과 의무

사설경호원이란 갑과 을의 관계에서 고용된 고용주의 신변안전을 보장하고 직·간접적으로 가해지는 테러 등에 의한 살상을 미연에 방지하고 의뢰자(갑)의 불안한 공포 심리에서 오는 긴장, 불안, 초조 등 3대 요소를 사전에 제거해 집무에 전념할 수 있도록 도우며 자유로운 사회활동을 최대한 보장해주는 것을 목적으로 하는 포괄적인 신변보호를 제공하는 사람을 말한다.

2) 경호 원칙과 자세(대피)

유사시 경호원은 육탄보호도 불사하는 희생정신을 가져야 함을 그 원칙으로 하며 자신을 희생해 VIP를 살리는 것은 경호원의 임무이다. 하지만 목숨을 건 위험에 맞서는 것은 그렇게 쉬운 일이 아니기 때문에 경호원들은 확고한 사생관(死生觀)과 가치관의 정립이 필요하며 의뢰자의 품위 및 편의를 제공할 수 있는 의전(儀典)서비스 활동에 도움이 되도록 해야 한다. 긴급 상황 발생시 표적이 될 수 있는 V.I.P 대상자를 신속히 안전지역으로 이동 시켜야 한다 우발사항은 다양하게(계획적인 공격) 일어날 수 있으며 이에 대한 대응을 신속하게 이루어지기 위해선 꾸준한 반복훈련을 통해 순간적인 동작이 나와야 한다.

3) 경호원의 보안유지

경호에 있어서 보안유지는 생명 이상으로 중요하다. 일상생활이나 예정된 행사 일시, 장소, 경로 등에 대하여 보안이 유지돼야 하며 습관적으로 이루어지던 반복적인 방법 등은 피해야 한다.

예를 들어 동일한 장소 행차(行次)로 이동수단은 수시로 이동 패턴을 바꿔 괴한 또는 테러범의 공격준비를 어렵게 해야 한다. 그래서 경호는 두뇌싸움, 과학적인 분석이 중요하다. 긴급한 위난(危難) 상황이 발생한 쪽으로 몸을 날려야 함은 물론이며 무술실력 못지않게 관찰, 청각적, 시각적 능력이 중요하다.

4) 심리경호

인간심리학, 특히 범죄심리학에 많은 관심과 공부를 해야 한다. 위해자(危害者)의 심리를 잘 파악하고 있어야 그 위해자의 행동과 위해(危害)방법 등을 예측할 수 있으며 그에 대한 방비를 갖출 수 있다. 이것을 심리경호(心理警護)라 한다.

사설경호원에게 가장 중요한 것은 냉정한 판단력과 상황예지능력 그리고 반사신경(反射神經)의 발달이다. 위난 시에 판단과 행동은 동시에 이루어져야 한다.

5) 범죄심리와 경호

요즘 TV를 켜면 이해할 수 없는 사건들이 순서를 다퉈 보도되고 있다. 최근 발생하는 인질, 살해 및 연이은 민간인 총기난사를 비롯해 엽기적인 사건들이 하루가 멀다 하고 발생한다. 현대사회가 복잡해지면서 인간의 심리 또한 종잡을 수 없는 경우가 많아졌다. 대중 뿐만 아니라 전문가들조차 이해할 수 없어 사건 자체가 미궁에 빠지는 경우가 다반사다.

최근 들어 발생하는, 드물지만 이해하기 어려운 사건들이 문제이다. 이런 범죄 유형의 가해자들은 이들이 지닌 독특한 매커니즘을 모르고서는 대응조차 하기 어렵기 때문이다. 그동안 사건 자체가 없었다기보다는 과거엔 주목할 필요성을 느끼지 못하던 사건에 대해 좀 더 세밀하게 주의를 갖게 됐다고 볼 수 있다.

범죄자들이 저지르는 범죄 심리에는 우발적 범죄와 계획적 범죄가 있다. 경호 차원에서 정신병자나 우발적 범죄자에 대해선 이성을 가지고 대처해야 한다. 문제는 계획적인 범죄자의 경우 사전에 정보를 수집하거나 해서 상황에 민첩하게 대처하거나 예방경호, 육탄경호 등으로 고도의 경호능력이 요구된다.

6) 테러 유형과 예방 및 대응

테러(terror)란 특정목적을 가진 개인 또는 단체가 살인, 납치, 유괴, 저격, 약탈 등 다양한 방법의 폭력을 행사하여 사회적 공포상태를 일으키는 행위 등을 일컫는다.

테러의 유형으로는 사상적, 정치적 목적달성을 위한 테러와 뚜렷한 목적 없이 불특정 다수와 무고한 시민까지 공격하는 맹목적인 테러로 구분된다. 결국 테러란 폭력을 사용해 사회질서를 파괴하는 행위이다.

(1) 테러의 유형

① 일반적 유형: 인질, 건물의 점거, 폭파, 요인의 납치·유괴, 암살, 자살폭탄, 무장공격
② 성격별 분류
　가. 이데올로기적 테러리즘: 사회주의나 민주주의 등 이념갈등에 의해 발생
　나. 민족주의적 테러리즘: 특정지역 독립이나 자치, 민족의 독립쟁취 목표
　다. 국가테러리즘: 특정국가의 목적이나 영향력 행사를 위해 다른 국가가 테러의 대상이 됨.
　라. 사이버테러리즘: 해킹, 바이러스 유포, 고출력전자총 등 통신망에서 사용해 컴퓨터시스템 운영을 방해하거나 정보통신망을 방해하는 행위로 국가·사회적 공포심과 불안감을 야기함.
③ 테러의 주체 및 대상에 따른 구분
　가. 국가간 테러리즘: 테러행위의 대상이 다른 나라의 국민이나 영토, 테러 행위의 주체가 국가나 정부당국의 직접적인 지지와 통제를 받는 경우
　나. 초국적 테러리즘: 특정국가의 통제로부터 비교적 독립된 테러단체에 의해 행해지는 국제적인 테러리즘
　다. 국내테러리즘: 테러행위의 대상이 한 국가의 국민의 영토에 국한
　라. 국가테러리즘: 한 국가 내에서 정부에 의하거나 정부의 지원과 통제를 받는 조직에 의해 행해지는 테러
④ 목표 및 동기에 따른 구분

혁명적 테러, 정치적 테러, 종교적 갈등 테러, 민족주의적 테러, 목표지향적 테러, 환경주의적 테러, 국가가 지원하는 테러리즘 등

(2) 테러의 형태

① 인질극(人質劇): 사람이 사용 중인 건물 및 항공기를 공개적으로 강점(强占)
② 유괴(誘拐): 비밀리에 사람이나 사물을 강점하는 행위
③ 납치(拉致): 수송수단을 이용한 강점
④ 폭파(爆破): 폭발물설치, 협박전화 등

(3) 예상되는 테러유형 및 징후

가) 주요인사(VIP) 테러유형
　① 소포 · 카드 등 위장, 우편 폭발물 이용 테러
　② 집 · 사무실 · 승용차 폭발물 설치. 투척
　③ 독침 · 도검류 · 독극물 이용 위해(危害) 행위
　④ 총기를 이용한 총격
　⑤ 납치 · 인질 억류 또는 살해
나) 예측되는 테러의 징후
　★수상한 전화가 걸려올 경우
　① 가족사항 등 개인신상 문의 전화
　② 사무실 · 집 위치 문의 전화-기관, 회사, 친구 등
　③ 일정 · 행선지를 묻는 전화
　★낯선 사람이 주변을 서성거리며 관찰하는 경우
　① 가스 · 전기 검침원, 외판원, 택배. 보험회사원 등으로 가장, 염탐
　② 이웃집 · 아파트 경비원 · 부동산중개소 등에 집안 사정을 문의
　③ 수상한 차량이 집 또는 이동시 미행
　④ 집 주변을 배회하며 집안사정 · 출입자 등을 은밀 감시

⑤ 집 · 사무실 · 승용차에 낯선 물건이 방치되어 있는 경우

⑥ 낯선 사람이 학교 · 고향 선후배 등 지칭, 접근하는 경우

⑦ 집 · 사무실 · 승용차에 침입한 흔적이 있는 경우

(4) 테러예방 행동요령

가) 집에서

① 낯선 사람 방문 시 문을 열기 전에 도어폰 등을 통해 신분을 확인한다.특히 가스 배달원 · 전기검침원 등에 대해 각별히 유의한다.

② 전화가 왔을 때 반드시 신분을 확인하고 모르는 사람일 경우 일정 · 행선지 · 가족사항 · 집 위치 등에 대해서는 어떠한 정보도 제공하지 않는다.

※ 부득이한 경우에 상대방 전화번호를 받아서 확인 후 응답전화

③ 낯선 사람이 집 주위를 배회하거나 이웃, 아파트 경비원 등을 통해 집안 사정을 묻는 경우에 경찰에 신고한다.

④ 아파트 엘리베이터 등 이용 시에 가급적 혼자 탑승하는 것을 자제한다.

⑤ 가족들에게 안전요령을 주지시키고 긴급사태에 대비한 연락체계를 상시 유지한다.

⑥ 협박전화가 있을 경우, 경찰에 신고하여 발신자를 추적한다.

나) 외출할 때

① 타인이 이동을 예측할 수 없도록 가능한 한 이동로와 행선지 출발 · 귀가시간 등 일정을 수시로 변경한다.

② 혼자 외출을 가급적 피하고 행인이 많은 대로(大路)를 이용한다.

③ 도보 이동 시 어두운 출입구 등 사람이 숨어있을 만한 장소는 피한다.

④ 차량 폭발물 설치에 대비해 승차 전에 타인이 차량에 손댄 흔적이 있는지를 면밀히 확인한다.

⑤ 차량 정차 시 옆차량 또는 도보행인이 말을 걸어올 경우 창문을 개방하지 않는다.(2~3cm만 내리고 대처)

⑥ 차량 내 자신이 모르는 방치된 물건(폭발물 대비)이 있는지 여부를 확인한다.

⑦ 차량 · 도보 이동 중에 미행 감시자가 있는지 항상 주변을 경계하며 의도적인 접

축사고 등을 유발하려는 차량이 있는지 각별히 유의한다.

⑧ 승용차는 지하 주차장이나 인적이 드문 곳에 주차시키지 않으며 혼자서 이러한 곳에서 승·하차하지 않는다.

⑨ 식당·이발소 등 편의시설 이용시 인적이 드문 한적한 곳을 피하고 수시로 이용 장소를 변경한다.

⑩ 테러발생 빈도가 높은 승용차·엘리베이터 승·하차 시, 집 대문을 열때 특별히 주의한다.

(5) 우편물이나 택배 접수 시 주의사항(우편폭발물 택배 대비)

<폭발물로 의심되는 우편물 유형>

① 모르는 사람이 발송해 온 선물이나 소포, 택배
② 알지 못하는 사람이 보낸 우편물
③ 직접 인편으로 배달된 우편물
④ 발송인이 없거나 소인이 찍혀져 있지 않은 우편물
⑤ 낯이 익지 않은 우편배달부로부터 전달된 우편물
⑥ 내용물 중 금속류나 전선 등이 느껴지는 우편물
⑦ 두껍게 느껴지거나 종이 이상의 무게가 나가는 카드
⑧ 부피에 비해 지나치게 무겁게 느껴지거나 과대 포장된 카드
⑨ 아몬드 냄새 등 독특한 냄새가 나는 우편물

<대처요령>

※ 폭발물로 의심되는 우편물은 충격을 주지 말고, 절대 개봉치 않음. 경찰에 신고

※ 폭발물로 의심되는 우편물은 사람들의 손이 닿지 않는 안전한 장소에 격리시킨 후 신고

※ 사무실직원이나 가족들에게 우편 폭발물 위험성을 주지시켜 항상 주의

(6) 해외 출장 및 여행 시 대처 대처요령

① 관계자 이외에 여행일정을 노출시키지 않는다.

② 가급적 2인 이상 행동하고 개별행동은 삼가해야 한다.

③ 현지 공관과 항시 연락체제를 유지한다.

④ 긴급상황 발생 시 도움 받을 수 있는 현지 지인 · 친척들의 전화번호를 항상 숙지하고 공중전화 사용에 대비 동전(카드)을 항시 준비한다.

⑤ 투숙호텔을 모르는 사람에게 알려주지 않으며 외부인 방문 시 호텔로비 등 공개된 장소에서 만난다.

⑥ 미행 · 감시를 당하고 있는 경우, 공관 · 현지 경찰 등에 즉시 연락해 도움 청한다.

⑦ 부탁하지 않은 소포 · 선물 등이 호텔방으로 배달된 경우, 거절하고 호텔 안전요원에게 연락한다.

⑧ 지나치게 친절한 사람이나 치장이 요란한 여인 등이 유혹하는 경우, 일단 경계해야 한다.

⑨ 낯선 사람이 제공하는 교통편은 이용하지 않는다.

⑩ 야간에 혼자 거리를 다니지 않도록 하며, 외진 곳, 한적한 곳 등은 피한다.

제2장

차량 경호 및 대(對)테러 경호

제1절 경호원과 차량 경호

1. 경호원

한국직업사전에 따르면 경호원이란 '정부기관 및 민간기관에서 국가재산의 보호 및 국민의 신체, 생명, 재산(물적, 시설, 정보 등)을 보호하고 국민의 생활안전과 법질서 유지 및 사회공공의 안녕을 위한 공동의 목적을 가지고 경호활동을 수행한다.' 고 밝히고 있다.

경호원이란 피경호인의 신변을 보호하는 임무가 주된 업무로서 인명의 피해와 사상(死傷)에 대한 제일선에서의 직접적인 관련을 맺고 있다고 할 수 있다. 따라서 고도의 기술과 정신자세가 필요하다. 결국 자신의 생명보다 요인(VIP)의 안전과 생명을 보호하기 위해 어떠한 경우에서라도 자기를 희생하는 자세와 정신이 필요하다.

경호란 직접적으로 사람을 상대하는 일이고 이에 따른 감정적 변화와 행동을 제어할 줄 알아야 하는 직업으로서 무엇보다 강인한 정신자세가 요구된다.

그렇게 하기 위해서는 평소에 꾸준한 훈련 속에 체력단련이 필요하며 직업정신과 사명감이 있어야 한다. 우리나라도 1995년 '신변보호에 관한 법률'을 제정하여 개인의 신변에 위험을 느낄 때, 사설(私設)경호원을 개인이 고용할 수 있다.

2. 경호원의 안전수칙

1) 자동차의 문은 항상 잠겨져 있어야 한다.
2) 지시자나 다른 경호원에게 보조키 열쇠를 주어라.
   그렇지 않으면 차의 지붕에 두지 말라
3) 창문은 임의적으로 위나 아래로 움직여야 한다.
4) 신호로 지시자들이 단지 찬성할 때 멈춰라.
5) 경호원 외에 어떠한 무기도 휴대하지 않아야 한다.
6) 외부인에게 정보를 제공하지 말라.
7) 항상 특별한 것을 경계하고 의심스러운 사항은 지시자에게 알려라.
8) 안전 대응책은 적당한 관계없이 하루 24시간 따라야만 한다.

3. 경호원의 운전규칙

1) 바르게 앉는 자세와 팔을 뻗을 때 손목이 핸들 위치에 있어야 한다.
2) 안전벨트는 항시 착용되어 있어야 한다.
3) 당신에게 운전하기를 요구하는 속력을 유지하라.
4) 통제를 잃으면 브레이크를 폐쇄하라.
5) 차들을 함부로 사용하지 말라.
6) 차 안에 있을 때 자리와 거울을 조정하라.
7) 차 안에 있을 때 당신의 무기를 잡을 수 있는지 확인하라.
8) 운전 중 금연하라.
9) 라디오를 청취하지 말라.
10) 쓸데 없는 말을 하지 말라.

제2절 차량 경호와 테러 대비

자동차 경호는 1974년부터 자동차 경주에 의해 시작됐다. 1976년 경찰 운전교육에서 자동차 경호가 출발했다. 나는 1988년 미국 스콧티 방어운전학교에서 경호전문교육 과정을 공부했다. 그 당시 이 학교에서는 대통령 경호 운전프로그램을 컴퓨터에 입력시켜 완전무결하게 전문적으로 가르쳤다.

그때 22개국의 경호원들이 교육 참가해 아 프로그램으로 공부했는데 한국에서는 유일하게 저자가 최초로 그 교육과정을 이수(履修)하게 됐다. 교수진은 주로 대통령경호실 및 경찰대학 등에서 초청하여 교육을 실시했다.

한 통계에 따르면 1988년 기준으로 미국에서는 1년에 5만명이 교통사고로 사망했으나 2014년 3만 5200명으로 크게 감소했고 이후에도 감소 추세에 있다. 한국도 교통사고 사망자수가 2012년 5392명, 2013년 5092명, 2014년 4762명, 2015년 4621명으로 다소 감소 추세에 있지만 여전히 OECD(경제협력개발기구) 국가들 중에 불명예의 1위를 지키고 있다. 경찰청 통계를 보면 2016년 교통사고 발생 22만917건 중 사망자 4292명이고 33만 1720명이 다친 것으로 집계됐다. *2019년

교통사고의 3가지 원인은 첫째, 사람 특히 운전자이며 둘째, 기계 즉 자동차이고 마지막으로 주위환경이다. 그 중에 운전자의 과속, 졸음, 안전거리 미확보 등 사람으로 인한 사고 원인의 비중이 89%이다.

사고를 내는 운전자들은 대체로 다음과 같은 문제점들이 있다.

① 자동차 운전미숙 및 자동차 정비에 대한 지식이 없다.
② 도로 위에서 어떤 상황에 처해 있을 때 방향을 정확하게 파악하지 못한다.
③ 사고가 발생 시 원인분석을 파악하지 못한다.
④ 위험에 대하여 제대로 인식하지 못한다.
⑤ 운전에 대한 자만심이다. '과거에 사고가 없었다. 나는 안전하다'는 자만심이 문제이다. 사람이 교통사고 원인의 핵심이라 할 수 있다. 결국 사람이 문제인 것이다.

그러면 좋은 운전자가 되려면 어떻게 해야 하는가.

① 항상 무엇인가 상황에 따라 감지할 수 있는 상호간의 판단이 중요하다.
② 멀리 보면서 방어운전을 할 수 있어야 한다.(가까운 것에 너무 치중하지 말 것)
③ 정확한 판단이 요구된다.
④ 상대방을 염려하는 마음이 필요하다.

문제는 직업적인 운전자가 이러한 규칙의 중요성을 망각하고 안전성 확보 없이 운전한다는 점이다. 안전성 확보가 절대 필요하다.

1. 차량 경호의 안전규칙(Security Rules)

① 자동차의 문을 항상 확인하고 자동차의 위치를 확인한다.
② 안전에 대하여 항상 생각하라
③ 스톱싸인 즉, 항상 깨어 있어라
④ 스피드 운전(대로 운전)이 쉬운 것이다. 경호 속도가 일정할 때가 있다.만약 대형차가 앞에 있을 때 추월할 수 없는 상태이면 브레이크를 사용해야 한다.
⑤ 자동차를 잘 다루려면 항상 의자와 백미러를 운전자에 맞추어 조정하라. 의자도 바르게 조정하라. 그렇지 않으면 허리, 다리가 아프다.
⑥ 밤에는 사고율이 3배 높다. 특히 안전운전에 만전을 기해야 한다.

2. 테러 대비 안전운전을 위한 체크 사항

① 안전 속도는 얼마인가 (도로표지판)
② 자동차가 거리에 얼마나 많이 있는가
③ 자동차가 달리는 거리가 도시인가, 시골인가
④ 자동차가 새차인가, 중고차인가

⑤ 자동차 운전자의 건강, 마음의 상태는 어떠한가

⑥ 안전한 속도로 운전한다.

※ 차가 정지했을 시 180도 볼 수 있지만 속도가 빠를 때에는 시야가 좁다.자동차의 능력이 중요한데 자동차는 중량에 따라 움직인다.

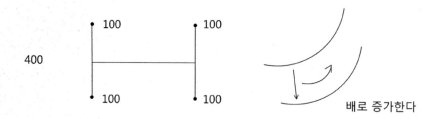

배로 증가한다

① 멈출 때에는 앞으로 쏠린다.

② 좌, 우로 쏠린다.

· GO: 100% 발휘했을 때 좌, 우로 할 수 있다.

· TURN: 방향전환

· STOP: 100% 달릴 때 좌, 우로 갈 수 없다.60% 달릴 때 40% 발휘할 수 있다.

· 바퀴와 바닥에 마찰이 강해도 정지(STOP)할 때는 약하다.

· 바퀴가 돌아갈 때는 조정이 가능해도 멈춰있으면 조정할 수 없다.

· 타이어 비중이 굉장히 많이 차지한다.

· 차는 향상 중량이 중요하기 때문에 4바퀴가 똑같은 밸런스가 중요하다.

· 기름 소비를 절약할 수 있고 속도도 잘 낼 수 있다.

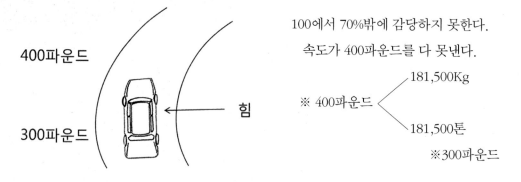

100에서 70%밖에 감당하지 못한다.

속도가 400파운드를 다 못낸다.

181,500Kg

※ 400파운드

181,500톤

※300파운드

· 돌아갈 때는 70~80%밖에 하지 못한다.

· 무게를 증가시킬 때 50%밖에 감당하지 못한다.

· 차에 중량이 많을 때는 차체가 왔다갔다 한다.

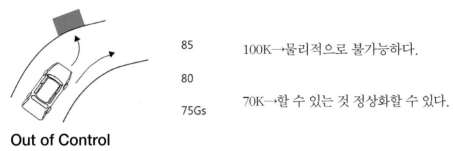

Loss of Control

85

80

75Gs

Out of Control

100K→물리적으로 불가능하다.

70K→할 수 있는 것 정상화할 수 있다.

3. 테러범 구분하는 방법

세계적으로 테러범 수사에 가장 권위 있는 미국 연방수사국(FBI)은 특정 행동을 하는 사람들을 주의 깊게 주목할 것을 권고했다. 그러나 이러한 이상행동과 태도는 민주주의 국가에서 모두 허용된 사안들로 법적으로는 사전에 통제할 수 있는 근거가 없다. 다만 이러한 일련의 행동들을 자주 한다면, 의심해 볼 여지가 있다.

FBI가 이런 특이한 행동들은 실제로 지금까지 발생한 테러와 테러범들의 행동패턴 데이터를 토대로 작성한 것이라 신뢰도가 높다. 즉 축적된 자료에서 공통적으로 드러난 행동패턴들만을 분석한 것이다.

1) 평소와 다른 행동을 하는 사람을 주의하라.

특정 분야 혹은 주제에 대해 지나친 관심을 보이는 행동을 뜻한다. 이전에 관심이 없던 주제 등에 대한 정보를 집중적으로 구하려고 애를 쓰거나 인터넷 등에서 검색을 하는 행위도 포함된다.

실제로 국내에서 극단적 테러집단 IS에 가담하려하려고 했던 K군은 자신의 컴퓨터로 IS와 관련된 단어들을 집중 검색한 것으로 수사당국에 의해 밝혀진 바 있다. 이처럼 평상시 관심이 없던 것에 관심을 보이는 비정상적인 행동은 분명 의심해 볼 필요가 있다고 FBI는 설명했다.

2) 특정 장소에 자주 모습을 보이는 사람을 주의하라.

한 장소 또는 건물 등에 집중적으로 모습을 드러내는 사람은 해당 장소나 건물에 대한 정보를 수집할 가능성이 있다. 이런 행동은 해당 지역의 유동인구, 시간별 사람의 수, 보안인력의 움직임 등을 파악하기 위한 사전답사에 포함될 수 있다. 이 과정에 이런 사람들은 인적이 드문 길로 이동한다. 또 보안인력이 적은 루트를 통해 드나들거나, 감시카메라를 등지고 움직이는 성향이 있다고 설명했다.

3) 많은 질문을 던지는 사람을 주의하라.

특정 장소 등을 방문해 어떤 사안에 대해 여러 질문을 던지는 사람은 테러에 대한 사전정보를 수집하는 것으로 간주할 수 있다. 가령 특정 건물의 보안인력에게 해당 건물의 운영시간, 출입구의 개수 등을 문의하는 사람 등은 주의할 필요가 있다는 것이다.

4. 테러범의 행동분석

FBI 행동분석팀은 테러 현장에서 촬영한 폐쇄회로 카메라 영상과 목격자들의 진술 등을 종합해 테러범들의 행동 패턴을 분석했다. 이 팀에 따르면, 테러범들은 고도의 군사 훈련을 받았다. 2015년 파리 폭탄테러범들은 바타클랑 콘서트홀에서 발견된 3명의 테러범들 중 한 명은 당시 2층에서 조준 사격했다. 고층에서 사격을 하는 경우 시야 범위가 넓어지고 사격대상을 조준하기에 유리하다. 공격자가 고층에 자리를 잡아 대응사격을 하는 이런 위치선정은 일반적으로 잘 하지 않는 행동패턴이라는 것이다.

건물 외부에서 경찰과 총격전을 벌인 테러범 두 명의 사격자세와 사격패턴은 분명 군사훈련을 받았음을 나타낸다고 분석했다. 당시 1명의 테러범이 탄창을 교체하는 동안 다른 1명은 그를 엄호하면서 경찰을 향해 사격을 멈추지 않았다. 즉 3명의 테러범은 정확한 역할분담을 통해 경찰에 대응사격을 한 것이다.

건물 외부에서 경찰과 총격전 중 자살용 폭탄을 터트린 1명의 테러범의 행동도 분명 계획된 전술이라고 했다. 보통 최초 총격전에서 고립된 1명은 경찰에 생포되는 게 일반적이다. 이럴 경우 체포되지 않은 테러범들의 작전에 지대한 영향을 주게 된다. 또 먼저 체포한 테러범을 조사해 남은 테러범들의 계획을 경찰이 파악할 수도 있다. 이런 사실을 인지하고 있던 테러범은 경찰에 체포될 위기에 처하자 곧장 자폭, 체포를 피하고 나머지 2명의 테러범에게 도주 기회를 제공했다는 것이다.

5. FBI가 권장하는 테러예방 요령

1) 비상연락망의 불시 점검

모든 민·관·군 기관들은 평상시 연락을 자주 하고, 비상용 연락망을 불시에 점검할 필요가 있다.

2) 통신망의 사전 보수와 교체

비상용 연락망을 지원하는 통신수단은 사전에 노후 장비를 교체하고 보수를 할 필요가 있다. 서울 지하철 4호선이 멈춰 서는 사고로 승객들이 선로로 뛰어내려 탈출했다. 원인을 조사해 보니 19년 동안 한 번도 교체하지 않은 후 부품 때문에 발생한 사고였다. 당시 이 부품이 문제를 일으켜 전력(電力)이 지하철 내부로 공급되지 못했다. 전력이 없었던 탓에 지하철 내부에 있는 승객들에게 기관사는 안내방송도 하지 못했다. 이처럼 노후 부품의 교체는 반드시 사전에 이루어져야만 사고를 예방할 수 있다. 테러를 대비한 통신수단의 유지 보수도 분명 중요한 것이다.

3) 통행로와 회피로 확보

사법기관 및 사설 보안인력 등은 근무하는 지역의 통행로와 회피로 등을 반드시 숙지하고 있어야 한다. 유사시 한 번에 수많은 인파가 몰리면 탈출에 시간을 지체하게 된다. 따라서 신속한 탈출을 위해서 통행로 및 회피로 확보는 중요한 사안이다. 국내에서는 소매상 등이 몰려 있는 시장 등에서는 비상용 출입구 주변에 물건을 적재해 두는 경우가 많다. 이는 테러뿐 아니라 화재 시 탈출을 방해하는 요인들이기에 사전에 통행로를 확보해야 한다.

4) 유사시 탈출절차 점검 및 절차 갱신

FBI는 거동이 불편한 노약자, 장애인, 임산부, 언어사용 불가자 등이 거주하는 건물 등에서는 유사시 신속한 대피와 탈출을 위한 매뉴얼을 반드시 마련해 두어야 한다고 강조했다. 이런 건물은 일반적인 대응절차를 적용하기 어렵기 때문에 반드시 탈출계획 등을 심사숙고해 확립할 필요가 있다고 설명했다.

5) 보안인력에 대한 사전교육

FBI는 보안인력들에게 총기 및 급조폭발물(IED)에 대한 사전교육을 반드시 해야 한다고 했다. 이런 무기류에 대한 정보가 없을 경우 유사시 대응과 신고가 적기에 이루어질 수 없다고 지적했다. 전직 경찰특공대 폭발물처리반 출신 한 관계자에 따르면, "정부는 대국민 급조 폭발물 교육을 필히 시행해야 한다. 아직까지 이와 관련된 교육이 전혀 안 돼 있어 유사시 국민의 안전이 위험하다"고 말했다.

6) 항상 차선책을 강구할 것

탈출구와 이동경로는 물론이고 대피장소 등에 대한 차선책을 사전에 확립하고 관계자들이 숙지하고 있어야 한다. 준비된 하나의 계획은 어떤 이유에서라도 실제 상황에서는 다르게 전개될 수 있다. 따라서 이를 대비해 차선책을 반드시 확립해야 한다고 했다. 가령 탈출에 실패한 사람들이 안전하게 대피할 수 있는 장소를 마련해 두어야 한다는 것이다.

7) 출입구와 체크포인트의 보안인력은 주변 경계를 강화할 것

FBI에 따르면 테러범들은 주로 출입구나 체크포인트(Check point, 검문지점)를 지나 목표장소로 이동한다. 이 때문에 출입구 등을 서성이거나 수상한 행동을 하는 사람을 조기에 발견하는 것이 매우 중요하다. 또 폭발물이나 무기류를 소지한 테러범들은 이런 무기를 숨기기 위해 계절과는 맞지 않는 옷차림새를 하는 경우가 많다.

파리테러에서도 축구경기장 내부로 진입하려던 테러범이 출입구에서 저지되자 주변에서 자폭한 바 있다. 유사한 사례는 많다. 2013년 러시아 올림픽을 몇 달 앞두고 한 테러범이 볼고그라드 기차역에서 자폭했다. 당시 테러범도 체크포인트를 통과하려다 저지되자 자폭한 것이다. 이처럼 출입구나 체크포인트는 테러를 막는 데 중요한 역할을 한다.

8) 순찰경로 변경과 불시검색 강화

FBI는 효과적인 테러범 색출방법으로 불시검문과 순찰패턴의 변화라고 설명했다. 테러범들이 예상할 수 없는 순찰경로와 순찰시간대를 선정하라는 것이다. 특정 순찰패턴을 보이면, 테러범들은 이 패턴을 간파하고 테러를 모의한다. 이 때문에 불시순찰과 검문을 적극 권장했다.

9) 분실물의 즉각 보고

사법기관 및 사설경비업체 등은 총기나 통신장비 등을 분실했을 경우, 곧바로 보고하라고 FBI는 권고했다. 이러한 장비가 테러범들의 손에 들어갈 가능성이 있기 때문이다. 따라서 분실되거나 갑자기 사라진 장비가 있다면 반드시 그 사실을 알리고 분실물의 종류, 수량, 분실시간 등을 미리 파악해야 한다고 했다. 이런 분실물이 단순분실이 아니라 비밀리에 이루어진 테러범들의 탈취일 가능성도 있다는 것이다.

10) 의심스러운 행동을 신고하고 경계하라

FBI는 마지막으로 사법기관은 물론이고 시민들이 무엇이든지 의심스러운 물체, 사람, 행동 등을 보면 관계기관에 신고하고 경계할 것을 권장했다.

제3절 차량 경호 특수운전

1. 활강회전

1) 적절한 자리위치를 향상하라
2) 고정된 목적에 관한 공간적인 연관을 인식시키기 위해 운전자의 능력을 증가시켜라
3) 조종입력시간, 즉 운전 타이밍을 입력한다
4) 손과 눈의 협력을 향상시켜라
5) 스피드와 초의 개념을 알아라
6) 차량의 추진력에 관한 기본사항들을 받아들여라
7) 더 복잡한 연습에서 필요하게 되는 조종기술을 익혀라

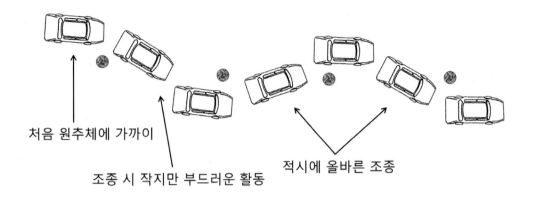

처음 원추체에 가까이

조종 시 작지만 부드러운 활동   적시에 올바른 조종

2. 브레이크와 회전

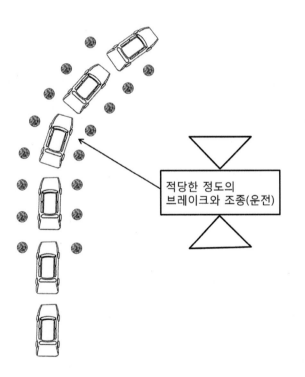

적당한 정도의
브레이크와 조종(운전)

1) 과도한 브레이크 상태에서 차량을 통제하는 것을 익혀라
2) (움직이지 않는) 바퀴의 위험을 증명하라
3) 일단 앞바퀴가 잠겨있다면(움직이지 않는다면) 차량의 조절을 다시 하기 위해 학생에게 훈련시켜라
4) 움직이지 않는 앞바퀴에 의해서 야기되는 핸들의 특징에서 급격한 변화를 경험하고 조절하라

3. 회피하는 기동연습

1) 당신의 반응시간을 평가하라

2) 스피드와 초의 개념을 이해하라

3) 학생에게 위급사태를 피하기 위하여 브레이크에 의존하지 말도록 훈련하라

4) 고정된 목적물과 결정을 요구하는 시간 사이의 관계를 이해하라

5) 부드러움과 정신집중의 중요성을 이해하기 위하여

6) 장애물을 피하기 위해서 조종과 브레이크의 적절한 양을 결합하는 법을 배워라

7) 운전자에게 시간 대(對) 거리의 관계를 알도록 하라

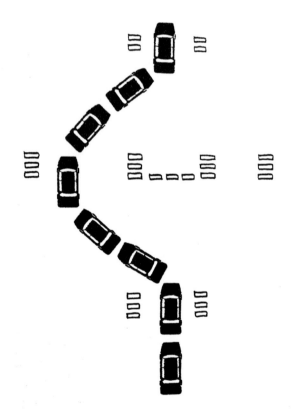

4. 활강회전으로 후퇴하기

1) 후방으로 움직이는 동안 차량을 조절하는 것을 배워라

2) 후진을 포함한 차량의 추진력을 익혀라

3) 운전자에게 후방의 계속적인 사이를 갖도록 훈련하라

4) 후진 중 장벽 주위를 운행하는 법을 익혀라

5) 후진 작동시 일어날 수 있는 물리적 힘의 이해 Caster의 각도에 대한 이해, 그리고
   전진 또는 후진시 이것이 운전에 영향을 주는가

6) 시선을 뒤쪽에 항상 유지하도록 훈련(매우 제한된 시계임을 인식)

7) 백미러(거울)만 보고 방향을 잡을 수 있도록 훈련

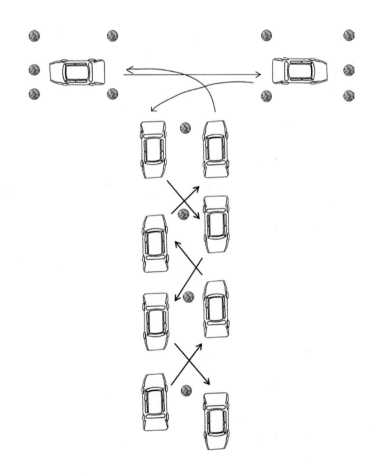

5. 창문이나 거울을 통해 후전하기

1) 후진 중에 후방을 보는 거울사용을 익혀라

2) 고속도로 똑바로 후진하는 방법

3) J회전을 위한 준비운동

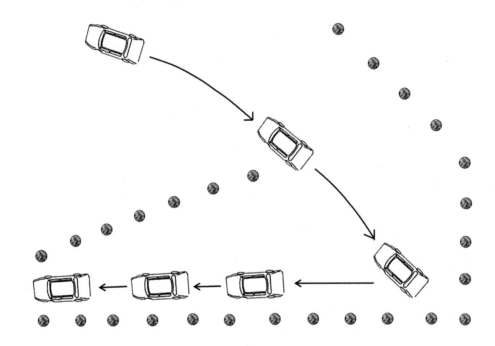

6. J회전

1) 정지된 위치로부터 차량의 180도 스핀으로 후진하기에 이르기까지 한다.

2) 차량의 길이에서 위의 것을 행하기 위해 한다.

3) 전방으로 움직이는 동안 차량을 180도 회전시킨다.

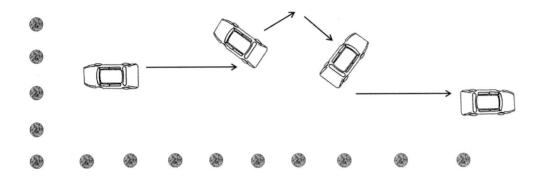

7. 불법회전

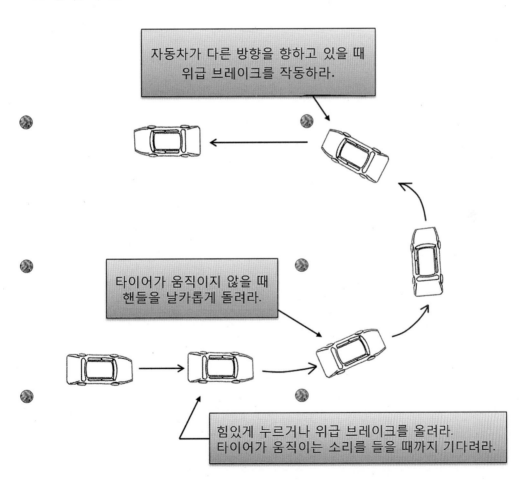

자동차가 다른 방향을 향하고 있을 때 위급 브레이크를 작동하라.

타이어가 움직이지 않을 때 핸들을 날카롭게 돌려라.

힘있게 누르거나 위급 브레이크를 올려라.
타이어가 움직이는 소리를 들을 때까지 기다려라.

8. 추격

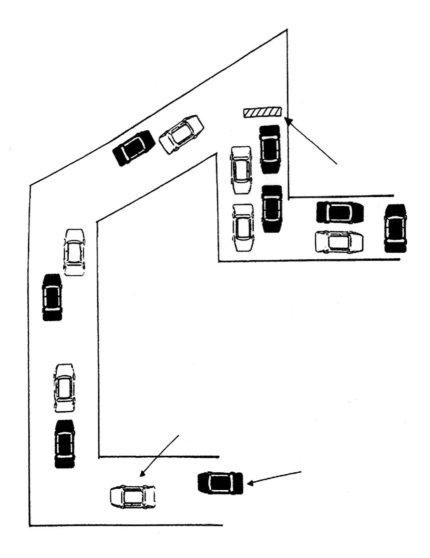

*추격과 지름길

실제적으로 지름길과 근처에 도달하려는 공격자들에 의해 추격을 받는다. 마지막 부분에서 도주차량은 J회전을 실행함으로써 도주하도록 운전자에게 강요되는 과정에서 미리 결정된 지점에서 지름길을 찾는다.

제3장

방어운전 연습

1. 밤운행 연습

1) 야맹(夜盲)으로 추정하라
2) 헤드라이트의 과다한 운행에 있어 개념을 익혀라
3) 밤에 주위시야의 문제를 이해하라
4) 제한 내에 운전을 익혀라

2. 회전연습

1) 바른 자세로 앉고 습관화한다.
2) 연습은 고정된 문제와 자동차와의 거리 공간을 감지하는 능력을 키운다.
3) 핸들을 돌려야 할 때의 시간조정을 잘 하라.
4) 눈과 손의 박자를 맞춘다.
5) 속도가 1초당 몇 피트란 개념을 배운다.
6) 활강을 할 때 자동차가 받는 힘이 역할을 알려준다.

3. 장애물을 대하는 운전 연습

1) 얼마나 빨리 반사작용을 할 수 있는지 알아본다.
2) 1초당 몇 피트란 개념을 이해한다.
3) 급한 상황에서 브레이크에만 의존하지 않도록 훈련시킨다.
4) 고정된 물체를 피하기 위해 내려야 할 결정을 하는데 요구되는 시간이 얼마나 짧은지 이해시킨다.
5) 집중력과 부드럽게 하는 것의 중요성을 이해시킨다.
6) 장애물을 피하기 위해선 적당한 양의 브레이크와 핸들링 잘 조화, 겸해야 함을 배운다.
7) 운전자로 하여금 거리와 시간과의 관계에 대해 깨닫게 한다.

4. 위험물을 피해가는 연습

1) 얼마나 빨리 반사적으로 반응을 할 수 있는가를 평가해 본다.
2) 초당 몇 미터란 속도개념의 이해가 필요하다.
3) 위급한 상황을 파하기 위해 브레이크에만 의존하지 않도록 연습한다.
4) 위험물과 그것을 피해야겠다는 결정과 실제로 반사적으로 행할 때까지 소요되는 시간과의 관계를 이해한다.
5) 집중력과 부드럽고 완만하게 하는 것의 중요성을 이해한다.
6) 장애물을 피하기 위해선 적당한 양의 브레이킹과 핸들링을 잘 조화를 이뤄야 함을 배운다.
7) 운전자로 하여금 시간과 거리의 관계에 대해 깨닫게 한다.
8) 위험 장애물 앞에 정지(Stop)하는 것보다는 더 빨리 그것을 피해 돌아갈 수 있다는 것을 주지시킨다.

5. 운전자가 반드시 숙지해할 사항들

1) 바르게 앉는 자세와 손의 위치를 고정해 의자에 깊숙이 앉아 등을 곧게 편다. 팔을 뻗을 때 손목이 핸들 위에 와야 한다. 이것이 왜 바른 자세인가를 보여주고 설명한다.
2) 자동차와 고정된 물체간의 간격, 거리 등과의 관계를 감지하는 능력을 키운다. 그것은 곧 앞에 불쑥 나와 있는 장애물을 어떻게 돌아 피해갈 것인가를 이해하는 것이다.
3) 핸들 작동의 타이밍을 맞춰라. 장애물을 피해 가기 위해 핸들작동 시간을 적절히 맞추어나간다.
4) 손과 눈의 협력, 조화를 발전시킨다.
5) 초당 몇 미터라는 속도관념을 가져라.
6) 자동차 무게의 전환, 이동과 힘의 역할을 조절하라.
7) 보다 더 복잡한 기동연수에 필요한 핸들링 기술을 익혀라.

6. 운전 중 책임자가 주의깊게 체크할 사항들

1) 너무 일찍 브레이크를 밟는가?
2) 너무 늦게 브레이크를 밟는가?
3) 충분하도록 세게 밟아주지 못하는가?
4) 너무 오래 밟고 있지 않는가?
5) 브레이크를 조절(세게 밟았다. 약하게 밟았다) 하지 않는가?
6) 브레이크 펌프질을 너무 느리게 하지 않는가?
7) 핸들을 움직이지 않는가?
8) 핸들을 너무 많이 움직이지 않는가?
9) 길 끝에 가서 서지 않는가?
10) 바퀴가 꽉 잠기지 않는가?

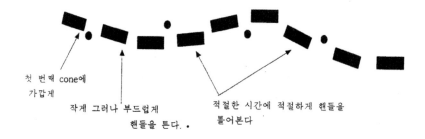

첫 번째 cone에
가깝게

작게 그러나 부드럽게
핸들을 튼다. .

적절한 시간에 적절하게 핸들을
틀어본다

틀릴 경우

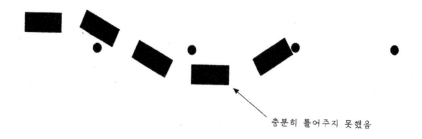

충분히 틀어주지 못했음

틀린 경우

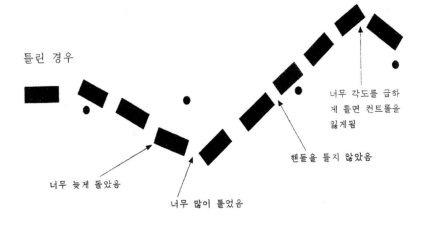

너무 각도를 급하
게 틀면 컨트롤을
잃게됨

핸들을 틀지 않았음

너무 늦게 돌았음

너무 많이 틀었음

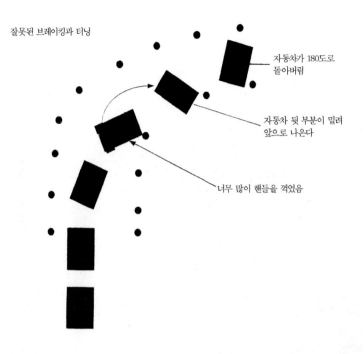

잘못된 브레이킹과 터닝

자동차가 180도로
돌아버림

자동차 뒷 부분이 밀려
앞으로 나온다

너무 많이 핸들을 꺽었음

잘못된 브레이킹과 터닝

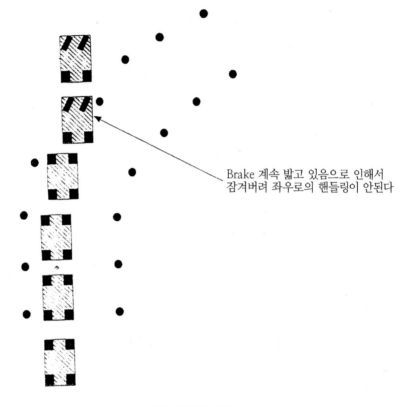

Brake 계속 밟고 있음으로 인해서
잠겨버려 좌우로의 핸들링이 안된다

커브를 돌면서 급정거

커브를 돌면서 급정거

1. 급정거 시에 차를 바로 control 할 수 있는 방법을 배움

2. 바퀴카 꼭 물려 잠길 경우의 위험성

   왜, 어떤 때 바퀴가 잠기는가 이해

3. 앞바퀴가 잠겼을 경우에 다시 control을 되찾는 연습

4. 앞바퀴가 잠겼을 경우에 발생하는 핸들링의 급격한 변화를 체험하고 컨트롤 할 수

   있도록 한다.

5. 급정거

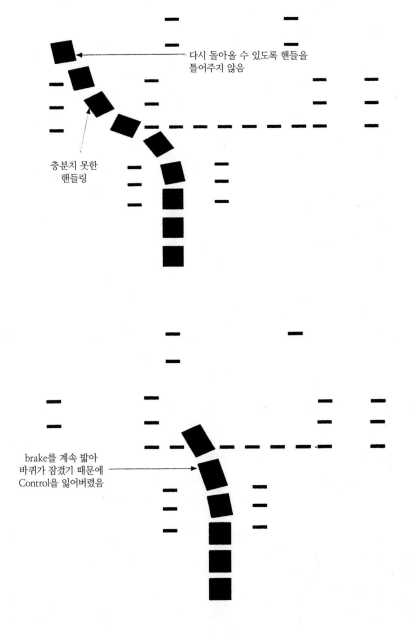

다시 돌아올 수 있도록 핸들을
틀어주지 않음

충분치 못한
핸들링

brake를 계속 밟아
바퀴가 잠겼기 때문에
Control을 잃어버렸음

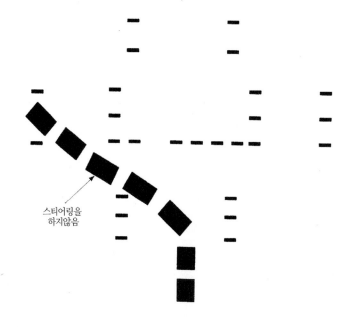

스티어링을
하지않음

위험물을 피해 가는 연습

목적

1. 얼마나 빨리 반사적으로 반응을 할 수 있는가 평가해 본다.

2. 초당 몇 미터란 속도개념의 이해

3. 위급한 상황을 피하기 위해 Brake에만 의존하지 않도록 연습

4. 위험물과 그것을 피해야겠다는 결정과 실제로 반사적으로 행할 때까지 요하는 시간
   과의 관계 이해

5. 집중력과 부드럽고 완만하게 하는 것의 중요성 이해

6. 장애물을 피하기 위해선 적당한 양의 Braking과 핸들링을 잘 조화, 겸해야함을 배움

7. 운전자로 하여금 시간과 거리의 관계에 대해 깨닫게 함

8. 위험 장애물 앞에 Stop하는 것보다는 더 빨리 그것을 피해 돌아 갈 수 있다는 것을
   주지시킴

7. 방어운전에 있어서 논의돼야 할 사항들

1) 무게(차의 중량)의 이동, 전환 어떻게 어떤 영향을 주는가 관찰한다.

2) 적은 속도의 증가일지라도 어떤 영향을 자동차 운전에 두느냐가 매우 중요하다. 꼭 이해시켜야 한다.

3) 초당 몇 미터란 속도관념을 갖고 연습하라. 어떤 속도에서 방해물(안전대)사이에서 얼마만큼 시간적 여유가 있는지 자세히 설명한다.

4) 운전을 함에 있어서 원추사이의 반지름은 같지 않다. 반지름은 꾸불꾸불한 데에서는 끝지점(좋지 않은 길)이 더 작아지나 차도 즉 좋은 장소에서는 증가한다. 운전을 같게 하도록 설명한다.

5) 앞바퀴로 쏠리는 무게, 실제를 보고 알도록 한다.

6) 작은 속도의 증가라도 증가된 속도의 숫자보다 훨씬 더 먼 거리를 멈추는데 필요로 한다. 이 점에 주의하도록 한다.

7) 필요성을 느껴 실제로 브레이크를 밟을 때까지는 시간이 소요되고, 그에 따라 일정거리를 전진하게 된다는 사실을 인지한다. 그 예를 들어 설명한다.

8) 왜 컨트롤이 되지 않는가를 체크한다.

9) 타이어가 미끄러져 나가는 소리가 주는 느낌이 좋지 않다. 따라서 주저하게 되는 경향이 있으므로 세심히 살핀다.

10) 핸들링 성격을 바꿔본다.

11) 브레이크가 뜨거워지면 멈춰지는 거리가 증가한다.

12) 한 타이어의 중량은 그것이(바깥 앞쪽)얼마만큼 굴러가는 것인가를 보여준다.

13) 적절한 타이어 압력인지 체크한다.(낮은 압력의 타이어로 이 코스를 주행한다고 상상해 보자)

14) 이 연습에선 방향이 정해져 있다. 방향결정이 필요치 않다. 그러나, 나중에 위험물을 피하기 위해 방향결정이 필요하다.

15) 앞바퀴를 잠기게 하는 것을 옹호하는 것은 아니지만 그러나 만약 그렇게 될 경우 이것(급정거와 회전)이 문제를 해결하는 방법이다.

16) 이것은(급정거와 회전)은 신호등에서 사용되거나 사용을 고려할 방법이 아니고, '이제 마지막이구나"하는 최악의 상황에서 쓰일 방법이다.

제4장

개인의 안전과 테러 대비

1. 개인의 안전

개인의 안전 프로그램은 상해(傷害)로부터 자신을 보호하기 위하여 시도하는 것으로 깊은 고려와 실제적이고 엄중하게 연습하는 방법이다.

그것은 자신의 개인안전을 유지하기 위하여 취하는 모든 행동과 자신이 행하는 모든 방어 그리고 사용되어지는 방법들이다.

모든 사람은 개인의 안전프로그램이 필요하다. 프로그램의 깊이와 세밀함의 수준은 자신의 특수한 환경과 필요에 의해 결정되어진다.

고학령층은 다른 사람들보다 더 폭력범죄를 두려워한다. 범죄의 공포는 사회의 모든 층과 지리적인 경계선에 영향을 끼친다. 10명 중 9명은 집의 문을 잠그고 10명 중 7명은 자동차 문도 잠그며 10명 중 6명은 항상 집에 안전한 도착을 알리기 위해 방문한 후 친구에게 전화한다. 63%가 경찰에 의심이 가는 질문에 더 강력함을 가지는데 찬성한다.

◎개인이 불의의 사고, 테러 등 재난을 당했을 때 행동요령

①폭발물이 발견된 현장에서는

• 주변 사람들에게 알리면서 폭탄이 발견된 지점의 반대방향 계단으로 즉시 대피한다. 이때 엘리베이터는 절대 이용하지 말아야 하며 계단의 한쪽만을 이용(좌측통행)

하여 폭발물 처리팀이나 소방관들이 이동할 수 있도록 한다.

- 휴대전화 · 라디오 · 무전기 등은 기폭장를 작동시킬 수 있음으로 사용하지 않는다.
- 밖으로 빠져나온 후에는 안전거리(붕괴;건물높이 이상, 폭발;500m이상) 밖으로 대피한다. 대피경로에도 제2의 폭발물이 설치되어 있을 수 있으므로 주의하면서 대피한다.
- 대피도중 폭발물이 터지면 비산 · 낙하물을 피하는데 유의해야 한다.

② 생물테러 의심 물질(물체)이 발견된 현장에서는

- 건드리지 말고 그대로 둔다.
- 실내에서 열었을 경우에는 창문과 문을 모두 닫고 주변 사람들을 대피시키며 에어컨 · 환기시설 등을 모두 끈다.
- 의심 물질이 날릴 염려가 있을 경우 옷 · 신문지 등으로 조심스럽게 덮어 둔다.
- 방독면을 찾아 쓰거나 손수건 또는 휴지 여러장 이용하여 입과 코를 가리로 현장을 즉시 벗어난다.
- 현장을 벗어난 다음 손과 몸을 비누로 씻고 옷을 갈아입는다.

③ 폭발현장에서는

- 신체를 보호하기 위해서 즉시 바닥에 엎드려 양팔과 팔꿈치를 옆구리에 붙이고 손으로 귀와 머리를 감싼다.
- 2차 폭발이 있을 수 있음으로 미리 일어나지 말고 이동할 필요가 있을 때에는 엎드린 자세로 이동한다.
- 강당 · 로비 등 기둥 간격이 넓은 곳은 붕괴위험이 높으므로 이런 곳에서 벗어난다.
- 유리 · 간판 · 전등 등의 비산 · 낙하물이 없을 만한 곳이나 책상 등의 아래에 피신한다.
- 휴대전화를 켜 놓아 붕괴 · 매몰시 자신의 위치가 알려질 수 있도록 한다.

④ 총격현장에서는

- 즉시 바닥에 엎드리거나 자세를 낮추어 몸을 숨길 수 있는 곳으로 이동한다.
- 경찰 · 경비원의 대응사격에 방해가 되지 않도록 경찰 · 경비원의 지시에 따라야 한다.

⑤ 화학물질이 유포된 현장에서는

• 즉시 방독면을 찾아 착용하거나 손수건 등으로 입과 코를 가린다.

• 오염지역 내에 있을 때에는 바람이 불어오는 방향 또는 옆 방향으로 신속하게 대피한다.

• 오염된 실내(건물)에서는 신속히 빠져 나온다.

• 오염지역을 벗어난 경우 맑은 공기를 찾아 호흡하거나 샤워를 하고 옷을 갈아입는다.

• 가능한 오염지역을 통과하지 않도록 한다.

⑥ 방사능물질이 유포된 현장에서는

• 방독면을 쓰거나 코와 입을 손수건 또는 휴지로 가리고 주변사람들과 함께 오염되지 않은 곳으로 대피한다.

• 대피한 곳에서는 창문을 모두 닫고 에어컨·환풍기 등을 모두 끈다.

• 방사능물질에 노출되었다고 판단되면 신속하게 옷을 벗고 온몸을 비누로 깨끗이 씻는다.

⑦ 화재가 발생했을 경우엔

• 경보기를 눌러 주변사람들에게 알린다.

• 주변에 있는 손전등을 찾아 든다.

• 손수건 등을 물에 적셔 코와 입을 가린다.

• 화염·연기가 적은 피난통로를 선택하여 대피한다. 이때 엘리베이터는 이용하지 말아야 하며 문을 열 때에는 손으로 짚어 뜨거우면 열지 말고 다른 곳으로 대피한다.

• 피난통로의 한쪽을 이용(좌측통행)하여 구조·소방대원이 이동할 수 있도록 한다.

• 대피할 때에는 자세를 낮추고 벽 가까이로 질서 있게 대피한다.

• 귀중품 등을 챙기려고 지체하지 말고 즉시 대피한다.

2. 전화협박 대응요령

(1) 협박전화를 받았을 때 당황하지 말고 침착함을 유지하라
(2) 가장 짧은 시간에 가능한 한 많은 정보를 얻어내라
(3) 동시에 가능한 오래 전화하게 기지를 발휘해 끌고 가라
(4) 가능하면 길게 설명할 수 있는 질문을 하라
(5) 알도록 확인하기 위하여 가능하다면 지시를 반복하도록 허락해 줄 것을 요구하라
(6) 이해하는데 진지함을 보이고 통화의 본질을 이해하려 함으로써 전화를 거는 사람
   이 믿도록 하라
(7) 전화를 거는 사람의 갈망에 즉각적인 순응에 연관 있는 문제를 설명하라. 그러나
   어떤 일들이 풀리도록 요구를 설명하라
(8) 전화를 거는 사람에게 도전하거나 반항하지 말라

3. 방호장비

차량을 구입할 때 고려되어야 하는 기본적이고 임의적인 장비들은 어떤 것이 있는가
살펴본다.

(1) 선택적 더욱 강력한 엔진

1) 거친 길의 상황과 조종을 위해 과중한 차대 버팀장치
2) 빠르고 쉬운 처리를 위한 동력조종
3) 비상 멈춤을 위한 강력 디스크 브레이크
4) 평탄하고 효율적이고 운전에 두손을 위한 자동변속장치
5) 더 좋은 운전을 위해 강철이 부착된 원형타이어

(2) 편의와 안전을 위한 선택

1) 과중한 축전지와 점화소식 그래서 당신의 차량은 어느 때고 빠르게 시동을 걸어놓는다.
2) 고강도 후진 라이트
3) 밤에 더 멀리 보고 대응할 시간을 갖기 위해 고강도 헤드라이트
4) 뒷 창문의 서리저거장치
5) 멀리 떨어진 곳의 통제와 이중면 거울
6) 공기환풍장치, 그래서 창문을 아래로 움직일 필요가 없다, 보행자와 자전거를 탄 사람 또는 오토바이 운전자가 아래로 움직이는 창문을 통해 돌이나 흉기, 수류탄을 던질 수 있다.

(3) 안전점검

1) 표면 아래와 부드러운 문을 출입으로부터 안전을 위해 잠귀 둔다.
2) 트렁크와 덮게는 잠근다.
3) 가스 캡을 잠그기
4) 공격자의 기습과 도움을 요청하기 위해 사이렌과 무증호각을 장치한 아래 엔진뚜껑 점검
5) 기습과 도망을 위한 섬광이나 경찰에 장치된 창문의 섬광을 구분하라.
6) 공격자를 쫓아버리는 통행자에 경고할 수 있는 시끄러운 경적이나 화자조직 점검
7) 배기장치(배기가스) – 배기관의 끝을 통한 볼트는 배기관에 위치한 폭발을 막는다.
8) 연료차단은 두 가지 방법으로 할 수 있다. 엔진뚜껑 연료선에 수동소화 밸브에 위치하거나 만일 전기 연료펌프 순환기를 가진다면 좌석 밑에 설치하라.
9) 배터리는 케이블에 이어진 회전스위치나 나이프형태의 스위치를 분리한다.
10) 브레이크조직 자물쇠는 차량에 따라 다양하다. 그러나 기본적으로 4개의 모든 브레이크를 잠그는 방법이 있다.
11) 여러 번 이용할 수 있는 경보조직은 필요와 자금에 의존한다.

※위급 사태시 생존위한 구명장비들

1) 회중전등
2) 조사등(동력원으로 점화기)
3) 짧은 전선케이블
4) 수입잭
5) 스타럭 렌치
6) 도구상자
7) 얼음 문지르는 도구
8) 공기 압축기(동력원으로 점화)
9) 장갑
10) 반사하는 삼각형 물건
11) 나일론 밧줄 띠
12) 방수성냥
13) 끓인 물
14) 접을 수 있는 물통
15) 비상식량
16) Trauma 상자
  ① 처음 조력상자(기초)
  ② Space담요
  ③ 대형 압력밴드
  ④ Airway(track 튜브)
  ⑤ 작은 산소통
17) 소화기
18) 지도

4. 자동차 반(反)절도와 안전

단지 약간의 생각과 몇 초간의 노력이 필요함. 해야 하는 것과 하지 말아야 하는 간단한 것이 있다. 그것들 줄 약간은 조금은 기본적인 것으로 보아니 어떤 일을 하는 것은 올바른 방향에서 조처인 것으로 고려된다.

1) 어느 때라도 자동차를 운행하지 않으면 창문을 올리고 점화장치에서 열쇠를 제거하고 문을 잠근다.
2) 당신이 시중자와 함께 할당된 지역에 주차한다면, 그에게 단지 점화열쇠만 주어라
3) 글로브 박스에서 잠겨진 그곳에 주소록과 함께 다른 서류와 차량등록증을 두어라
4) 당신이 어떤 종류의 권리 점검표를 받는 곳, 할당된 지역에 주차한다면 자동차에서 떠날 때 그것을 가져라
5) 당신이 주차할 때 내부의 쉽게 보이는 곳에 욕심을 불러일으키는 물건을 두지 말라
6) 거리에 차를 주차하지 말라. 드라이브 길이나 더 나아가 잠겨진 차고에 주차하라.
7) 어두운 장소에 주차하지 말라. 가능하다면 거리의 조명아래 주차하라
8) 당신이 드라이브 길에 주차한다면 거리에 직면한 곳에 엔진부분과 함께 차를 위치하도록 하라. 이것은 엔지 뚜껑 아래에 어떤 사람이 함부로 만지작거리는 것을 훨씬 눈에 똑똑히 보이도록 도울 것이다.

V.I.P에 관한 공격

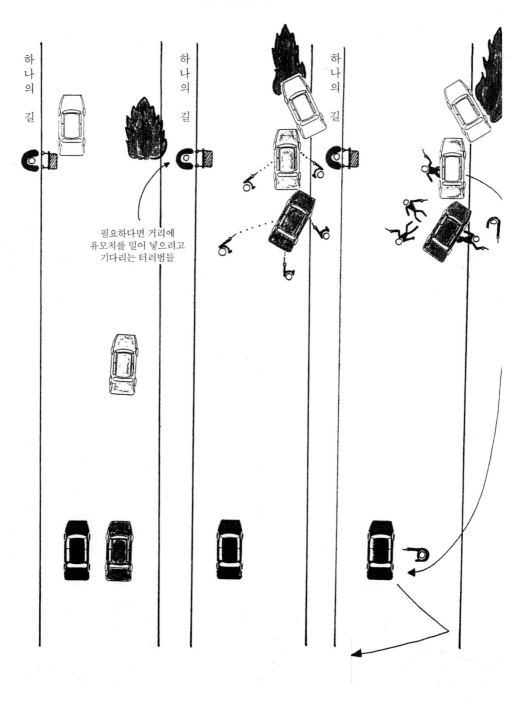

필요하다면 거리에
유모차를 밀어 넣으려고
기다리는 테러범들

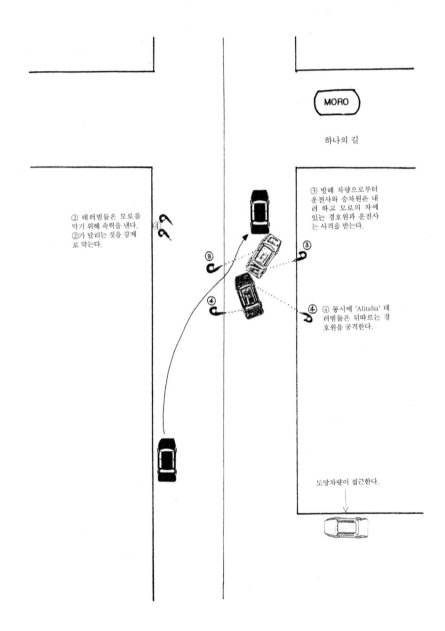

MORO

하나의 길

③ 방해 차량으로부터
운전사와 승차원은 내
려 하고 모로의 차에
있는 경호원과 운전사
는 사격을 받는다.

② 테러범들은 모로를
막기 위해 속력을 낸다.
②가 달리는 것을 강제
로 막는다.

④ 동시에 'Alitalia' 테
러범들은 뒤따르는 경
호원을 공격한다.

도망차량이 접근한다.

1997년 3월 세계평화무술연합 미국대회(참석) 카탈로그

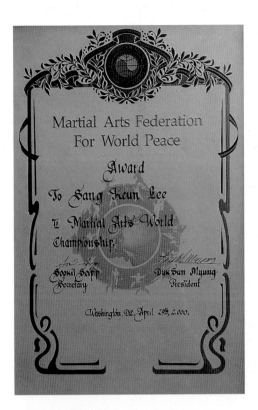

Martial Arts Federation
For World Peace

Award

To Sang Keun Lee

II Martial Arts World
Championship.

Soonil Harp
Secretary

Duk Sun Myung
President

Washington, DC, April 29th, 2.000.

Martial Arts Federation
For World Peace

certify to all that

Sang Keun Lee

Vice-President

has fulfilled the requirements of
Korea Martial Arts Federation For World Peace
and is hereby admitted the rights and privileges

United States of America

August 1, 1998

Duk Sun Myung
President

FUNDAÇÃO DE ESPORTE
FOZ DO IGUAÇU

Certificado

GOVERNO DO MUNICÍPIO
FOZ DO IGUAÇU
"O esporte mais perto de você"

Conferimos o presente certificado a: 9 dan Won Moo Do

Sang Keun Lee

por ter participado do Seminario Mundial de Artes Marciales

Foz do Iguaçu 28, 29 Abril 2.000.-

Harry Daijó
DIRETOR MUNICIPAL

Adelson S. da Silva
DIRETOR PRESIDENTE DA FESPT

참고문헌

『세계일보』.

『국사대사전』, 교육도서, 1988.

『국어사전』, 뉴에이스 금성출판사, 1994.

강대봉, 『신비한 氣의 세계』, 도서출판 언립, 1997.

강영수 엮음, 『지혜』, 도서출판 삶과 벗, 2009.

국어교재편찬위원회편, 『글과 삶』, 연세대학교 출판부, 2001.

김동섭, 윤강자, 『5분 눈운동의 기적』, 도서출판 한언, 2008.

김병준, 『근본치유』, 도서출판, 2008.

김수자, 『행복한 15분 발마사지』, 도서출판 북플러스, 2006.

김정윤, 『빌랑대〈본〉〈본때〉』, 도서출판 밝터, 2001.

김정윤, 『한국의 무예』, 기도(氣道), 1965.

김정윤, 『한풀 삼각권』, 도서출판 밝터.

김주현, 『명상카페』, 미래문화사, 2007.

김춘식, 『체질분류학』, 도서출판 오행생식, 2000.

김학주, 장기근 역, 『중국사상대계 列子管子』 5권, 신화사, 1983.

김현 외 6명 편저, 『운동과건강관리』, 학이당, 2004.

김희덕, 『건강관리』, 미래문화사, 1998.

대한운동치료학회역, 『운동처방』, 영문출판사, 2001.

류창열, 『홍익기본소득프로젝트』, 챔프출판, 2012.

마쓰무라카시, 이수경, 『하루30초 뼈스트레칭』, 도서출판 김영사, 2016.

박노원, 『특공무술의 이론과 실기』, 도서출판 백암, 2008.

박종갑, 『마사지 · 지압법의 실제』, 도서출판 한림원, 1988.

Brian J. Sharkey, 윤성원 외 11명,『체력과 건강』, 대한미디어, 2003.

서인혁 감수, 서인선 국술, 대한국술원, 1979.

송기택,『스포츠마사지』, 도서출판 진명, 1993.

송기택,『활기도 증상별 운동요법』, 천자출판사.

스와시라다난다, 김재민,『차크라의 힘』, 도서출판 판미동, 2016.

신상득,『랑의 한국』, 도서출판 이채, 2005.

안광수,『내가 쿵후』, 도서출판 내외, 2004.

안지영,『실용단전호흡』, 하서출판사, 1987.

오약석, 남궁은 편역,『약석발지압건강법』, 도서출판 오늘의 말씀, 1993.

오중환,『카이로프락틱교본』, 도서출판 한성사, 1982.

원광대부설생명공학연구소,『기의 시대 면역의 시대』, 도서출판 언립, 1995.

유태우,『고려수지침강좌』, 음약맥진출판사, 2002.

윤청,『자율진동법』, 출판사 답게, 2016.

윤치운 편저,『부도지』, 도서출판 대원, 2002.

윤태호,『고혈압 산소가 길이다』, 도서출판 행복나무, 2012.

이기동 역해,『서경강설』, 성균관대학교 출판부, 2007.

이기동 역해,『주역강설』, 성균관대학교 출판부, 2007.

이동현,『건강기공』, 도서출판 정신세계사, 1990.

이병국,『경혈도』上下, 도서출판 현대침구원, 1992.

이병국,『기초침구법』, 도서출판 예린원, 1993.

이병국,『脈이나 알고 침통 흔드는가 맥진편』, 현대침구원, 1993.

이병국,『수지의 침뜸비방』, 도서출판 현대침구원, 1994.

이병국,『최신경혈학』, 도서출판 현대침구원, 1992.

이상수,「통일교의 마음·몸 통일 수행에 관한 연구」, 2009.

이상수,『한비자 권력의 기술』, 도서출판 웅진지식하우스, 2007.

이상철 외 2명,『경호무도』, 도서출판 홍경, 2004.

이상호,『당신의 허리는 튼튼합니까』, 도서출판 열음사, 1989.

이석인 외 3명,『보디빌딩의 과학』, 도서출판 21세기 과학사, 1997.

이연우,『신기한 발마사지요법』, 도서출판 성보사, 2003.

이우영,『사상의학 이제마』, 도서출판 아이템북스, 2011.

이원섭, 김시준 역,『중국사상대계 吳子·孫子』6권, 신화사, 1983.

이종검 감수,『파워검도 교본』, 도서출판 삼호미디어, 1995.

이현희,『원화도란 무도의 이해』, 선문대학교출판부, 2005.

일연, 김길형,『삼국유사』, 도서출판 아이템북스, 2008.

임유진,『과녁』, 미래문화사, 2003.

임종대 편저,『한국고사성어』, 도서출판 미래문화사, 2011.

자등도평, 오지명,『단전호흡법』, 고려문화사, 1991.

전재형,『요통3일 운동요법』, 도서출판 중앙 생활사, 2011.

정민청, 이찬 옮김,『정자태권』, 하남출판사, 1998.

정순식,『생활요가』, 국제요가협회출판부, 2006.

정철수 · 신인식,『운동역학 총론』, 도서출판 대한미디어, 2005.

조명묵,『체질관리 건강비법』, 도서출판 미래문화사, 1996.

최낙덕,『호신술 교본』, 오성출판사 , 1994.

최재선,『재즈댄스』, 도서출판 가림, 2004.

최홍희,『태권도교서』, 도서출판 정현사, 1992.

KBS 생로병사의 비밀 제작팀, 홍혜걸 엮음,『책으로 보는 KBS 생로병사의 비밀』, 가치창조, 2005.

트레이너강(김창근),『독한것들의 진짜 운동요법』, 한국경제신문, 2010.

편집부,『파워검도』, 도서출판 삼호미디어, 1995.

한영우,『우리의 역사』, 도서출판 경세원, 2008.

현대인의 한방클리닉연구소,『호흡법 · 운동법 · 건강마사지』, 도서출판 성진 1997.

혜원,『선체조』, 도서출판 가람기획, 1991.

• 經歷

出生:서울시 西大門區萬里洞2街295番地17

極東정보大學卒業(HOTEL經營)

又松大學校卒業(觀光經營)

檀國大學校經營大學院最高經營者課程修了

成均館大學校儒學大學院儒敎指導者課程修了

現代鍼灸學會修了

韓國傳統鍼灸術繼承會中央會硏究委員

平海跆拳道(唐手道) 師範,館長

統一産業社內武術指道師範,館長

合氣道,正道술,圓和道(實習)大韓活武合氣道.한풀師範.

統一産業(株)BOILER設計機士, 機械營業所長

國際硏修院(漢南洞)警護副室長

Certified Scotti School Of Defensive Driving, USA

大韓民國武術聯合會副會長

世界平和統一武道聯合 創設大會 韓國代表團 團長

世界平和統一武術聯合國際理事

國際少林武術聯合總會理事會理事長

Belize Taekwondo Olympic (Youth) Instructor (Hapkido)

Judge of Paraguay Martial Arts Competition by World Peace Tong-il Martial Arts Union

(株)世進溫泉觀光HOTEL雪峯代表理事

一成레저産業株式會社代表理事

世界三武道聯盟創始者

100세 시대로 가는 효봉 삼무도

초판 1쇄 인쇄일	2019년 9월 29일
초판 1쇄 발행일	2019년 9월 30일

지은이	이상근
펴낸이	정진이
편집장	김효은
편집/디자인	우정민 우민지
마케팅	정찬용 정구형
영업관리	한선희 최재희
책임편집	우정민
펴낸곳	국학자료원 새미 (주)
	등록일 2005 03 15 제251002005000008호
	서울특별시 강동구 성안로 13 (성내동, 현영빌딩 2층)
	Tel 4424623 Fax 64993082
	www.kookhak.co.kr
	kookhak2001@hanmail.net

ISBN	979-11-89817-94-7 *13690
가격	45,000원